高等职业教育产教融合特色系列教材

机械设计基础
（第2版）

主　编　宋育红　王春玲　武欣竹

副主编　郭红星　王　琛　唐欣妮　刘　杰（企业）

周娟丽　乔　女　冯　敏

主　审　张　超

北京理工大学出版社
BEIJING INSTITUTE OF TECHNOLOGY PRESS

内 容 简 介

本书根据教育部颁发的《高等学校机械设计基础课程教学基本要求》编写，将企业岗位（群）能力要求、职业标准融入教材，注重在实际工程中的应用。

全书共五个项目（十八个任务），项目一为构件静力学分析；项目二为构件的承载能力分析；项目三为常用机构认知；项目四为常用机械传动；项目五为通用机械零部件选用、设计。每个项目下有不同的学习任务，以每个学习任务为载体，将学习任务和工作过程相结合，使学生获得机械构件受力分析、强度校核、机械机构、机械传动、机械零部件设计等方面的知识技能，培养机械设计与制造人员的专业精神和职业素养。

本书可作为普通高等学校、高职院校机械类和非机械类各专业机械设计基础教材，也可作为其他专业师生和工程技术人员的参考用书。

图书在版编目（ＣＩＰ）数据

机械设计基础／宋育红，王春玲，武欣竹主编. --
2 版. -- 北京：北京理工大学出版社，2024.1（2024.10 重印）
ISBN 978 - 7 - 5763 - 3715 - 0

Ⅰ. ①机… Ⅱ. ①宋… ②王… ③武… Ⅲ. ①机械设计 - 教材 Ⅳ. ①TH122

中国国家版本馆 CIP 数据核字（2024）第 058139 号

责任编辑：赵 岩		**文案编辑**：张 瑾	
责任校对：周瑞红		**责任印制**：李志强	

出版发行 / 北京理工大学出版社有限责任公司

社　　址 / 北京市丰台区四合庄路 6 号

邮　　编 / 100070

电　　话 / (010) 68914026（教材售后服务热线）
　　　　　　(010) 63726648（课件资源服务热线）

网　　址 / http://www.bitpress.com.cn

版 印 次 / 2024 年 10 月第 2 版第 2 次印刷

印　　刷 / 涿州市新华印刷有限公司

开　　本 / 787 mm × 1092 mm　1/16

印　　张 / 18

字　　数 / 460 千字

定　　价 / 49.90 元

图书出现印装质量问题，请拨打售后服务热线，负责调换

前　　言

为贯彻落实党的二十大精神，提高职业院校人才培养质量，满足产业转型升级对高素质技术技能人才的需求，《国家职业教育改革实施方案》和教育部关于"双高计划"的文件强调，推进"教师、教材、教法"三教改革成为当前职业院校提高办学质量和人才培养质量的重要切入点。

为助力制造业数字化转型与智能化变革的产业发展需求，本书在第 1 版的基础上，通过企业调研，结合当前教学改革趋势，以工程实践能力的培养为导向，充分考虑高职学生对知识的接受能力和认知过程，对内容进行了精选和重构。主要做了以下工作。

1. 以学生为中心，将"以德树人、课程素养"有机融合到本书中，按照"企业岗位（群）任职要求、职业标准、工作过程"思路构建本书主体内容。本书以多个学习任务为载体，通过项目导向、任务驱动等多种情境化的表现形式，突出实践能力培养，引导学生学习相关知识，获得设计经验、实用技术、设计规范等与岗位能力直接相关的知识和技能。

2. 配套数字化资源（视频和动画）。本书教学团队总结梳理多年教学中学生出错率较高的知识点、难点；将企业调研相关案例等融入本书，提供丰富、立体化、信息化的课程资源。学生扫描相应二维码即可观看，有利于自主学习并加强学习效果，同时创建了在线开放课程，便于学生更好地学习。

3. 修订后的项目都有项目导读，为项目教学提供指导；每个任务中明确提出应知、应会和素质培养要求，便于学生把握重难点；每个任务完成后，有任务评价和任务小结，有利于学习者梳理知识、自我评价，提高学习效果，部分案例中将素质教育与专业知识融合，注重学生职业素质的培养。

4. 本次修订中，注重新规范、新技术的融入，参阅相关资料，融入最新的国家标准。

本书共五个项目（共十八个工作任务）。项目一为构件静力学分析；项目二为构件的承载能力分析；项目三为常用机构认知；项目四为常用机械传动；项目五为通用机械零部件选用、设计。各任务后均附有一定数量的任务拓展训练。

本书由西安航空职业技术学院宋育红、王春玲、武欣竹担任主编，西安航空职业技术学院郭红星、周娟丽，西安职业技术学院王琛，渭南职业技术学院唐欣妮，西安西部新锆科技股份有限公司刘杰，陕西国防工业职业技术学院乔女，云南能源职业技术学院冯敏担任副主编。全书由宋育红统稿。西安航空职业技术学院张超教授对本书进行主审。具体分工为：项目一由武欣竹编写；项目二由王春玲编写；项目三的任务一由郭红星编写；项目三的任务二由冯敏编写；项目三的任务三和任务四由周娟丽编写；项目四的任务一和任务二、项目五的任务二由宋育红编写；项目四的任务三由王琛编写；项目五的任务一由刘杰编写；项目五的任务三由唐欣妮编写；项目五的任务四由乔女编写；冯敏参与了本书前期企业调研、相关资料的整理和收集工作。在本书的编写过程中，参阅了其他版本的同类教材、相关资料和文献，并得到许多同行专家教授的支持和帮助，在此表示衷心感谢。

同时，在本书内容更新、调研过程中，西安泽达航空制造有限责任公司、西安兴航航空科技股份有限公司、中科航星科技有限公司、西安驰达飞机零部件制造股份有限公司等企业提出宝贵意见，特表示感谢。

由于编者的水平和时间所限，书中难免有疏漏和欠妥之处，殷切希望同行专家和广大读者批评指正。

编　者

目　　录

绪　论

参考学时：2学时

内容简介

"机械设计基础"是一门综合性的专业技术基础课程，主要讲述了机械科学的发展历程及其在现代化建设中的作用、机械的基本概念及"机械设计基础"课程的性质、内容、任务和学习方法。

知识目标

（1）掌握基本概念。
（2）掌握机械的组成。
（3）了解机械科学的发展历程。
（4）了解本课程的性质、内容、任务和学习方法。
（5）能区分简单机械系统的各组成部分。

观察思考

图0-0-1所示的内燃机，它是将燃烧的热能转化为机械能的机器。想一想，内燃机的工作原理是什么？它由几部分组成？

图0-0-1　内燃机

0.1 引　言

机械发展意义

0.1.1 机械科学的发展历程

中国是世界上机械科学发展最早的国家之一。中国的机械工程技术不但历史悠久，而且成就十分辉煌，对中国的物质文化和社会经济的发展起到了重要的促进作用，也对世界技术文明的进步作出了重大贡献。在传统机械方面，我国在很长一段时期内都领先于世界，如夏商西周时期的弓箭（见图0-1-1）、春秋战国时期的攻击机械弩（见图0-1-2），进入唐代以后，又相继出现了水利机械及纺织机械（见图0-1-3、图0-1-4）。在航空方面，两千多年前，中国古代发明和创造的风筝、孔明灯、竹蜻蜓等飞行器械，都是现代飞行器的雏形。

图0-1-1　夏商西周时期的弓箭

图0-1-2　春秋战国时期的攻击机械弩

图0-1-3　唐代水力机械

图0-1-4　古代的纺织图

航空方面，冯如在1909年9月制造出中国第一架飞机（见图0-1-5），并于同年9月21日试飞成功，标志着我国航空事业的开始。新中国成立以来，我国的工农业生产、科学技术取得了前所未有的巨大发展，机械工业和机械科学水平有了很大提高。万吨水压机、万吨远洋货轮的制造，大型成套精密高新技术设备的生产，国产大飞机C919的规模生产，2023年成功发射第三空间站实验舱目标二号并实现了对接和交汇等，都标志着我国越来越多的科技门类已接近和赶上先进工业国家的技术水平，有些已处于世界领先地位。同时，我国也建立了学科齐全、装备精良的机械科学设计和研究体系。

图 0-1-5　冯如制造的飞机

0.1.2　本课程的性质、研究对象和内容

"机械设计基础"是一门综合性的专业技术基础课程，其研究对象如下。

项目一　构件静力学分析。研究对象为刚体或刚体系统，即忽略构件的变形，将构件视为在力的作用下大小和形状都不变的物体。研究内容主要是刚体在力作用下的平衡问题，这是构件承载能力计算的基础。

项目二　构件的承载能力分析。研究对象为变形固体。具体地讲，是经过力学模型化处理的杆状构件。研究内容主要是变形固体的强度和刚度的问题，为制造机械零件确定合理的材料、截面形状和尺寸提供理论基础，以达到既安全又经济的目的。

项目三　常用机构认知。研究对象为常见于各种机器中的机构，如平面连杆机构、凸轮机构等。研究内容主要是机构的结构组成、工作原理、运动特性及其设计的基本原理和方法。

项目四　常用机械传动。研究对象为常见的各种机器中的机械传动，如齿轮传动、带传动等。研究内容主要是机器中常用机械传动的工作原理、结构特点和运动特性，以及设计的基本原理和方法。

项目五　通用机械零部件选用、设计。研究对象为在各种机器中普遍使用的零部件，如轴、键、轴承等。研究内容主要是通用零部件的工作原理、结构特点及其选用、设计的基本原理和方法。

0.1.3　本课程的任务

通过本课程的学习，应该达到如下基本要求。

（1）能够熟练运用力学知识对简单的力系平衡问题和零部件进行受力分析、强度和刚度的计算。

（2）熟悉常用机构、机械传动及通用零部件的工作原理、特点、应用、结构和标准，掌握常用机构、机械传动和通用零部件的选用和基本设计方法，具备正确分析、使用和维护机械的能力，初步具备设计简单机械传动装置的能力。

（3）具备与本课程有关的解题、运算、绘图能力，以及查阅应用标准、手册、图册等有关技术资料的能力。

（4）熟悉常见现代工程设计中机械的设计思路、原理和设计方法，并能够结合生产和生活实践，进行具有开拓性的创新设计。

0.1.4　本课程的学习方法

学习"机械设计基础"课程，除了坚持抓好课前预习、认真听课、及时复习、独立完成作业等基本学习环节外，还要注意以下几点。

（1）学会综合运用知识。本课程是一门综合性课程，综合运用本课程和其他课程所学知识解决机械设计问题是本课程的教学目标，也是具备设计能力的重要标志。

（2）学会知识和技能的实际应用。本课程是一门能够应用于工程实际的设计性课程，除了完成教学大纲安排的实验、实训、设计外，还应注意在机械设计中设计公式的应用条件，公式中系数的选择范围，设计结果的处理，特别是结构设计和工艺性等问题。

（3）学会归纳总结。本课程的研究对象多，内容繁杂，所以必须对每个研究对象的基本知识、基本原理、基本设计思路等进行归纳总结，并与其他研究对象进行比较，掌握其共性与个性，只有这样才能有效提高分析和解决问题的能力。

（4）学会创新。科学的灵魂在于创新，学习机械设计不只是在于继承，更重要的是应用创新。机械科学产生与发展的历程就是不断创新的历程，只有学会创新，才能把知识变成分析问题与解决问题的能力。

0.2 机 械 概 述

机器机构
构件零件概念

0.2.1 机器、机构和机械

在人们长期的生产和生活中，广泛使用着各种各样的机器，如内燃机、发电机、计算机及各种机床设备等。图 0 - 2 - 1 所示的内燃机，由缸体 1、活塞 2、连杆 3、曲轴 4、齿轮 5 和 6、凸轮 7 及顶杆 8 等实体组成。当可燃混合气体在气缸内燃烧推动活塞 2 时，与其相连的连杆 3 就会将运动传到曲轴 4，从而使曲轴转动，向外输出机械能。内燃机的基本功能就是使可燃混合气体在气缸内经过吸气—压缩—燃烧—排气的工作循环，将燃烧所得的热能转化为机械能。

图 0 - 2 - 2 所示为带式输送机传动简图，它由电动机、V 带传动（包括主动带轮、从动带轮及传动带）、圆柱齿轮减速器（包括主动齿轮、从动齿轮、箱体、轴及轴承）、联轴器、滚筒及输送带等组成，以电动机为动力，通过 V 带传动、齿轮传动使得滚筒转动，从而实现输送带运送物料的功能。

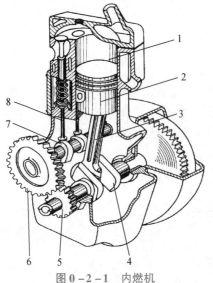

内燃机动画

图 0 - 2 - 1　内燃机

1—缸体；2—活塞；3—连杆；4—曲轴；
5、6—齿轮；7—凸轮；8—顶杆

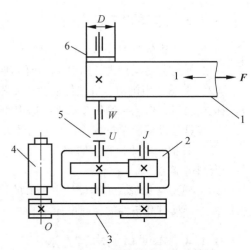

图 0 - 2 - 2　带式输送机传动简图

1—输送带；2—圆柱齿轮减速器；3—V 带传动；
4—电动机；5—联轴器；6—滚筒

尽管机器的种类繁多、形式多样、用途各异，但从结构和功能上看，各种机器都具有以下 3 个共同特征。

（1）都是人为的各种实体组合。

（2）组成机器的各种实体单元之间具有确定的相对运动。

（3）可代替或减轻人的劳动，能实现能量转换或完成有用的机械功能。

具备上述 3 个特征的实体组合称为**机器**。**机构**是具有确定相对运动的各种实体的组合，能实现预期的机械运动，它只具备机器的前两个特征，主要用来传递和变换运动，而机器主要用来传递和转换能量。由此可见，机器是由机构组成的。但从结构和运动学的角度分析，机器和机构之间并无区别，都是具有确定相对运动的各种实体的组合，所以，通常将机器和机构统称**机械**。

0.2.2　零件和构件

机械零件简称**零件**，是组成机器的最小单元，也是机器的制造单元。机器是由若干个不同的零件组装而成的。各种机器经常用到的零件称为**通用零件**，如螺钉、螺母、轴、齿轮、弹簧等。在特定的机器中用到的零件称为**专用零件**，如汽轮机中的叶片，内燃机中的曲轴、连杆、活塞等。

构件是机器的运动单元，一般由若干个零件刚性连接而成，也可以是单一的零件。图 0-2-3 所示为内燃机的连杆，是多个零件的刚性组合体。若从运动的角度来讲，可以认为机器是由若干个构件组装而成的。

随着科学技术的发展，人们通过应用多方面的知识和技术，不断创造出各种新型的机器，因此，机器也有了广义上的定义，即机器是一种用来转化或传递能量、物料和信息，能执行机械运动的可动装置。

0.2.3　机器的组成

根据功能的不同，一台完整的机器一般包括以下 4 个组成部分。

（1）原动部分。原动部分是机器的动力来源，如图 0-2-2 中的电动机。常用的原动机有电动机、内燃机等。

（2）工作部分。工作部分处于整个机械传动路线终端，是完成工作任务的部分，如图 0-2-2 中的滚筒和输送带。

（3）传动部分。传动部分处于原动部分与工作部分之间，其作用是把原动部分的运动和动力传递给工作部分，如图 0-2-2 中的 V 带传动和齿轮传动。

（4）控制部分。控制部分的作用是使机器的原动部分、传动部分和工作部分按一定的顺序和规律运动，完成给定的工作循环。它包括各种控制机构、电气装置、液压系统及气压系统等，如汽车的转向控制系统，数控机床的控制系统等。

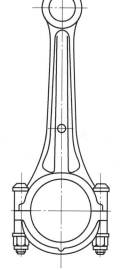

图 0-2-3　内燃机的连杆

连杆的组成

0.2.4　机械的类型

根据用途不同，机械可分为以下几种。

（1）动力机械：主要用来实现机械能与其他形式能量间的转换，如电动机、内燃机、发电机等。

（2）加工机械：主要用来改变物料的结构形状、性质及状态，如轧钢机、包装机及各类机床。

（3）运输机械：主要用来改变人或物料的空间位置，如汽车、飞机、轮船、输送机等。

（4）信息机械：主要用来获取或处理各种信息，如复印机、传真机、摄像机等。

小　结

绪论部分主要介绍了本课程的性质、研究对象、研究内容，机械科学的发展历程，本课程的学习任务、学习方法及相关的基本概念。通过对绪论部分的学习，学生应掌握基本概念，以及区分常见机器各部分组成情况的能力，为后面的学习奠定基础。

思　考　题

1. 简述机器的组成和类型。
2. 简述"机械设计基础"课程在工程技术中的地位和应用。
3. 什么叫机械、机器、机构、构件、零件？机器与机构有何异同？构件与零件有何异同？
4. 指出电动自行车、公交车、车床及洗衣机的原动部分、工作部分、传动部分和控制部分。

项目一　构件静力学分析

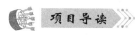 项目导读

在实际工程中，平衡是指物体相对于地面处于静止或匀速直线运动的状态。静力学分析主要研究物体在力系作用下平衡的普遍规律，在实际工程中有着广泛应用。常见的机械零件和构件，如机器中的传动轴、机架、齿轮等，它们在工作中处于平衡状态或可近似地看作处于平衡状态，且可视为刚体。为了合理地设计这些零件和构件的形状、尺寸，往往需要对它们进行强度、刚度和稳定性等承载能力分析计算，这些问题的分析和解决，都是以构件静力学分析为基础的。例如，在设计机械零件、构件时，首先要进行静力学分析，用力的平衡条件求出未知力，然后才能进一步研究机械零件、构件的承载能力。通过对本项目的学习，应使学生掌握构件静力学分析的基本方法和技巧，即掌握构件及构件系统受力图的画法、力系的简化与合成原理、力系的平衡条件及其在实际工程中的应用。

任务一　分析构件的受力

参考学时：4学时

内容简介

本任务主要学习有关静力学的一些基本概念和公理，以及如何建立实际工程中构件的力学模型。其中对工程中常见约束及其约束模型的理解与运用是进行构件受力分析的关键，而绘制构件受力图是解决构件有关静力学问题的重要基础，也是本任务的重点内容。静力学分析主要研究物体在力系作用下平衡的普遍规律，包括以下主要内容。

（1）物体的受力分析。

（2）力系的等效替换和简化。

（3）物体在力系作用下处于平衡的条件及其在实际工程中的应用。

物体在力的作用下会产生变形，但在工程实际中这种变形通常很小，可以忽略不计，故可将物体抽象为在力作用下大小和形状不变的刚体。静力学分析的研究对象为刚体或刚体系统。

知识目标

（1）掌握静力学4个基本概念。

（2）理解约束的概念。

（3）掌握静力学5个公理、2个推论。

（4）掌握常见各种类型的约束力表示方法。

能正确判断工程中常见的各种约束并掌握各种类型的约束力表示方法，使学生能对研究对象进行正确的受力分析并绘制出受力图。

（1）通过学习静力学基本概念，使学生掌握建立力学模型的受力分析方法，从而解决实际工程问题。

（2）通过受力图的训练，培养学生建立实际生产中工程构件受力图模型的能力，以及严谨细致的分析能力。

在机械加工中，工件在夹具中定位以后，夹紧力的方向会直接影响工件的加工质量。如图 1 - 1 - 1 所示，在一管状工件 1 的外圆上加工平面 A，圆管放置在 V 形块 2 上，如图 1 - 1 - 1（b）所示，所受夹紧力大小为 F_1，方向如图 1 - 1 - 1（a）所示。学完本任务知识，分析这样的夹紧力是否合适。

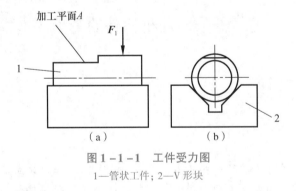

图 1 - 1 - 1　工件受力图

1—管状工件；2—V 形块

步骤一　认识力及力系

 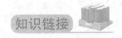

一、定义

力的概念是人们在长期生活和生产中逐步形成的。例如，人用手推小车，小车就从静止开始运动；落锤锻压工件时，工件就会产生变形。力是物体间的相互机械作用，这种机械作用使物体的运动状态或形状、尺寸发生改变。使物体的运动状态发生改变，称为力的外效应；使物体的形状、尺寸发生改变，称为力的内效应。

二、力的三要素及表示方法

物体间机械作用的形式是多种多样的，如重力、压力、摩擦力等。力对物体的效应（外效应和内效应）取决于力的大小、方向和作用点，这三者被称为力的三要素。

力是一个既有大小又有方向的物理量，称为力矢量。用一条有向线段表示，线段的长度（按一定比例尺）表示力的大小；线段的方位和箭头表示力的方向；线段的起始点（或终点）表示力的作用点，如图 1－1－2 所示。力的国际单位为牛［顿］（N）或千牛［顿］（kN）。

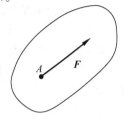

图 1－1－2　力的表示

三、力系与等效力系

若干个力组成的系统称为力系。如果一个力系与另一个力系对物体的作用效应相同，则这两个力系为等效力系。若一个力与一个力系等效，则这个力称为该力系的合力，而该力系中的各个力称为这个力的分力。已知分力求其合力的过程称为力的合成；已知合力求其分力的过程称为力的分解。

四、平衡与平衡力系

平衡是指物体相对于地面保持静止或做匀速直线运动的状态。若一力系使物体处于平衡状态，则该力系称为平衡力系。

五、刚体的概念

所谓刚体，是指在外力作用下，大小和形状保持不变的物体。这是一个理想化的力学模型，事实上是不存在的。实际物体在力的作用下，都会产生不同程度的变形，但微小变形对所研究物体的平衡问题不起主要作用，可以忽略不计，这样可以使问题的研究大为简化。静力学中研究的物体均可视为刚体。

步骤二　认识静力学公理

静力学公理是人们经过长期的观察和实验，根据大量事实概括和总结得到的客观规律，它的正确性已被人们公认。静力学的全部理论都是以静力学公理为依据推导出来的，因此，它是静力学的基础。

公理1　二力平衡公理

作用在同一刚体上的两个力，使刚体处于平衡状态的充分必要条件是此二力大小相等、方向相反，且作用在同一条直线上（简称等值、反向、共线）。

公理1只适用于刚体，不适用于变形体。它对刚体而言是必要与充分的，但对于变形体而言却是必要而不充分的。如图 1－1－3 所示，当绳受两个等值、反向、共线的拉力时可以平衡，但当受两个等值、反向、共线的压力时就不能平衡了。

二力平衡
公理及应用

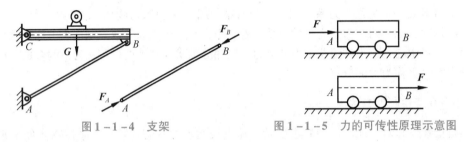

图 1-1-3　绳的受力

二力构件是指仅受两个力的作用而处于平衡的构件。二力构件受力的特点是两个力的作用线必沿其作用点的连线，如果构件为杆件则称为二力杆。图 1-1-4 所示的支架，若杆 AB 不计重力，则其仅在 A，B 两点受到力的作用，是一个二力杆。根据二力平衡公理可以确定，杆 AB 所受的力必定沿着 A、B 两点的连线。

公理 2　加减平衡力系公理

在已知力系上加上或者减去任意平衡力系，并不改变原力系对刚体的作用。

推论 1　力的可传性原理

作用在刚体上某点的力，可以沿着它的作用线移动到刚体内任意一点，并不改变该力对刚体的作用效应。图 1-1-5 所示的小车，在点 A 的作用力 F 和在点 B 的作用力 F 对小车的作用效果是相同的。

图 1-1-4　支架

图 1-1-5　力的可传性原理示意图

由此可见，对刚体而言，力的三要素为力的大小、方向和作用线。必须注意，力的可传性原理只适用于刚性构件。

公理 3　力的平行四边形公理

作用在刚体上同一点的两个力，可以合成为一个合力。合力的作用点也在该点，合力的大小、方向，由这两个力为边构成的平行四边形的对角线确定。如图 1-1-6 所示，F_R 是 F_1 和 F_2 的合力。力的平行四边形公理符合矢量加法法则，即 $F_R = F_1 + F_2$。

平行四边形
公理及应用

推论 2　三力平衡汇交原理

作用在刚体上三个相互平衡的力，若其中两个力的作用线汇交于一点，则第三个力的作用线通过汇交点。例如，图 1-1-7（a）所示的构件 CD 在 C，B，D 三点分别受力的作用而处于平衡，点 C 的力 F_C 必过 B，D 两点作用力的汇交点 H。再如，图 1-1-7（b）所示的杆件 AB，A 端靠在墙角，B 端通过绳 BC 系住，A 端所受墙角的作用力 F_N 必过力 G 和力 F_T 的作用线的汇交点。

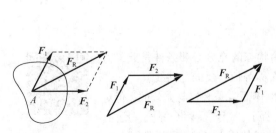

图 1-1-6　力的平行四边形原理

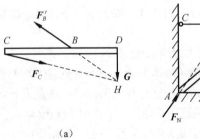

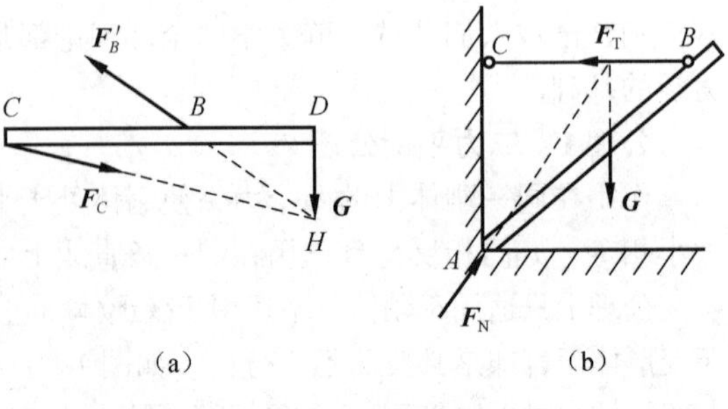

（a）　　　　　　　　（b）

图 1-1-7　三力平衡汇交原理

公理 4　作用力与反作用力公理

两物体间的作用力与反作用力总是同时存在，且大小相等，方向相反，沿同一条直线，分别作用在这两个物体上。

这个公理表明，力总是成对出现的，只要有作用力就必有反作用力，而且同时存在，又同时消失。

作用力和反作用力公理及应用

必须强调的是，作用力与反作用力公理中所讲的两个力，绝不能与二力平衡公理中的两个力混淆，这两个公理有着本质的区别。

公理 5　刚化原理

变形体在某一力系作用下处于平衡，如将此变形体刚化为刚体，则平衡状态将保持不变。

这个公理为将变形体抽象为刚体模型提供了条件。如图 1-1-8 所示，绳索在等值、反向、共线的两拉力作用下而处于平衡，若现将绳索刚化为刚体，则平衡状态将保持不变。当绳索在两个等值、反向、共线的压力作用下不能平衡，此时绳索就不能刚化为刚体。但刚体在以上两种力系作用下却都是平衡的。

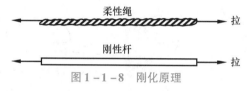

图 1-1-8　刚化原理

因此，刚体的平衡条件是变形体平衡的必要条件，而非充分条件。

步骤三　分析约束和约束反力

一、约束和约束反力的概念

在力学中通常把物体分成两类：自由体和非自由体。自由体是指物体能在空间做任意运动，它们的位移不受任何限制，如天空中飞行的飞机、鸟等。非自由体是指物体总是以一定的形式与周围其他物体相互联系，即物体的位移要受到周围其他物体的限制，如用绳悬挂的灯可向上、向前、向后、向左、向右运动，但不能向下运动，转轴受到轴承的限制等。

1. 约束

这种对非自由体的某些位移起限制作用的周围其他物体称为约束。如绳是灯的约束，轴承是转轴的约束。

既然约束限制了物体的某些运动，那么一定有约束力作用于物体上。

2. 约束反力

这种约束对物体的作用力称为约束反力。约束反力也称约束力。

3. 实际工程中物体的受力分类

（1）主动力。能使物体产生运动或运动趋势的力，称为主动力，主动力有时又称载荷，如重力，一般大小、方向已知。

（2）约束反力。约束反力是由主动力引起的，是一种被动力，是未知力。静力学分析的重要任务之一就是要确定未知约束反力的大小、方向。

二、约束的基本类型

实际工程中的约束种类很多,对于一些常见的约束,根据其特性可归纳为以下4种基本类型。

1. 柔性约束

由柔软的绳索、链条、皮带等构成的约束称为柔性约束。

此类约束的特点是柔软易变形,只能承受拉,不能承受压,不能抵抗弯曲。柔性约束只能限制非自由体沿约束伸长方向的运动而不能限制其他方向的运动。因此,柔性约束的约束反力只能是拉力,作用在与非自由体的接触点处,作用线沿柔索背离非自由体。通常以 F_T 来表示柔性约束的反力。图 1 - 1 - 9 中的 F_T 及图 1 - 1 - 10 中的 F_{T_1},F_{T_2} 等都为绳索给球的约束反力。

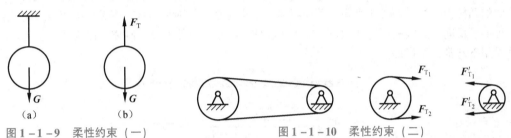

图 1 - 1 - 9　柔性约束(一)　　　　图 1 - 1 - 10　柔性约束(二)

2. 光滑面约束

为了方便研究问题,经常忽略两个相互接触物体表面间的摩擦,从而就可认为它们之间相互的约束为光滑面约束。这类约束的特点是无论两物体间的接触面是平面还是曲面,都只能承受压而不能承受拉,只能限制物体沿接触面法线方向的运动而不能限制物体沿接触面切线方向的运动。因此,光滑面约束的约束反力必须垂直于接触处的公切面,而指向非自由体。此类约束反力称为法向反力,常用 F_N 表示。

光滑面约束在实际工程中非常常见,图 1 - 1 - 11(a)表示重力为 G 的圆柱置于 V 形块上,两物体接触于 A、B 两点。V 形块作用于圆柱的约束反力为 F_{N_A},F_{N_B},它们分别沿接触点处的公法线指向圆柱中心,如图 1 - 1 - 11(b)所示。V 形块所受圆柱的作用力 F'_{N_A},F'_{N_B},如图 1 - 1 - 11(c)所示,其中 F_{N_A} 与 F'_{N_A},F_{N_B} 与 F'_{N_B} 互为作用力与反作用力。如图 1 - 1 - 11(d)所示,重力为 G 的工件 AB 放入凹槽内,在点 A、B、C 处分别与槽接触,其约束力沿接触面公法线指向工件。

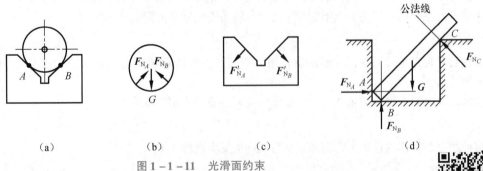

(a)　　　　(b)　　　　(c)　　　　(d)

图 1 - 1 - 11　光滑面约束

3. 光滑铰链约束

铰链是实际工程中常见的一种约束。它是在两个钻有圆孔的构件之间采用圆柱定位销所形成的连接,如图 1 - 1 - 12 所示。门所用的合页、铡刀与刀架、起重机的动臂与机座的连接等，都是常见的铰链连接。

一般认为销钉与构件是光滑接触，所以这也是一种光滑表面约束，约束反力应通过接触点 K 沿公法线方向（通过销钉中心）指向构件，如图 1 – 1 – 13（a）所示。但实际上很难确定 K 的位置，因此，约束反力 F_N 的方向无法确定。这种约束反力通常是用两个通过铰链中心的大小和方向未知的正交分力 F_x，F_y 来表示，两分力的指向可以任意设定，如图 1 – 1 – 13（b）所示。

这种约束在实际工程中应用广泛，可分为 3 种类型。

（1）**固定铰支座**。固定铰支座用于连接构件和基础，如桥梁的一端与桥墩连接时，常用这种约束，如图 1 – 1 – 14（a）所示。图 1 – 1 – 14（b）所示为这种约束的简图。

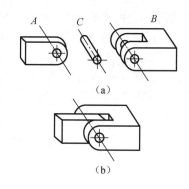

图 1 – 1 – 12　铰链

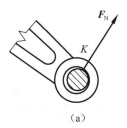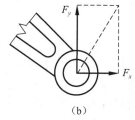

图 1 – 1 – 13　销钉与构件连接

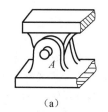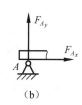

图 1 – 1 – 14　固定铰支座

（2）**中间铰链**。中间铰链用来连接两个可以相对转动但不能移动的构件，如曲柄连杆机构中曲柄与连杆、连杆与滑块的连接。通常在两个构件连接处用一个小圆圈表示铰链，如图 1 – 1 – 15（c）所示。

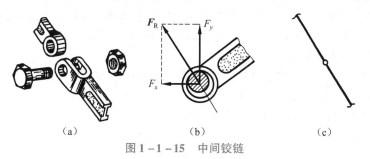

图 1 – 1 – 15　中间铰链

（3）**滚动铰支座**。在桥梁、屋架等结构中，除了使用固定铰支座外，还常使用一种放在几个圆柱形滚子上的铰链支座，这种支座称为滚动铰支座，又称辊轴支座，如图 1 – 1 – 16 所示。由于辊轴的作用，被支承构件可沿支承面的切线方向移动，故其约束反力的方向只能在滚子与地面接触面的公法线方向。

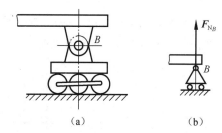

图 1 – 1 – 16　滚动铰支座

4. 固定端约束

实际工程中还有一种常见的基本约束，如图 1 – 1 – 17（a）、图 1 – 1 – 17（b）所示，车刀与工件分别夹持在刀架和卡盘上，都是固定不动的，这种约束称为固定端约束。

以上所述工程实例都可归结为一杆插入固定面的力学模型，如图 1 – 1 – 17（c）所示。固定端约束可按约束作用画出其约束反力。因为固定端既限制了非自由体的垂直与水平移动，又限制了非自由体的转动，所以在平面问题中，可将固定端约束的约束反力简化为一组正交的约束反力与一个约束力偶，如图 1-1-18 所示。

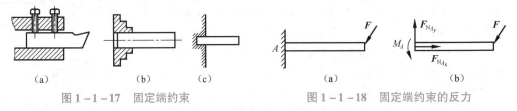

图 1-1-17　固定端约束　　　　　　图 1-1-18　固定端约束的反力

步骤四　绘制受力图

通常在解决实际工程问题时，需要根据已知力，利用相应平衡条件求出未知力。为此，需要根据已知条件和待求的力，有选择地研究某个具体构件或构件系统的运动或平衡。这一被确定要具体研究的构件或构件系统称为研究对象。对研究对象进行研究分析时，要将它从周围的物体中分离出来，并画出其受力图。将这种因解除了约束，而被认为是自由体的构件称为分离体。将分离体上所受的全部主动力和约束反力以力矢量表示在分离体上，所得到的图形称为受力图。如果所取的分离体是由某几个物体组成的物体系统时，通常将系统外物体对物体系统的作用力称为外力，而系统内物体间的相互作用力称为内力。

注意：绘制受力图时一定要分清内力与外力，内力总是以等值、共线、反向的形式存在，故物体系统内力的总和为零。因此，取物体系统为研究对象画受力图时，只画外力，而不画内力。恰当地选取研究对象，正确地画出构件的受力图是解决力学问题的关键。

画受力图的一般步骤如下。

（1）根据题意确定研究对象，并画出研究对象的分离体简图。

（2）在分离体上画出全部已知的主动力。

（3）在分离体上解除约束的地方画出相应的约束反力。

受力图的画法

⊘ 做一做 1

如图 1-1-19（a）所示，重力为 G 的均质杆 AB，其 B 端靠在光滑铅垂墙的顶角处，A 端放在光滑的水平上，在点 D 处用一水平绳索拉住，试画出杆 AB 的受力图。

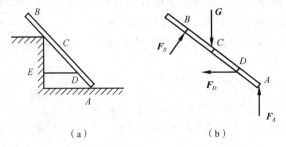

（a）　　　　　　　　　（b）

图 1-1-19　重量为 G 的均质杆 AB 的受力图

（a）均质杆 AB；（b）杆 AB 受力图

解：（1）选 AB 为研究对象。

（2）在 C 处画主动力 $\boldsymbol{G}$。

（3）画约束反力，如图 $1-1-19$（b）所示。

做一做 2

图 $1-1-20$（a）所示为三铰拱桥，由左、右两半拱铰接而成。设半拱自重不计，在半拱 AB 上作用载荷 $\boldsymbol{F}$，试画出左半拱片 AB 的受力图。

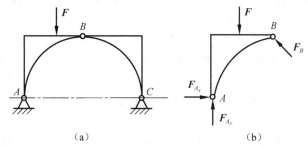

图 $1-1-20$　三铰拱桥及左半拱 AB 的受力图

解：（1）以左半拱 AB 为研究对象，画出分离体，如图 $1-1-20$（b）所示。

（2）画出分离体上所受的主动力 $\boldsymbol{F}$。

（3）画出分离体上所受的约束反力。左半拱 B 端受右半拱 BC 的作用，而 BC 因受两个力的作用处于平衡，所以，右半拱 BC 对左半拱点 B 的作用力 $\boldsymbol{F}_B$ 沿 B、C 两点的连线。左半拱 A 端受固定铰支座约束，故可以用一对正交分力 $\boldsymbol{F}_{A_x}$、$\boldsymbol{F}_{A_y}$ 表示，如图 $1-1-20$（b）所示。

做一做 3

图 $1-1-21$（a）所示为曲柄冲压机工作简图，皮带轮重为 G，冲头 C 及连杆 BC 的重力忽略不计，冲头 C 所受工作阻力为 Q。试画出皮带轮 A、连杆 BC、冲头 C 和整个系统的受力图。

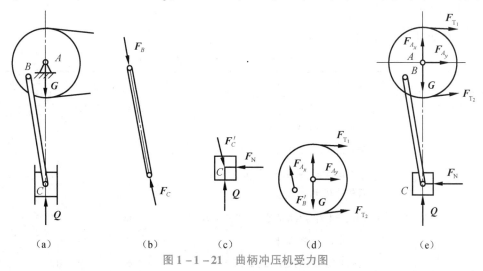

图 $1-1-21$　曲柄冲压机受力图

解：（1）先分析连杆 BC 的受力。连杆自重不计，只在点 B，C 两处受铰链约束，因此它是一个二力构件。其约束反力 $\boldsymbol{F}_B$，$\boldsymbol{F}_C$ 分别作用于 B，C 两点，大小相等，方向相反，作用在 B，C

两点连线上，受力图如图 1-1-21 (b) 所示。

（2）分析冲头受力。以冲头为研究对象，由于冲头不计自重，因此作用于它上面的主动力只有工作阻力 Q。连杆对冲头的作用力 F_C' 与 F_C 是作用力与反作用力的关系。如果忽略摩擦力不计，则滑道对冲头的约束为光滑面约束，约束反力 F_N 垂直于滑道，指向冲头。由三力汇交原理可知，Q，F_C'，F_N 必交于一点 C。受力图如图 1-1-21 (c) 所示。

（3）分析皮带轮受力。取带轮为研究对象，重力 G 作用于带轮中心点 A，方向竖直向下；皮带的约束反力 F_{T_1}，F_{T_2} 分别沿皮带中心线而背离带轮；在点 B 作用有连杆作用力 F_B'，F_B' 与 F_B 互为作用力与反作用力，皮带轮轴承的约束反力通过轮心 A，用相互垂直的两个分力 F_{A_x}，F_{A_y} 表示，受力图如图 1-1-21 (d) 所示。

（4）分析整个系统受力。取整个系统为研究对象，物体系统所受的主动力有 Q，G。约束反力有滑道约束反力 F_N，皮带约束反力 F_{T_1}，F_{T_2}，轴承约束反力 F_{A_x}，F_{A_y}。受力图如图 1-1-21 (e) 所示。

从本例题的分析过程可以看出，当分别研究组成系统各构件的受力情况时，需解除它们的全部约束，并在相应构件上画出约束反力；当研究整个系统的受力情况时，其内部构件间的约束不需解除，系统内部各构件之间的相互作用力互相平衡，称为内力。内力对系统的平衡不产生影响，故无须在受力图中绘出。但显然，在选不同的构件系统作为研究对象时，内力和外力可以互相转化。

综合以上例题可以看出，在画受力图的过程中必须注意以下事项。

（1）首先必须明确研究对象，并画出分离体。分离体的形状和方位须和原物体保持一致。

（2）在分离体上要画出全部主动力和约束反力，不能多画也不能少画。在画约束反力时，必须严格按照约束性质画出，不能随意取舍。

（3）画受力图时，必须注意作用力与反作用力的关系。

（4）画受力图时，要注意应用二力平衡公理、三力平衡汇交原理。

（5）在画物体系统受力图时，内力不能画出。

任务评价

任务评价表见表 1-1-1。

表 1-1-1 任务评价表

评价类型	权重	具体指标	分值	得分		
				自评	组评	师评
职业能力	70%	能理解静力学 4 个基本概念	15			
		能熟记静力学 5 个公理、2 个推论	10			
		能利用常见各种类型的约束力熟练绘制工程构件的受力图	30			
		能区分 4 类约束并清楚各自约束反力	15			
职业素养	20%	坚持出勤，遵守纪律	5			
		协作互助，解决受力图绘制难点	5			
		按照流程绘制受力图	5			
		具备知识迁移能力	5			

评价类型	权重	具体指标	分值	得分		
				自评	组评	师评
劳动素养	10%	按时完成任务	5			
		工作岗位 6S 管理	5			
综合评价	总分					
	教师点评					

任务小结

通过对本任务的学习，应掌握以下内容。

1. 基本概念

（1）力是物体之间的相互机械作用。力的效应有外效应和内效应，静力学中研究力的外效应。力对物体的外效应决定于三要素：大小、方向和作用点（作用线）。

（2）力系是作用在同一物体上的若干个力的总称。

（3）刚体是静力学中将实际物体进行抽象化的理想模型，是静力学的研究对象。

（4）在实际工程中平衡一般是指物体相对于地面保持静止或做匀速直线运动的状态。

2. 静力学公理及其推论

静力学的 5 个公理和 2 个推论反映了力的基本性质，是静力学的理论基础。

3. 物体的约束及受力分析

（1）柔性约束：这种约束只能承受沿柔索方向的拉力。

（2）光滑面约束：这种约束只能承受位于接触点的法向压力。

（3）光滑铰链约束：可分为固定铰支座、中间铰链、滚动铰支座 3 种形式，前 2 种能限制物体两个方向的移动，故表示为正交约束反力；第 3 种的约束反力只能位于滚子接触面的法线方向。

（4）固定端约束：这种约束既限制刚体转动又限制刚体移动，除约束反力外，还有附加力偶。

在解除约束的分离体上，画出它所受的全部主动力和约束反力，得出的图形就称为该物体的受力图。画受力图时应注意：只画受力，不画施力；只画外力，不画内力；解除约束后，才能画上约束反力。

任务拓展训练

1. 回答下列问题。

（1）作用力与反作用力是一对平衡力吗？

（2）图 1 - 1 - 22 （a）中所示的三铰拱架上的作用力 F，可否依据力的可传性原理把它移到点 D？为什么？

（3）二力平衡公理、加减平衡力系公理能否用于变形体？为什么？

（4）只受两个力作用的构件称为二力构件，这种说法对吗？

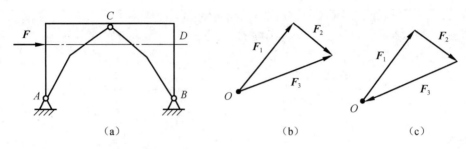

图 1-1-22 题 1 图

（5）确定约束反力方向的基本原则是什么？

（6）"分力总小于合力"这种说法对吗？为什么？

（7）图 1-1-22（b）、图 1-1-22（c）中所绘的两个力三角形各表示什么意思？两者有什么区别？

2. 分别绘制出图 1-1-23 所示中标有字母（A，AB，ABC，CA，C 或 CD）的构件的受力图。假设接触面都是光滑的，没有画重力矢量的物体都不计重力。

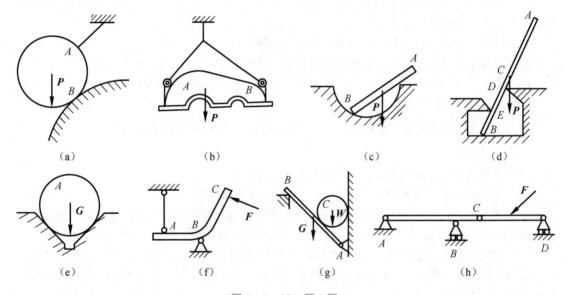

图 1-1-23 题 2 图

3. 试分别画出图 1-1-24 所示结构中 AB 与 BC 的受力图。

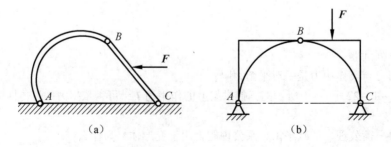

图 1-1-24 题 3 图

任务二 分析平面力系

参考学时：8学时

内容简介 NEWS

　　力系通常可以按作用线的分布情况进行分类。各力作用线都在同一平面内的力系称为平面力系，各力作用线不在同一平面内的力系称为空间力系。在这两种力系中，作用线交于一点的力系称为汇交力系，作用线相互平行的力系称为平行力系，作用线既不完全交于一点又不完全平行的力系称为一般力系。本任务主要解决平面力系的简化和合成方法、平衡条件和平衡方程，以及应用平衡方程求解物体平衡问题的方法步骤。

知识目标

　　(1) 掌握平面汇交力系的简化与平衡方程。
　　(2) 掌握平面力偶系的合成与平衡方程。
　　(3) 掌握力偶及其性质、两个推论——力对点的矩、合力矩定理。
　　(4) 掌握平面一般力系的平衡方程。
　　(5) 掌握平面平行力系的平衡方程。
　　(6) 了解物体系统的平衡。

能力目标

　　(1) 学会将实际案例抽象为力学模型。
　　(2) 能利用力系的平衡条件求解实际的约束反力。

素质目标

　　(1) 通过对平面任意力系的分析，培养学生的工程思维能力及动手能力。
　　(2) 通过对工程实例的分析计算，培养学生计算能力和分析能力，为以后实际应用打下理论基础。

任务导入

　　图1-2-1所示为铁路起重机，起重机重力 $G = 500$ kN，重心 C 在两铁轨的对称面内，最大起重力 $F = 200$ kN。为保证起重机在空载和满载时都不致翻倒，试求平衡重力 G 及其距离 x。

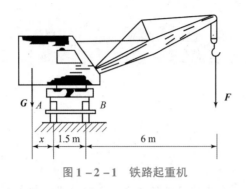

图 1-2-1 铁路起重机

步骤一　认识平面汇交力系

　　如图 1-2-2（a）、图 1-2-2（b）所示，起重机的吊钩受钢丝绳的拉力 F_1，F_2 和 F_3 的作用，图 1-2-2（c）所示为在砖砌基座上的锅炉受重力 G 和约束反力 F_{NA} 和 F_{NB} 的作用，这些都是平面汇交力系的工程实例。

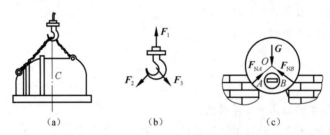

（a）　　　　　　　（b）　　　　　　　（c）

图 1-2-2　平面汇交力系的工程实例

一、力的分解

　　两个共作用点的力，可以合成为一个合力，解是唯一的；但反过来，要将一个已知力分解为两个力，如无足够的条件限制，其解将是不确定的。因为按力的平行四边形公理 $F = F_1 + F_2$，其中每个矢量都包含大小和方向两个要素，即力的平行四边形公理中有六个要素，必须已知其中四个才能确定其余两个。在已知合力的大小和方向的条件下，还必须给出另外两个条件：如两分力的方向，或两分力的大小，或一个分力的大小和方向，或一个分力的大小和另一个分力的方向等。所以要使问题有确定的解，必须附加足够的条件。

　　在实际工程中常会遇到要将一个力沿已知方向分解，求两个分力大小的问题。

力的分解

二、力在坐标轴上的投影

　　设力 F 作用在物体上的点 A，如图 1-2-3 所示。在力 F 作用线所在平面内

力在坐标轴上的投影

取直角坐标系 xOy。从力 $\boldsymbol{F}$ 的两端 A 和 B 分别向 x 轴作垂线，得垂足 a，b，线段 ab 称为力 $\boldsymbol{F}$ 在 x 轴上的投影，用 F_x 表示。同样，从 A 和 B 分别向 y 轴作垂线，得垂足 a_1，b_1，线段 a_1b_1 称为力 $\boldsymbol{F}$ 在 y 轴上的投影，用 F_y 表示。

注意：力的投影是代数量，它的正负规定是，如由 a 到 b（或由 a_1 到 b_1）的趋向与 x 轴（或 y 轴）的正向一致时，则力 $\boldsymbol{F}$ 的投影 F_x（或 F_y）取正值；反之，取负值。

若已知力 $\boldsymbol{F}$ 的大小为 F，它和 x 轴的夹角为 α（取锐角），则力在坐标轴上的投影 F_x，F_y 可以按式（1 - 2 - 1）计算。

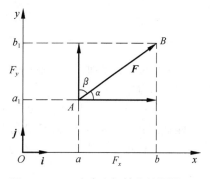

图 1 - 2 - 3　力在坐标轴上的投影

$$\left.\begin{array}{l} F_x = F\cos\alpha \\ F_y = F\sin\alpha \end{array}\right\} \qquad (1 - 2 - 1)$$

若已知力 $\boldsymbol{F}$ 在直角坐标轴上的投影 F_x，F_y，则该力的大小和方向为

$$\left.\begin{array}{l} F = \sqrt{F_x^2 + F_y^2} \\ \cos\alpha = \dfrac{F_x}{F} \\ \cos\beta = \dfrac{F_y}{F} \end{array}\right\} \qquad (1 - 2 - 2)$$

三、合力投影定理

若刚体在平面上的一点作用着 n 个力 $\boldsymbol{F}_1$，$\boldsymbol{F}_2$，$\cdots$，$\boldsymbol{F}_n$，按力的平行四边形公理以此类推，可得出力系的合力等于各分力的矢量和，即

$$\boldsymbol{F} = \boldsymbol{F}_1 + \boldsymbol{F}_2 + \cdots + \boldsymbol{F}_n = \sum \boldsymbol{F}$$

则其合力的投影为

$$\left.\begin{array}{l} F_x = F_{1x} + F_{2x} + \cdots + F_{nx} = \sum F_x \\ F_y = F_{1y} + F_{2y} + \cdots + F_{ny} = \sum F_y \end{array}\right\} \qquad (1 - 2 - 3)$$

由式（1 - 2 - 3）可知，合力在某一轴上的投影等于各分力在同一轴上投影的代数和，这就是**合力投影定理**。合力投影定理是用解析法求解平面汇交力系合成与平衡问题的理论依据。

四、平面汇交力系的平衡条件

由式（1 - 2 - 2）、式（1 - 2 - 3）可以看出，平面汇交力系可以合成为一个合力，即平面汇交力系可用其合力来代替。显然，如果合力等于零，则物体在平面汇交力系的作用下处于平衡状态，由此可以得出结论：平面汇交力系平衡的充分必要条件是该力系的合力 F 等于零。即

平面汇交力系的
平衡问题应用

$$F = \sum F = \sqrt{\left(\sum_{i=1}^{n} F_x\right)^2 + \left(\sum_{i=1}^{n} F_y\right)^2} = 0 \qquad (1 - 2 - 4)$$

而要使式（1 - 2 - 4）成立，则必须同时满足

$$\left.\begin{array}{l} \sum F_x = 0 \\ \sum F_y = 0 \end{array}\right\} \qquad (1-2-5)$$

由此可知，平面汇交力系平衡的充分必要条件是力系中所有力在任选两个坐标轴上投影的代数和均为零。

式（1-2-5）是平面汇交力系平衡的解析条件，又称平面汇交力系的平衡方程。在列平衡方程时，由于坐标轴是可以任意选取的，因此，可以列出任意数目的平衡方程。但是，独立的平衡方程只有两个，对于一个具体的平面汇交力系，只能求解两个未知量。

做一做 1

如图 1-2-4（a）所示，一吊环受到 3 条钢丝绳的拉力作用。已知 $F_1 = 2\ 000$ N，水平向左；$F_2 = 5\ 000$ N，与水平呈 30°角；$F_3 = 3\ 000$ N，竖直向下，试求合力大小。

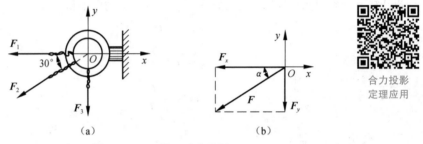

合力投影
定理应用

（a）　　　　　　　　（b）

图 1-2-4　吊环受力分析

解： 以作用于吊环上的三力交点为坐标原点，建立图 1-2-4（b）所示的坐标系。首先分别计算各力在坐标轴上的投影。

$F_{1x} = -F_1 = -2\ 000$ N，$\quad F_{2x} = -F_2\cos 30° = -5\ 000$ N $\times 0.866 = -4\ 330$ N，$\quad F_{3x} = 0$ N

$F_{1y} = 0$ N，$\quad F_{2y} = -F_2\sin 30° = -5\ 000$ N $\times 0.5 = -2\ 500$ N，$\quad F_{3y} = -F_3 = -3\ 000$ N

由式（1-2-2）、式（1-2-3）可得

$$F_x = \sum F_x = -2\ 000 \text{ N} - 4\ 330 \text{ N} + 0 \text{ N} = -6\ 330 \text{ N},$$

$$F_y = \sum F_y = 0 \text{ N} - 2\ 500 \text{ N} - 3\ 000 \text{ N} = -5\ 500 \text{ N}$$

$$F = \sqrt{F_x^2 + F_y^2} = \sqrt{(-6\ 330 \text{ N})^2 + (-5\ 500 \text{ N})^2} = 8\ 386 \text{ N}$$

由于 F_x，F_y 都是负值，所以合力应在第三象限 ［见图 1-2-4（b）］。

$$\cos \alpha = |F_x|/F = 6\ 330 \text{ N}/8\ 386 \text{ N} = 0.754\ 8, \quad \alpha = 41°$$

做一做 2

如图 1-2-5（a）所示，一圆柱体放置于夹角为 α 的 V 形槽内，并用压板压紧。已知压板作用于圆柱体上的压力为 F。试求槽面对圆柱体的约束反力。

解：（1）取圆柱体为研究对象，画出其受力图，如图 1-2-5（b）所示。

（2）选取坐标系 xOy。

（3）列平衡方程式求解未知力，由式（1-2-5）得

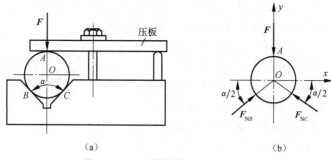

图 1 - 2 - 5 圆柱体位置及受力图

$$\sum F_x = 0, \quad F_{NB}\cos\frac{\alpha}{2} - F_{NC}\cos\frac{\alpha}{2} = 0 \qquad ①$$

$$\sum F_y = 0, \quad F_{NB}\sin\frac{\alpha}{2} + F_{NC}\sin\frac{\alpha}{2} - F = 0 \qquad ②$$

由式①得
$$F_{NB} = F_{NC}$$

由式②得
$$F_{NB} = F_{NC} = \frac{F}{2\sin\dfrac{\alpha}{2}}$$

（4）讨论。由结果可知，F_{NB} 与 F_{NC} 均随几何角度 α 而变化，α 越小，约束反力 F_{NB} 或 F_{NC} 就越大，因此，α 不宜过小。

通过本例题可以看出，静力学分析的方法在求解静力学平衡问题中的重要性。现将有关静力学平衡问题的一般方法和步骤作以下总结。

1. 选择研究对象

所选研究对象应与已知力（或已求出的力）、未知力有直接关系，这样才能应用平衡条件由已知条件求未知力；在分析构件受力时，应先以受力简单并能由已知力求得未知力的构件作为研究对象，然后再以受力较复杂的构件作为研究对象。

2. 绘制受力图

根据研究对象所受外部载荷、约束及其性质，对研究对象进行受力分析并绘制出它的受力图。

3. 建立坐标系，根据平衡条件列平衡方程

在建立坐标系时，最好其中一轴与一个未知力垂直。在根据平衡条件列平衡方程时，要注意各力投影的正负号。如果计算结果中出现负号，则说明原假设方向与实际受力方向相反。

步骤二 分析力矩与平面力偶系

力矩的定义
及应用

一、力对点的矩

1. 力对点的矩的概念

在长期的生产活动中，人们认识到力不仅能使物体产生移动，还能使物体产生转动。例如，

在利用扳手拧螺母时，扳手连同螺母一起绕螺母的中心线转动。由经验可知，拧紧螺母的效应不仅与作用力的大小和方向有关，而且还与力的作用线到螺母中心线的相对位置有关。在实际工程中，将表述力使物体产生转动效应的物理量称为**力矩**。图 1-2-6 所示为扳手的力矩，其中螺母中心线在平面上的投影点 O 称为**力矩中心**（简称**矩心**），力的作用线到力矩中心 O 的距离 d 称为**力臂**。力使扳手绕点 O 的转动效应取决于力 F 的大小与力臂 d 的乘积及力矩的转动方向。力对点的矩用 $M_O(\boldsymbol{F})$ 来表示，即

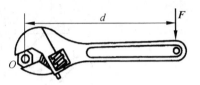

图 1-2-6　扳手的力矩

$$M_O(\boldsymbol{F}) = \pm Fd \qquad (1-2-6)$$

力对点的矩是一代数量，式（1-2-6）中的正负号用来表明力矩的转动方向。一般规定：当力使物体绕矩心做逆时针方向转动时，力矩取正号；反之，取负号。力矩的单位为 N·m 或 kN·m。

由力矩的定义可知以下结论。

（1）若将力 F 沿其作用线移动，因为力的大小、方向和力臂都没有改变，所以不会改变该力对某一矩心的力矩。

（2）若 $F=0$，则 $M_O(\boldsymbol{F})=0$；若 $M_O(\boldsymbol{F})=0$ 而 $F\neq0$，则必须是 $d=0$，即力 F 通过矩心 O。所以，力矩等于零的条件是力等于零或力的作用线通过矩心。

2. 合力矩定理

合力矩定理：平面汇交力系的合力 $\boldsymbol{F}_R$ 对平面内任意一点的矩，等于其所有各分力对同一点的力矩的代数和，即

$$M_O(\boldsymbol{F}_R) = \sum M_O(\boldsymbol{F}_i) \qquad (1-2-7)$$

合力矩定理

该定理对任何有合力的力系均成立。

3. 力对点的矩的求法

通常在求平面内力对某点的力矩时，一般采用以下两种方法。

（1）用力矩的定义式，即力和力臂的乘积求力矩。这种方法的关键在于确定力臂 d。需要注意的是，力臂 d 是矩心到力的作用线的距离，即力臂必须垂直于力的作用线。

（2）运用合力矩定理求力矩。在实际工程中，有时力臂的几何关系较复杂，不易确定时，可将作用力正交分解为两个分力，然后应用合力矩定理求原力对矩心的力矩。

合力矩定理应用

🔷 做一做 3

如图 1-2-7 所示，构件 OBC 的 O 端为铰链支座约束，力 F 作用于点 C，其方向角为 α，又知 $OB=l$，$BC=h$，求力 F 对点 O 的力矩。

解：（1）利用力矩的定义进行求解。

如图 1-2-7 所示，过点 O 作出力 F 作用线的垂线，与其交于点 a，则力臂 d 为线段 Oa。再过点 B 作力的作用线的平行线，与力臂的延长线交于点 b，则有

$$M_O(\boldsymbol{F}) = -Fd = -F(Ob-ab)$$
$$= -F(l\sin\alpha - h\cos\alpha)$$

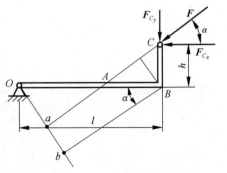

图 1-2-7　力对点的矩的求法

（2）利用合力矩定理求解。

由于力 F 的力臂 d 的几何关系较为复杂，不易直接求出，所以可以利用合力矩定理求力矩。如图 $1-2-7$ 所示，可先将力 F 分解成一对正交的分力 F_{C_x}、F_{C_y}，则力 F 的力矩就可以用这两个分力对点 O 的力矩的代数和求出，即

$$M_O(F) = M_O(F_{C_x}) + M_O(F_{C_y}) = Fh\cos\alpha - Fl\sin\alpha = -F(l\sin\alpha - h\cos\alpha)$$

合力矩定理
解决实际问题

二、力偶及其性质

1. 力偶的定义

在实际工程中，常见物体在两个大小相等、方向相反、作用线相互平行的力的作用下，产生转动的实例，如用手拧水龙头、转动方向盘等，如图 $1-2-8$ 所示。在力学研究中，将作用在物体上的一对大小相等、方向相反、作用线相互平行的两个力称为**力偶**，记作 (F, F')。

力偶的定义

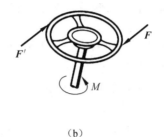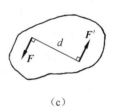

（a）   （b）   （c）

图 $1-2-8$ 力偶的工程实例

力偶是一个基本的物理量，具有一些独特的性质。力偶既不平衡，也不能合成为一个合力，只能使物体产生转动效应。力偶两个力所在的平面称为**力偶作用面**；两个力作用线之间的垂直距离称为**力偶臂**，以 d 来表示；力偶使物体转动的方向称为**力偶的转向**。

力偶对物体的转动效取决于力偶中的力与力偶臂的乘积，力与力偶臂的乘积称为**力偶矩**，记作 $M(F, F')$ 或 M，即

$$M(F, F') = \pm Fd \tag{1-2-8}$$

力偶矩同力矩一样，是代数量，其正负号只表示力偶的转动方向。通常规定，力偶逆时针转向时，力偶矩为正，反之为负。力偶矩的单位为 $N \cdot m$ 或 $kN \cdot m$。力偶矩的大小、转向和作用面称为**力偶矩的三要素**。

2. 力偶的性质

（1）力偶无合力，力偶不能用一个力来等效，也不能用一个力来平衡，力偶只能用力偶来平衡。

由于力偶中的两个力是等值、反向的，它们在任意坐标轴上的投影的代数和恒为零（见图 $1-2-9$），因此，力偶对物体只有转动效应而无移动效应。因而力偶对物体的作用效果不能用一个力来代替，也不能用一个力来平衡。可以将力和力偶看成组成力系的两个基本物理量。

力偶的性质

（2）力偶对其作用面内任意一点的矩，恒等于其力偶矩，而与矩心的位置无关。

如图 $1-2-10$ 所示，一力偶 $M(F, F') = Fd$，对于平面任意一点 O 的力矩，可用组成力偶的两个力分别对点 O 矩的代数和度量，记作 $M_O(F, F') = \pm Fd$，即

$$M_O(F, F') = F'(d + x) - Fx = F'd = Fd$$

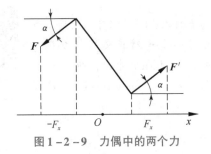

图1-2-9 力偶中的两个力

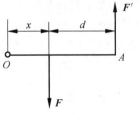

图1-2-10 力偶对点的矩

（3）力偶的等效性。

作用在同一平面内的两个力偶，如果它们的力偶矩大小相等、力偶的转向相同，则这两个力偶是等效的，这称为**力偶的等效性**。

根据力偶的等效性，可以得出两个推论。

推论1 力偶可以在其作用面内任意移转而不改变它对物体的转动效应，即力偶对物体的转动效应与它在作用面内的位置无关。

推论2 在保持力偶矩大小和力偶转向不变的情况下，可以同时改变力偶中力的大小和力臂的长短，而不会改变力偶对物体的转动效应。

如图1-2-11所示，各图中力偶的作用效应都相同。力偶的力偶臂、力的大小及其方向既然都可改变，就可简明地以一个带箭头的弧线并标出值来表示力偶，如图1-2-11（d）所示。

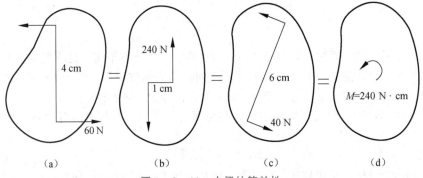

图1-2-11 力偶的等效性

值得注意的是，力偶的等效性仅适用于刚体，不适用于变形体。

三、平面力偶系的合成与平衡

作用在刚体上同一平面内的多个力偶组成一个平面力偶系。

1. 平面力偶系的合成

从力偶的性质可知，力偶对物体只产生转动效应，而且转动效应的大小完全取决于力偶矩的大小及转向。那么，对于物体内某一平面受多个力偶组成的力偶系作用时，也只能使物体产生转动效应。显然，其力偶系对物体转动效应的大小等于各力偶转动效应的总和，即平面力偶系可以合成为一个合力偶，合力偶矩等于各分力偶矩的代数和。合力偶矩用 M 表示为

$$M = M_1 + M_2 + \cdots + M_n = \sum M \tag{1-2-9}$$

2. 平面力偶系的平衡

既然平面力偶系合成的结果为一个合力偶，要使力偶系平衡，就必须使合力偶矩等于零，即

平面力偶系的
合成与平衡

$$\sum M = 0 \qquad\qquad\qquad (1-2-10)$$

可见，平面力偶系平衡的充分必要条件是力偶系中各力偶矩的代数和等于零。

做一做 4

梁 AB 受一主动力偶作用，如图 $1-2-12$（a）所示，其力偶矩 $M = 100\ \text{N} \cdot \text{m}$，梁长 $l = 5\ \text{m}$，梁的自重不计，求两支座的约束反力。

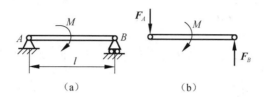

图 $1-2-12$　梁

解：（1）以梁为研究对象，进行受力分析并画出受力图，如图 $1-2-12$（b）所示。

作用于梁上的力偶矩为 M，两支座的约束反力为 F_A，F_B。由活动铰支座的约束性质可知，F_B 的方位可定，而 F_A 的方位不定。由于不计梁的自重，因此根据力偶只能用力偶来平衡的性质，可知 F_A 必须与 F_B 组成一个力偶，即力 F_A 必须与 F_B 大小相等、方向相反、作用线平行。

（2）列解平衡方程。

由 $\sum M = 0$ 得　　$F_B l - M = 0$，$F_A = F_B = \dfrac{M}{l} = \dfrac{100\ \text{N} \cdot \text{m}}{5\ \text{m}} = 20\ \text{N}$

做一做 5

电动机轴通过联轴器与工件相连接，联轴器上 4 个螺栓 A，B，C，D 的孔心均匀地分布在同一圆周上，如图 $1-2-13$ 所示，此圆周的直径 $d = 150\ \text{mm}$，电动机轴传给联轴器的力偶矩 $M = 2.5\ \text{kN} \cdot \text{m}$，求每个螺栓所受的力。

解：以联轴器为研究对象。作用于联轴器上的力有电动机传给联轴器的力偶矩 M、4 个螺栓的约束反力，假设 4 个螺栓的受力均匀，则 $F_1 = F_2 = F_3 = F_4 = F$，其方向如图 $1-2-13$ 所示。由平面力偶系平衡条件可知，F_1 与 F_3、F_2 与 F_4 组成两个力偶，并与电动机传给联轴器的力偶矩 M 平衡。据平面力偶系的平衡方程有

平面力偶系解决实际问题

$$\sum M = 0, \quad M - Fd - Fd = 0, \quad F = \frac{M}{2d} = \frac{2.5\ \text{kN} \cdot \text{m}}{2 \times 0.15\ \text{m}} = 8.33\ \text{kN}$$

图 $1-2-13$　联轴器

步骤三　分析平面一般力系

知识链接

如果作用在物体上的各力的作用线都在同一平面内，且既不相交于一点又不完全平行，这样的力系称为平面一般力系。图 $1-2-14$ 所示为起重机横梁 AB 受平面一般力系的作用。

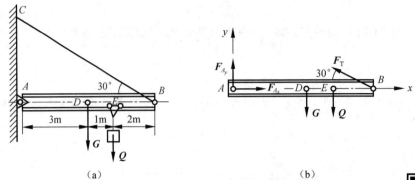

（a）   （b）

图 1-2-14　起重机横梁 AB 受平面一般力系的作用

力的平移
定理及其应用

一、平面一般力系的简化

1. 力的平移定理

作用在刚体上点 A 处的力 $\boldsymbol{F}$，可以平移到刚体内任意一点 O，但必须同时附加一个力偶，此附加力偶的力偶矩等于原力 $\boldsymbol{F}$ 对点 O 的矩，这就是**力的平移定理**，如图 1-2-15 所示。

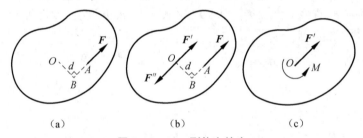

（a）   （b）   （c）

图 1-2-15　刚体上的力

证明如下：根据加减平衡力系公理，在任意一点 O 加上一对与 $\boldsymbol{F}$ 等值的平衡力 $\boldsymbol{F}'$，$\boldsymbol{F}''$［见图 1-2-15（b）］，则 $\boldsymbol{F}$ 与 $\boldsymbol{F}''$ 为一对等值反向不共线的平行力，这就组成了一个力偶，其力偶矩等于原力 $\boldsymbol{F}$ 对 O 点的矩，即

$$M = M_O(\boldsymbol{F}) = Fd$$

于是作用在点 A 的力 $\boldsymbol{F}$ 就与作用于点 O 的平移力 $\boldsymbol{F}'$ 和附加力偶 M 的联合作用等效，如图 1-2-15（c）所示。

力的平移定理表明了力对绕力作用线外的中心转动的物体有两种作用，一是平移力的作用，二是附加力偶对物体产生的旋转作用。

如图 1-2-16 所示，圆周力 $\boldsymbol{F}$ 作用于转轴的齿轮上，为观察力 $\boldsymbol{F}$ 的作用效应，将力 $\boldsymbol{F}$ 平移至轴心点 O，则有平移力 $\boldsymbol{F}'$ 作用于轴上，同时有附加力偶 M 使齿轮绕轴旋转。

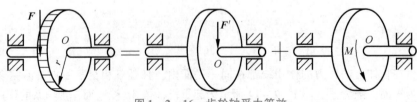

图 1-2-16　齿轮轴受力等效

再以削乒乓球为例（见图1-2-17）分析力 F 对乒乓球的作用效应。将力 F 平移至球心，得平移力 F' 与附加力偶，平移力 F' 决定球心的轨迹，而附加力偶则使球产生转动。

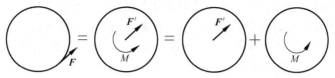

图1-2-17　乒乓球受力等效

力的平移定理在理论和实际应用方面都具有重要意义，它不仅是力系向一点简化的理论依据，而且还可以直接用来解决许多工程实际问题。但是，这一定理只适用于刚体，对变形体不适用。

2. 平面一般力系向平面内任意一点的简化

如图1-2-18（a）所示，在刚体上作用一平面一般力系 F_1，F_2，…，F_n，它们分别作用于点 A_1，A_2，…，A_n。在力系所在平面内任取一点 O 作为**简化中心**，将力系中所有力分别平移到简化中心 O 处，且各附加一力偶，这样就将平面一般力系简化为作用于简化中心点 O 的平面汇交力系与一个由各附加力偶组成的附加平面力偶系，如图1-2-18（b）所示。

平面任意力系的简化过程

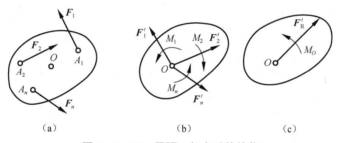

（a）　　　　　　　　　（b）　　　　　　　　　（c）

图1-2-18　平面一般力系的简化

由平面汇交力系理论可知，作用于简化中心点 O 的平面汇交力系可合成为一个力 F'_R，称为平面一般力系的**主矢**，其作用线过简化中心点 O，如图1-2-18（c）所示。

主矢 F'_R 的大小、方向为

$$\left. \begin{array}{l} F'_R = \sqrt{\left(\sum F'_x \right)^2 + \left(\sum F'_y \right)^2} = \sqrt{\left(\sum F_x \right)^2 + \left(\sum F_y \right)^2} \\ \tan \alpha = \left| \dfrac{\sum F_y}{\sum F_x} \right| \end{array} \right\} \qquad (1-2-11)$$

附加力偶 M_1，M_2，…，M_n 组成的平面力偶系的合力偶矩 M_O，称为平面一般力系的**主矩**。由平面力偶系的合成可知，主矩等于各附加力偶矩的代数和。由于每个附加力偶矩等于原力对平移点的力矩，所以主矩等于各分力对简化中心的力矩的代数和，作用在力系所在的平面上，如图1-2-18（c）所示。

综上所述，平面一般力系向平面内一点简化，得到一个主矢 F'_R 和一个主矩 M_O，主矢的大小等于原力系中各分力投影的平方和再开方，作用点在简化中心上，其大小和方向与简化中心的选择无关。主矩等于原力系各分力对简化中心力矩的代数和，其值一般与简化中心的选择有关。在实际工程中，平面一般力系的简化方法可用来解决许多力学问题，如**固定端约束**问题等。

固定端约束是使被约束体插入约束内部，被约束体一端与约束成为一体而完全固定，是一种既不能移动也不能转动的约束形式。实际工程中的固定端约束是很常见的。例如，机床上装卡加工工件的卡盘对工件的约束，如图1-2-19（a）所示；大型机器中立柱对横梁的约束，如

图 1 – 2 – 19（b）所示；房屋建筑中墙壁对雨棚的约束，如图 1 – 2 – 19（c）所示；飞机机身对机翼的约束，如图 1 – 2 – 19（d）所示。

固定端约束的约束反力是由约束与被约束体紧密接触而产生的一个分布力系，当外力为平面力系时，约束反力所构成的这个分布力系也是平面力系。由于其中各个力的大小与方向均难以确定，因而可将该力系向点 A 简化，得到的主矢用一对正交分力表示，而将主矩用一个约束反力偶矩来表示，这就是固定端约束的约束反力，如图 1 – 2 – 20 所示。

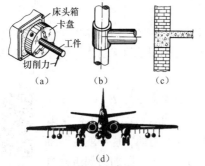

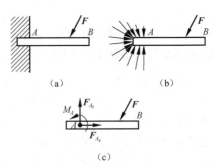

图 1 – 2 – 19　工程中常见的固定端约束　　　图 1 – 2 – 20　固定端约束的约束反力

3. 简化结果分析

平面一般力系向平面内任意一点简化，得到一个主矢 F_R' 和一个主矩 M_O，但这不是力系简化的最终结果，如果进一步分析简化结果，则有下列情况。

平面任意力系
的平衡条件

（1）若 $F_R' \neq 0$，$M_O \neq 0$，则原力系简化为一个力和一个力偶。在这种情况下，根据力的平移定理，这个力和力偶还可以继续合成为一个合力 F_R，其作用线离点 O 的距离为 $d = M_O / F_R'$，可利用主矩 M_O 的转向来确定合力 F_R 的作用线在简化中心的哪一侧。

（2）若 $F_R' \neq 0$，$M_O = 0$，则原力系简化为一个力。在这种情况下，附加力偶系平衡，主矢 F_R' 即原力系的合力 F_R，作用于简化中心。

（3）若 $F_R' = 0$，$M_O \neq 0$，则原力系简化为一个力偶，其矩等于原力系对简化中心的主矩。在这种情况下，简化结果与简化中心的选择无关，即无论力系向哪一点简化都是一个力偶，且力偶矩等于主矩。

（4）若 $F_R' = 0$，$M_O = 0$，则原力系是平衡力系。

二、平面一般力系的平衡

平面任意力系
简化结果分析

1. 平面一般力系的平衡条件

当平面一般力系简化后所得的主矢、主矩同时为零，即 $F_R' = 0$，$M_O = 0$ 时，平面一般力系处于平衡。同理，如果力系是平衡力系，则该力系向平面内任意一点简化后所得的主矢、主矩必然为零。因此，平面一般力系平衡的充分必要条件为 $F_R' = 0$，$M_O = 0$。即

$$F_R = \sqrt{\left(\sum F_x \right)^2 + \left(\sum F_y \right)^2} = 0, \quad M_O = \sum M_O(F) = 0$$

由此可得平面一般力系的平衡方程为

$$\left. \begin{array}{l} \sum F_x = 0 \\ \sum F_y = 0 \\ \sum M_O(F) = 0 \end{array} \right\} \qquad (1 – 2 – 12)$$

式（1-2-12）为平面一般力系平衡方程的基本形式，又称一矩式方程。由于这是一组 3 个独立方程，因此只能求解出 3 个未知量。

2. 平面平行力系的平衡条件

在平面力系中，如果各力的作用线互相平行，则该力系称为平行力系。如图 1-2-21 所示，刚体上作用一平面平行力系 F_1，F_2，…，F_n，现在取坐标系中 Oy 轴与各力平行，则无论该力系是否平衡，各力在 x 轴上的投影都恒等于零，即 $\sum F_x = 0$。因此，平面平行力系的平衡方程为

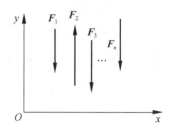

图 1-2-21　平面平行力系

$$\left. \begin{array}{l} \sum F_x = 0 \\ \sum M_O(\boldsymbol{F}) = 0 \end{array} \right\} \qquad (1-2-13)$$

平面平行力系的平衡方程，也可用两个力矩方程的形式，即

$$\left. \begin{array}{l} \sum M_A(\boldsymbol{F}) = 0 \\ \sum M_B(\boldsymbol{F}) = 0 \end{array} \right\} \qquad (1-2-14)$$

式中，点 A 与点 B 连线不能与各力的作用线平行。

由此可见，平面平行力系只有两个独立的平衡方程，只能求出两个未知量。

做一做6

塔式起重机的结构简图如图 1-2-22 所示。设机架重力 $G = 500$ kN，重心在点 C，与右轨相距 $a = 1.5$ m。最大起吊重力 $P = 250$ kN，与右轨 B 最远距离 $l = 10$ m。平衡物重力为 G_1，与左轨 A 相距 $x = 6$ m，二轨相距 $b = 3$ m。试求起重机在满载与空载时都不至翻倒的平衡重力 G_1 的范围。

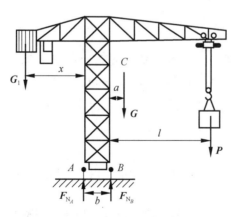

平衡方程
解决实际问题

图 1-2-22　塔式起重机的结构简图

解： 取起重机为研究对象。

作用于起重机上的力有主动力 G、平衡重力 G_1、起吊重力 P 及约束反力 F_{N_A} 和 F_{N_B}，这些力组成一平面平行力系。

若要保证满载时机身平衡而不向右翻倒，则这些力必须满足平衡方程 $\sum M_B(\boldsymbol{F}) = 0$，在此状态下，点 A 将处于离地与不离地的临界状态，即有 $F_{N_A} = 0$。求出的 G_1 值是它应有的最小值。

$$\sum M_B(\boldsymbol{F}) = 0, \quad G_{1\min}(x + b) - Ga - Pl = 0,$$

$$G_{1\min} = \frac{Ga + Pl}{x + b} = \frac{500 \text{ kN} \times 1.5 \text{ m} + 250 \text{ kN} \times 10 \text{ m}}{6 \text{ m} + 3 \text{ m}} = 361 \text{ kN}$$

要保障空载时机身平衡而不向左翻倒，则这些力必须满足平衡方程 $\sum M_A(\boldsymbol{F}) = 0$，在此状态下，点 B 将处于离地与不离地的临界状态，即有 $F_{N_B} = 0$。求出的 G_1 值是它应有的最大值。

$$\sum M_A(\boldsymbol{F}) = 0, \quad G_{1\max}x - G(a + b) = 0, \quad G_{1\max} = \frac{G(a + b)}{x} = \frac{500 \text{ kN} \times (1.5 + 3) \text{ m}}{6 \text{ m}} = 375 \text{ kN}$$

因此，平衡重力 G_1 的值的范围为 $361 \text{ kN} \leqslant G_1 \leqslant 375 \text{ kN}$。

做一做 7

如图 1－2－23 所示，悬臂梁上作用有均布载荷 $\boldsymbol{q}$，在 B 端作用有集中力 $\boldsymbol{F} = ql$ 和力矩 $M = ql^2$，梁长度为 $2l$。已知 q 和 l（力的单位为 N，长度单位为 m），求固定端的约束反力。

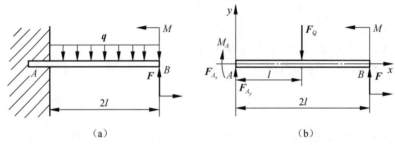

图 1－2－23

解：（1）取梁 AB 为研究对象，绘制受力图，如图 1－2－23（b）所示，均布载荷 q 可简化为作用于梁中点 Q 的一个集中力 $F_Q = 2ql$。

（2）列平衡方程，有

$$\sum F_x = 0, \qquad F_{A_x} = 0$$

$$\sum M_A(\boldsymbol{F}) = 0, \qquad M - M_A + F(2l) - F_Q l = 0,$$

故

$$M_A = M + 2Fl - F_Q l = ql^2 + 2ql^2 - 2ql^2 = ql^2$$

$$\sum F_y = 0, \quad F_{A_y} + F - F_Q = 0$$

故

$$F_{A_y} = F_Q - F = 2ql - ql = ql$$

平衡方程应用案例（均布载荷和力偶作用）

3. 物体系统的平衡条件

在实际工程中，经常遇到工程机械和结构都是由多个构件通过一定的约束组成的系统，这类系统称为**物体系统**，简称**物系**。

在求解物系的平衡问题时，不仅要考虑物系外部物体对物系的作用力，同时还要考虑物系内部各构件之间的相互作用力。物系外部物体对物系的作用力称为**物系外力**；物系内部各构件之间的相互作用力称为**物系内力**。物系的外力和内力只是一个相对的概念，它们之间没有严格的区别。当研究整个物系平衡时，由于其内力总是成对出现、相互抵消，因此，可以不予考虑。当研究物系中某一构件或部分构件的平衡问题时，物系内其他构件对它们的作用力就又成为这一研究对象的外力，此时必须予以考虑。

若整个物系处于平衡，那么组成这一物系的所有构件也处于平衡，因此，在求解有关物系的平衡问题时，既可以以整个物系为研究对象，也可以取单个构件为研究对象。对于每种研究对象，一般情况下都可以列出 3 个独立的平衡方程。对于由 n 个构件组成的物系平衡，最多可以列出 $3n$ 个独立的平衡方程，解出 $3n$ 个未知量。下面举例说明物系平衡问题的解法。

做一做8

图 1-2-24（a）所示为三铰拱桥，左、右两半拱通过铰链 C 连接起来，并通过铰链 A，B 与桥基连接。已知 $G = 40$ kN，$P = 10$ kN，试求铰链 A，B，C 三处的约束反力。

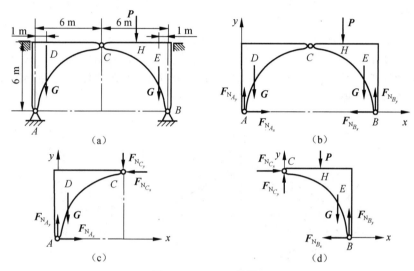

图 1-2-24 三铰拱桥

解：（1）取整体为研究对象画出受力图，并建立图 1-2-24（b）所示坐标系。列平衡方程，有

$$\sum M_A = 0, \quad 12F_{N_{By}} - 9P - 11G - G = 0 \quad 得 F_{N_{By}} = 47.5 \text{ kN}$$

$$\sum F_y = 0, \quad F_{N_{Ay}} + F_{N_{By}} - P - 2G = 0 \quad 得 F_{N_{Ay}} = 42.5 \text{ kN}$$

（2）取左半拱为研究对象画出受力图，并建立图 1-2-24（c）所示坐标系。列平衡方程，有

$$\sum M_C = 0, \quad 6F_{N_{Ax}} + 5G - 6F_{N_{Ay}} = 0 \quad 得 F_{N_{Ax}} = 9.2 \text{ kN}$$

$$\sum F_x = 0, \quad F_{N_{Ax}} - F_{N_{Cx}} = 0 \quad 得 F_{N_{Cx}} = 9.2 \text{ kN}$$

$$\sum F_y = 0, \quad -F_{N_{Cy}} + F_{N_{Ay}} - G = 0 \quad 得 F_{N_{Cy}} = 2.5 \text{ kN}$$

（3）取整体为研究对象。列解平衡方程，有

$$\sum F_x = 0, \quad F_{N_{Ax}} - F_{N_{Bx}} = 0 \quad 得 F_{N_{Bx}} = 9.2 \text{ kN}$$

综合本例题可以得出解平面力系平衡问题的方法和步骤。

（1）明确题意，选择正确研究对象。

（2）分析研究对象的受力情况，画出受力图，这是解题的关键一步，尤其在处理物系平衡问题时，每确定一个研究对象就必须单独画出它的受力图，不能将几个研究对象的受力图都画在一起，以免混淆。另外，还要注意作用力、反作用力，外力、内力的区别。在受力图上不画出内力。

（3）建立坐标系。建立坐标系的原则是应使每个方程中的未知量越少越好，最好每个方程中只有一个未知量。

（4）列平衡方程，求未知量。在计算结果中，负号表示预先假设力的指向与实际指向相反。在运算中，应连同符号一起代入其他方程中继续求解。

（5）讨论并校核计算结果。

知识拓展　机械应用实例分析

一、新型千斤顶

图 1-2-25 所示为一种新型千斤顶，它的结构简单、质量小，举升高度大，最大可达285 mm。这种千斤顶主要由底座 1，支承杆 4，14 及丝杠 15 等零部件组成。在使用时，用手转动摇把 5，带动丝杆 15 旋转，使两支承杆 4，14 靠拢或分离，带动连接板 11 驱动顶杆 13 上升或下降，完成升降工作过程。

图 1-2-25　新型千斤顶

1—底座；2，12—轴销；3，11—连接板；4，14—支承杆；5—摇把；6—摇把销子；7—拨叉；
8—推力轴承；9—连接轴；10—定位套；13—顶杆；15—丝杠；16—丝杠螺母

上支承杆 14 和下支承杆 4 的两端均为受力点，并被圆柱铰链约束，因此，在杆件自重忽略不计时，上、下支承杆都为二力杆。丝杠在轴向只有两个受力点，也可简化为二力杆，且为拉杆。

这种新型千斤顶可简化为图 1-2-26（a）所示的力学简图，各杆件均为二力杆，两端为铰链连接。由分析计算上、下支承杆所受的力可知

$$F_{AB} = 2F_{AC}\cos \alpha = \frac{2F\cos \alpha}{2\sin \alpha} = F\cot \alpha$$

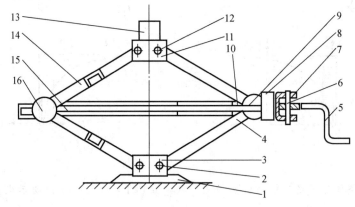

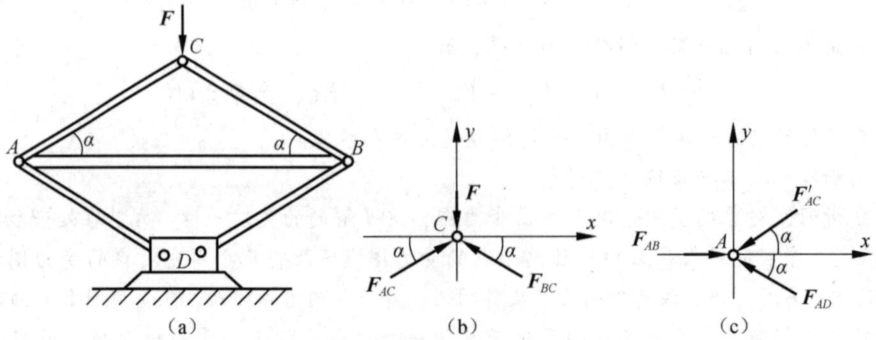

（a）　　　　　　　（b）　　　　　　　（c）

图 1-2-26　新型千斤顶受力分析

由于千斤顶的结构具有对称性，因此上、下支承杆受力的大小相等，而支承杆与丝杠受力的大小与夹角 α 有关，且随 α 的增大而减小。

二、省力的压剪

图 1−2−27（a）所示为一种自制的省力压剪工具，这种工具构造简单，容易自制，并可提高剪切的质量。它由固定座 1、下刀刃 2、上刀刃 3、手把 4、连杆 5、上刀刃杆 6 与固定杆 7 等组成。其中，上、下刀刃是由 T10 工具钢经热处理后刃磨而成，手把是由 φ40 mm 的钢管制成，固定座由 45 钢制造。由于利用了二级杠杆放大原理，使用时很省力。

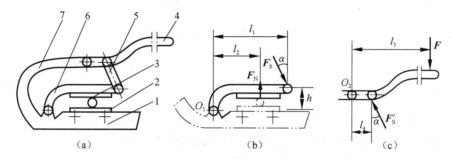

图 1−2−27 省力压剪工具

1—固定座；2—下刀刃；3—上刀刃；4—手把；5—连杆；6—上刀刃杆；7—固定杆

取上刀刃杆 6（包括上刀刃）为研究对象，受力分析如图 1−2−27（b）所示。连杆 5 为二力杆，F_S 为二力杆的作用力，沿杆向与竖直线夹角为 α，F_N 为被剪物体对上刀刃的作用力。

由力矩平衡方程得

$$\sum M_{O_1}(\boldsymbol{F}) = 0, \quad -F_S\cos \alpha \cdot l_1 - F_S\sin \alpha \cdot h + F_N l_2 = 0 \qquad (1-2-15)$$

再取手把 4 为研究对象，受力分析如图 1−2−27（c）所示。F_S' 为连杆对手把的反作用力，且 $F_S = F_S'$，F 为手对手把的作用力。由力矩平衡方程得

$$\sum M_{O_2}(\boldsymbol{F}) = 0, \quad F_S'\cos \alpha \cdot l_4 - Fl_3 = 0 \qquad (1-2-16)$$

由式（1−2−15）得

$$F_S = \frac{l_2}{l_1\cos \alpha + h\sin \alpha}F_N \qquad (1-2-17)$$

由式（1−2−16）得

$$F = \frac{l_4}{l_3}\cos \alpha \cdot F_S' = \frac{l_2 l_4\cos \alpha}{l_3(l_1\cos \alpha + h\sin \alpha)}F_N \qquad (1-2-18)$$

由式（1−2−17）和式（1−2−18）可知，若力臂 $l_1 > l_2$，$l_3 > l_4$，则 $F_S < F_N$，$F < F_S$，达到了省力的目的。如设 $\alpha = 0$，$l_1/l_2 = 3$，$l_3/l_4 = 3$，则 $F = F_N/12$，即手把的作用力 F 只是剪切力的 1/12。

三、鸭嘴式夹钳

鸭嘴式夹钳如图 1−2−28（a）所示，它由紧定螺钉 1、调节螺钉 2、上夹块 3 与下夹块 4 等组成。这种类型夹钳适合于钳工在修锉小型工件、配作块状零件的销孔及组装部件时使用，也可用于平磨小型工件的工序，借以增大工件与电磁工作台的接触面。夹钳的各个零件应采用淬火工艺，硬度为 45 ~ 50 HRC，上、下夹块最好磨平。夹钳的具体尺寸规格可以根据工作的需要确定。紧固时用扳手扳螺钉的方头即可。显然，上、下夹块在紧固零件时，夹板所受的几个力构成了平面平行力系，如图 1−2−28（b）、图 1−2−28（c）所示。

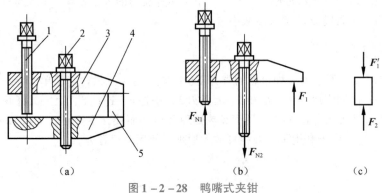

（a）　　　　　　　　（b）　　　　　　　　（c）

图 1-2-28　鸭嘴式夹钳

1—紧定螺钉；2—调节螺钉；3—上夹块；4—下夹块；5—工件

四、物系的平衡问题

图 1-2-29（a）所示为鲤鱼钳，它是由钳夹 1、连杆 2、上钳头 3 与下钳头 4 等组成。若钳夹手握力为 F，不计各杆自重与相互间的摩擦力，试求钳头的夹紧力 F_1 的大小。设图中的尺寸单位为 mm，连杆 2 与水平线夹角 $\alpha = 20°$。

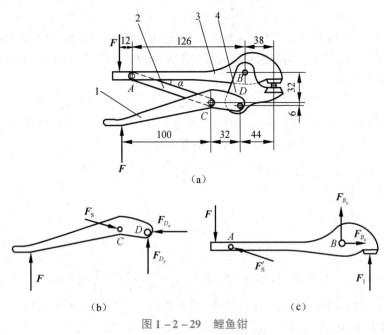

（a）

（b）　　　　　　　　　　　　　　（c）

图 1-2-29　鲤鱼钳

1—钳夹；2—连杆；3—上钳头；4—下钳头

先取钳夹 1 为研究对象，它所受的力有手握力 F，连杆（二力杆）的作用力 F_S，下钳头与钳夹铰链 D 的约束反力 F_{D_x}，F_{D_y}。受力图如图 1-2-29（b）所示，列出平衡方程

$$\sum M_D(\boldsymbol{F}_i) = 0, \quad -F \times (100 + 32) + F_S \sin\alpha \times 32 - F_S \cos\alpha \times 6 = 0$$

解得

$$F_S = \frac{132F}{32\sin\alpha - 6\cos\alpha} = \frac{132F}{32\sin 20° - 6\cos 20°} = 24.88F \qquad (1-2-19)$$

再取上钳头 3 为研究对象，它所受的力有手握力 F，连杆的作用力 F_S'，上、下钳夹头铰链 B

的约束反力 F_{B_x}，F_{B_y}，钳头夹紧力 F_1，受力图如图 $1-2-29$（c）所示。列出平衡方程

$$\sum M_B(F_i) = 0, \quad F \times (126 + 12) - F'_S \sin \alpha \times 126 + F_1 \times 38 = 0$$

得

$$F_1 = \frac{126F'_S \sin \alpha - 138F}{38} \qquad (1-2-20)$$

考虑到 $F_S = F'_S$，将式（$1-2-19$）代入式（$1-2-20$），得

$$F_1 = \frac{126F'_S \sin \alpha - 138F}{38} = \frac{126 \times 24.88 \times \sin 20° - 138}{38}F = 24.58F$$

由此可见，通过巧妙的设计，使鲤鱼钳的剪切力为手握力的 24.58 倍，达到了省力的效果。

任务评价

任务评价表见表 $1-2-1$。

表 $1-2-1$　任务评价表

评价类型	权重	具体指标	分值	得分		
				自评	组评	师评
职业能力	65%	学会建立平面汇交力系平衡方程	15			
		会应用合力矩定理计算力对点的矩	15			
		能熟练建立平面一般力系的平衡方程。	35			
职业素养	20%	坚持出勤，遵守纪律	5			
		遇到实际工程问题，协作互助，建立合理的力学模型	5			
		建立力学素养，训练计算能力	5			
		解决实际工程问题	5			
劳动素养	15%	按时完成任务	5			
		计算步骤清晰，计算结果正确	5			
		小组分工合理	5			
综合评价	总分					
	教师点评					

任务小结

通过对本任务的学习，应掌握以下内容。

1. 力对点的矩、合力矩定理

力矩的概念：力对具有转动中心的物体所产生的转动效应称为力对点的矩，记作

$$M_O(F) = \pm Fh$$

合力矩定理：平面汇交力系的合力对平面内任意一点的矩，等于其所有各分力对同一点的力矩的代数和，记作

$$M_O(\boldsymbol{F}_R) = \sum M_O(\boldsymbol{F}_i)$$

2. 力偶及力偶矩

力偶为一对等值、反向且不共线的平行力，它对物体的作用是产生单纯的转动效应。力偶矩有 3 个要素，即力偶矩的大小、转向与作用面。力偶矩可以记作

$$M(\boldsymbol{F}, \boldsymbol{F}') = M = \pm Fd$$

3. 平面一般力系的简化与平衡方程

（1）力的平移定理：作用于刚体上的力 $\boldsymbol{F}$ 可以平移到刚体内任意一点 O，但必须附加一个力偶，此附加力偶的力偶矩等于原力 $\boldsymbol{F}$ 对点 O 的矩。

（2）平面一般力系的简化结果。

主矢 $$\boldsymbol{F}'_R = \sum \boldsymbol{F}' = \sum \boldsymbol{F}$$

主矩 $$M_O = \sum M_O(\boldsymbol{F})$$

（3）平面力系的平衡方程见表 1-2-2。

表 1-2-2　平面力系的平衡方程

力系名称	平衡方程	其他形式的平衡方程		独立方程数目
平面一般力系	$\sum F_x = 0$ $\sum F_y = 0$ $\sum M_O(\boldsymbol{F}) = 0$	$\sum F_x = 0$ $\sum M_A(\boldsymbol{F}) = 0$ $\sum M_B(\boldsymbol{F}) = 0$ （AB 连线不垂直 x 轴）	$\sum M_A(\boldsymbol{F}) = 0$ $\sum M_B(\boldsymbol{F}) = 0$ $\sum M_C(\boldsymbol{F}) = 0$ （A, B, C 不共线）	3
平面汇交力系	$\sum F_x = 0$ $\sum F_y = 0$			2
平面平行力系	$\sum F_y = 0$ $\sum M_O(\boldsymbol{F}) = 0$	$\sum M_A(\boldsymbol{F}) = 0$ $\sum M_B(\boldsymbol{F}) = 0$ （AB 连线不平行于各力作用线）		2
平面力偶系	$\sum M = 0$			1

4. 求解物系平衡问题的步骤

（1）选取研究对象，绘制各研究对象的受力图。

（2）分析各受力图，确定求解顺序，并根据选定的顺序逐个选取研究对象求解。

任务拓展训练

1. 图 1-2-30 所示为力 $\boldsymbol{F}$ 处于两个不同的坐标系，试分析力 $\boldsymbol{F}$ 在这两个坐标系中的投影有何不同？分力有何不同？

2. 如图 1-2-31 所示，力偶不能用一个力来平衡，为什么图 1-2-31 中的轮子又能平衡呢？

力在坐标上的投影与分解的区别

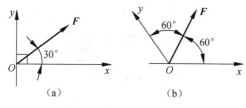

图 1-2-30 题 1 图　　　　　　　　　　　图 1-2-31 题 2 图

3. 如图 1-2-32 所示，起吊机鼓轮受力偶矩 M 和力 F 作用处于平衡，轮的状态表明_____。

A. 力偶可以用一个力来平衡　　　　B. 力偶可以用力对某点的矩来平衡

C. 力偶只能用力偶来平衡　　　　　D. 一定条件下，力偶可以用一个力来平衡

4. 如图 1-2-33 所示，能否将作用于杆 AB 上的力偶矩迁移到杆 BC 上？为什么？

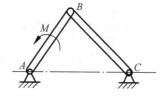

图 1-2-32 题 3 图　　　　　　　　　　图 1-2-33 题 4 图

5. 摆锤重力为 G，重心 A 到悬挂点 O 的距离为 l。试求在图 1-2-34 所示 3 种状态时，重力 G 对点 O 的矩。

6. 如图 1-2-35 所示，有 4 个力偶，其中有 3 个在平面 yOz 内，有 1 个在平面 xOy 内。各力偶中力的单位为 N，长度单位为 cm，试分析这些力偶哪些是等效的，哪些是不等效的？

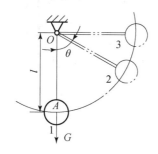

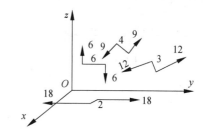

图 1-2-34 题 5 图　　　　　　　　　　图 1-2-35 题 6 图

7. 如图 1-2-36 所示，求各梁支座的约束反力。已知 $F = 2$ kN，$M = 1.5$ kN·m，$a = 2$ m，$q = 1$ kN/m。

8. 如图 1-2-37 所示，构架由 AC 和 CD 组成，滑轮 B 上挂一重力 $G = 10$ kN 的重物，不计各杆件和滑轮的重力。求支座 A 处的约束反力及杆 CD 所受的力。

9. 如图 1-2-38 所示，桥由 AB，AC 构成，重力 $G_1 = G_2 = 40$ kN，载荷 $F = 20$ kN，尺寸如图示。试求铰链 A，B，C 处的约束反力。

平衡方程
应用案例

平面任意
力系实际应用

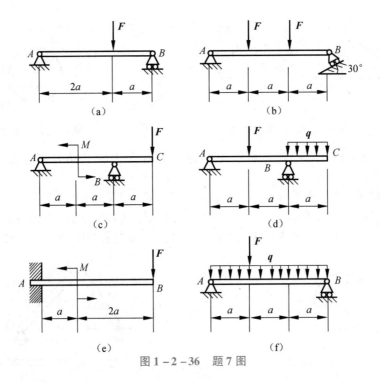

图 1-2-36　题 7 图

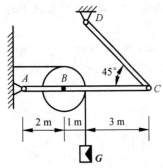

图 1-2-37　题 8 图

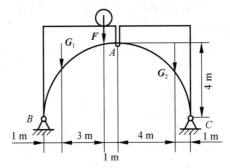

图 1-2-38　题 9 图

任务三　分析空间力系

参考学时：4学时

内容简介

在实际工程中，经常遇到物体所受力的作用线不全在同一平面内，而是呈空间分布的，这些力所构成的力系称为**空间力系**。与平面力系相同，空间力系又可分为空间汇交力系、空间平行力系及空间任意力系。本任务主要研究空间力系的简化、平衡条件、平衡方程，以及空间力系平衡问题的求解方法。

（1）掌握力在空间直角坐标系上的投影。
（2）掌握力对轴的矩。
（3）掌握空间力系的平衡方程及其应用。
（4）掌握空间力系平衡方程的一般解法。

学会空间力系的二次投影法，理解空间力系对轴的矩的实质，掌握空间力系平衡方程的解法。

（1）通过空间受力分析学习，提升学生严谨细致的思维能力。
（2）培养学生的工程质量意识和安全意识。

图 1-3-1 所示为车床主轴受力图，可看出，车床受到切削力 F_x，F_y，F_z，齿轮上的圆周力 F_t，径向力 F_r 及轴承 A，B 处的约束反力，这些力分布在空间中，应如何求解呢？

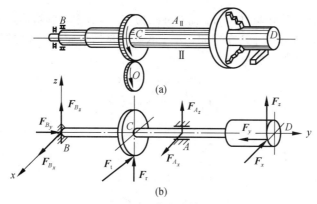

图 1-3-1 车床主轴受力图

步骤一　分析力在空间直角坐标轴上的投影

在平面力系中，常将作用于物体上某点的力向坐标轴 x，y 上投影。同理，在空间力系中，也可将作用于空间某一点的力向坐标轴 x，y，z 上投影。具体做法如下。

一、一次投影法

如图 1 – 3 – 2 所示，已知力 F 与三个坐标轴所夹的锐角分别为 α，β，γ，则力 F 在三个坐标轴上的投影等于力的大小乘以该夹角的余弦，即

$$\left.\begin{aligned} F_x &= F\cos\alpha \\ F_y &= F\cos\beta \\ F_z &= F\cos\gamma \end{aligned}\right\} \tag{1 – 3 – 1}$$

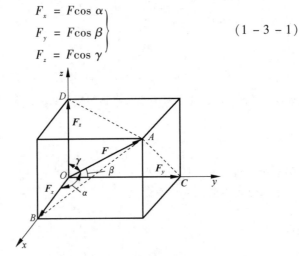

图 1 – 3 – 2　一次投影法

二、二次投影法

如图 1 – 3 – 3 所示，若已知力 F 与 z 轴的夹角为 γ，力 F 和 z 轴所确定的平面与 x 轴的夹角为 φ，可先将力 F 在平面 xOy 上投影，然后再向 x、y 轴进行投影，则力在三个坐标轴上的投影分别为

$$\left.\begin{aligned} F_x &= F\sin\gamma\cos\varphi \\ F_y &= F\sin\gamma\sin\varphi \\ F_z &= F\cos\gamma \end{aligned}\right\} \tag{1 – 3 – 2}$$

图 1 – 3 – 3　二次投影法

反过来，若已知力在三个坐标轴上的投影 F_x，F_y，F_z，也可求出力的大小和方向，即

$$\left.\begin{aligned} F &= \sqrt{F_x^2 + F_y^2 + F_z^2} \\ \cos\alpha &= \frac{F_x}{F}, \cos\beta = \frac{F_y}{F}, \cos\gamma = \frac{F_z}{F} \end{aligned}\right\} \tag{1 – 3 – 3}$$

 做一做 1

斜齿圆柱齿轮上点 A 受到啮合力 F_n 的作用，F_n 沿齿廓在接触处的法线方向，如图 1-3-4（a）所示。α 为压力角，β 为斜齿圆柱齿轮的螺旋角。试计算圆周力 F_t、径向力 F_r、轴向力 F_a 的大小。

解：建立图 1-3-4 所示的直角坐标系 $Axyz$，先将啮合力 F_n 向平面 xAy 投影得 F_{xy}，其大小为

$$F_{xy} = F_n \cos \alpha$$

向 z 轴投影得径向力

$$F_r = F_n \sin \alpha$$

然后再将 F_{xy} 向 x，y 轴上投影，如图 1-3-4（c）所示。因 $\theta = \beta$，得

圆周力 $\qquad\qquad F_t = F_{xy} \cos \beta = F_n \cos \alpha \cos \beta$

轴向力 $\qquad\qquad F_a = F_{xy} \sin \beta = F_n \cos \alpha \sin \beta$

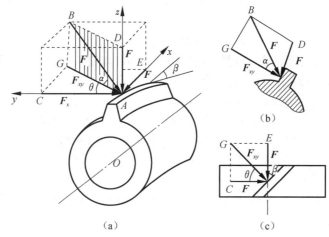

图 1-3-4　斜齿圆柱齿轮的受力分析

步骤二　计算力对轴的矩

空间力对
轴的力矩

 知识链接

一、力对轴的矩的概念

在实际工程中，常遇到刚体绕定轴转动的情形，为了度量力对转动刚体的作用效应，必须引入力对轴的矩的概念。

以关门动作为例，如图 1-3-5（a）所示，门的一边有固定轴 z，在点 A 作用一力 F，为度量此力对刚体的转动效应，可将该力 F 分解为两个互相垂直的分力：一个是与转轴平行的分力 $F_z = F \sin \beta$；一个是在与转轴垂直平面上的分力 $F_{xy} = \cos \beta$。

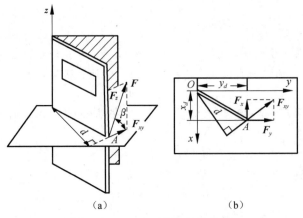

（a） （b）

图 1 - 3 - 5　力对门的转动效应

由经验可知，分力 F_z 不能使门绕 z 轴转动，只有分力 F_{xy} 才能产生使门绕 z 轴转动的效应。

如以 d 表示 F_{xy} 作用线到 z 轴与平面交点 O 的距离，则 F_{xy} 对点 O 的矩就可以用来度量力 F 使门绕 z 轴转动的效应，记作

$$M_z(\boldsymbol{F}) = M_O(\boldsymbol{F}_{xy}) = \pm F_{xy}d \qquad (1-3-4)$$

力对轴的矩在轴上的投影是代数量，其值等于此力在垂直于该轴平面上的投影对该轴与此平面的交点的矩。 力矩的正负代表其转动作用的方向。当从 z 轴正向看，逆时针方向转动为正，顺时针方向转动为负（或用右手法则确定其正、负）。

由式（1 - 3 - 4）可知，当力的作用线与转轴平行（$F_{xy}=0$），或者与转轴相交时（$d=0$），即当力与转轴共面时，力对该轴的矩等于零。力对轴的矩的单位为 N·m。

二、合力矩定理

设有一空间力系 $\boldsymbol{F}_1$，$\boldsymbol{F}_2$，…，$\boldsymbol{F}_n$，其合力为 $\boldsymbol{F}_R$，则可证明合力 $\boldsymbol{F}_R$ 对某轴的矩等于各分力对同轴力矩的代数和，可写成

$$M_z(\boldsymbol{F}_R) = \sum M_z(\boldsymbol{F}_i) \qquad (1-3-5)$$

式（1 - 3 - 5）常被用来计算空间力对轴的矩。

做一做 2

如图 1 - 3 - 6 所示，计算手摇曲柄上 F 对 x，y，z 轴的矩。已知 F 为平行于平面 xAz 的力，$F=100$ N，$\alpha=60°$，$AB=20$ cm，$BC=40$ cm，$CD=15$ cm，A，B，C，D 处于同一水平面上。

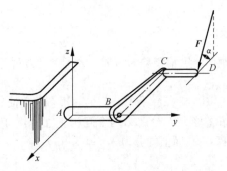

空间任意
力的投影

图 1 - 3 - 6　手摇曲柄所受力的矩

解：力 F 在 x 和 z 轴上有投影

$$F_x = F \cos \alpha, \quad F_z = - F \sin \alpha$$

计算 F 对 x，y，z 各轴的力矩，有

$$M_x(\boldsymbol{F}) = - F_z(AB + CD) = - 100 \text{ N} \times \sin 60° \times (20 + 15) \text{ cm}$$
$$= - 3\,031 \text{ N} \cdot \text{cm} = - 30.31 \text{ N} \cdot \text{m}$$

$$M_y(\boldsymbol{F}) = - F_z BC = - 100 \text{ N} \times \sin 60° \times 40 \text{ cm} = - 3\,464 \text{ N} \cdot \text{cm} = - 34.64 \text{ N} \cdot \text{m}$$

$$M_z(\boldsymbol{F}) = - F_x(AB + CD) = - 100 \text{ N} \times \cos 60° \times (20 + 15) \text{ cm}$$
$$= - 1\,750 \text{ N} \cdot \text{cm} = - 17.50 \text{ N} \cdot \text{m}$$

步骤三　分析空间力系的平衡方程

 知识链接

一、空间力系的简化

设物体上作用空间力系 $\boldsymbol{F}_1$，$\boldsymbol{F}_2$，…，$\boldsymbol{F}_n$，如图 1 - 3 - 7（a）所示。与平面任意力系的简化方法一样，在物体内任取一点 O 作为简化中心，依据力的平移定理，将图中各力平移到点 O，加上相应的附加力偶，这样就可以得到一个作用于简化中心点 O 的空间汇交力系和一个附加的空间力偶系。将作用于简化中心的空间汇交力系和附加的空间力偶系分别合成，便可以得到一个作用于简化中心点 O 的主矢 $\boldsymbol{F}'_{\text{R}}$ 和一个主矩 M_O。

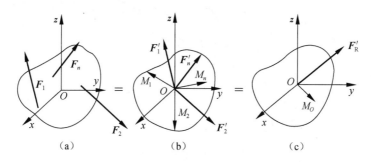

图 1 - 3 - 7　空间力系的简化

主矢 $\boldsymbol{F}'_{\text{R}}$ 的大小为

$$F'_{\text{R}} = \sqrt{\left(\sum F_x \right)^2 + \left(\sum F_y \right)^2 + \left(\sum F_z \right)^2} \qquad (1 - 3 - 6)$$

主矩 M_O 的大小为

$$M_O = \sqrt{\left[\sum M_x(\boldsymbol{F}) \right]^2 + \left[\sum M_y(\boldsymbol{F}) \right]^2 + \left[\sum M_z(\boldsymbol{F}) \right]^2} \qquad (1 - 3 - 7)$$

二、空间力系的平衡方程及其应用

空间任意力系平衡的充分必要条件是该力系的主矢和力系对于任意一点的主矩都等于零。即 $F'_{\text{R}} = 0$，$M_O = 0$，即

$$\sum F_x = 0$$
$$\sum F_y = 0$$
$$\sum F_z = 0$$
$$\sum M_x(\boldsymbol{F}) = 0$$
$$\sum M_y(\boldsymbol{F}) = 0$$
$$\sum M_z(\boldsymbol{F}) = 0$$

(1-3-8)

式（1-3-8）说明，空间任意力系平衡的充分必要条件是空间力系中各力在3个坐标轴上的投影的代数和等于零，空间力系中各力对3个坐标轴的矩的代数和等于零。利用这6个平衡方程式，可以求解6个未知量。前3个方程式称为投影方程式，后3个方程式称为力矩方程式。

由式（1-3-8）可推知，空间汇交力系的平衡方程为各力在3个坐标轴上投影的代数和都等于零；空间平行力系的平衡方程为各力在某坐标轴上投影的代数和及各力对另外2个坐标轴的矩的代数和都等于零。

做一做3

图1-3-8所示为脚踏拉杆装置。已知 $F_P = 500$ N，$AB = 40$ cm，$AC = CD = 20$ cm，$HC = EH = 10$ cm，拉杆与水平面呈30°角，求拉杆的拉力 F 和 A，B 两轴承的约束反力。

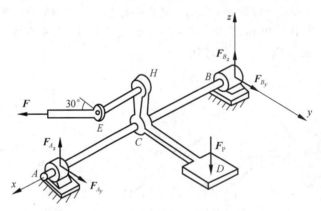

图1-3-8　脚踏拉杆装置

解： 脚踏拉杆的受力情况如图1-3-8所示。取 $Bxyz$ 坐标系，列平衡方程，有

$$\sum M_x(\boldsymbol{F}) = 0, \quad F\cos 30° \times 10 - F_P \times 20 = 0$$

$$F = \frac{F_P \times 20}{10 \text{ cm}\cos 30°} = \frac{500 \text{ N} \times 20 \text{ cm}}{10 \text{ cm} \times 0.866} = 1\ 155 \text{ N}$$

$$\sum M_y(\boldsymbol{F}) = 0, \quad F_P \times 20 \text{ cm} + F\sin 30° \times 30 \text{ cm} - F_{A_z} \times 40 \text{ cm} = 0$$

$$F_{A_z} = \frac{F_P \times 20 \text{ cm} + F\sin 30° \times 30 \text{ cm}}{40} = \frac{500 \text{ N} \times 20 \text{ cm} + 1\ 155 \text{ N} \times 0.5 \times 30 \text{ cm}}{40} = 683 \text{ N}$$

$$\sum F_z = 0, \quad F_{A_z} + F_{B_z} - F\sin 30° - F_P = 0$$

$$F_{B_z} = F\sin 30° + F_P - F_{A_z} = (1\ 155 \times 0.5 + 500 - 683)\text{N} = 394.5 \text{ N}$$

$$\sum M_z(\boldsymbol{F}) = 0, \quad F_{A_y} \times 40 \text{ cm} - F\cos 30° \times 30 \text{ cm} = 0$$

$$F_{A_y} = \frac{F\cos 30° \times 30 \text{ cm}}{40 \text{ cm}} = \frac{1\,155 \text{ N} \times 0.866 \times 30 \text{ cm}}{40 \text{ cm}} = 750 \text{ N}$$

$$\sum F_y = 0, \quad F_{A_y} + F_{B_y} - F\cos 30° = 0$$

$$F_{B_y} = F\cos 30° - F_{A_y} = 1\,155 \text{ N} \times 0.866 - 750 \text{ N} = 250 \text{ N}$$

做一做 4

三轮小车自重 $W = 8$ kN，作用于点 C，载荷 $F = 10$ kN，作用于点 E，如图 1 - 3 - 9 所示，求小车静止时地面对车轮的约束反力。

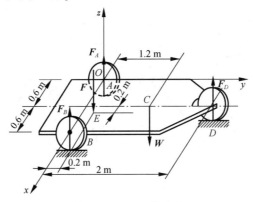

图 1 - 3 - 9 三轮小车

解：（1）取小车为研究对象，绘制受力图如图 1 - 3 - 9 所示，其中 W 和 F 为主动力，F_A，F_B，F_D 为地面的约束反力，此 5 个力相互平行，组成空间平行力系。

（2）取坐标轴如图 1 - 3 - 9 所示，列出平衡方程，即

$$\sum F_z = 0, \quad -F - W + F_A + F_B + F_D = 0$$

$$\sum M_x(\boldsymbol{F}) = 0, \quad -0.2 \text{ m} \times F - 1.2 \text{ m} \times W + 2 \text{ m} \times F_D = 0$$

$$\sum M_y(\boldsymbol{F}) = 0, \quad 0.8 \text{ m} \times F + 0.6 \text{ m} \times W - 0.6 \text{ m} \times F_D - 1.2 \text{ m} \times F_B = 0$$

得 $\quad F_D = 5.80$ kN，$F_B = 7.78$ kN，$F_A = 4.42$ kN

步骤四　分析空间力系平衡问题的平面解法

知识链接

当空间任意力系平衡时，它在任意平面上的投影所组成的平面任意力系也是平衡的。因而在实际工程中，常将空间力系投影到 3 个坐标平面上，绘制构件受力图的主视、俯视、侧视三视图，再分别列出它们的平衡方程，从而解出所求的未知量。这种将空间问题转化为平面问题的研究方法称为**空间问题的平面解法**，这种方法特别适用于受力较多的轴类构件。下面举例说明。

做一做 5

图 1 - 3 - 10 所示为传动轴，其中 A，B 两轴承为支承。直齿圆柱齿轮的节圆直径 $d = 17.3$ mm，压力角 $\alpha = 20°$，在法兰盘上作用一力偶，其力偶矩 $M = 1\,030$ N·m。轮轴自重和摩擦不计，求传动

轴匀速转动时 A, B 两轴承的约束反力及齿轮所受的啮合力 F。

投影应用案例

解：（1）取整个轴为研究对象。设 A, B 两轴承的约束反力分别为 F_{A_x}, F_{A_z}, F_{B_x}, F_{B_z}, 并沿 x, z 轴的正向，此外，还有力偶矩 M 和齿轮所受的啮合力 F, 这些力构成空间任意力系。

（2）取坐标轴如图所示，列平衡方程，有

$$\sum M_y(\boldsymbol{F}) = 0, \qquad -M + F\cos 20° \times \frac{d}{2} = 0$$

$$\sum M_x(\boldsymbol{F}) = 0, \qquad F\sin 20° \times 220 \text{ mm} + F_{B_z} \times 332 \text{ mm} = 0$$

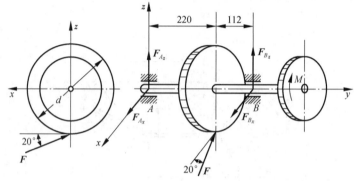

图 1 – 3 – 10　传动轴

$$\sum M_z(\boldsymbol{F}) = 0, \qquad -F_{B_x} \times 332 \text{ mm} + F\cos 20° \times 220 \text{ mm} = 0$$

$$\sum F_x = 0, \qquad F_{A_x} + F_{B_x} - F\cos 20° = 0$$

$$\sum F_z = 0, \qquad F_{A_z} + F_{B_z} + F\sin 20° = 0$$

联立求解以上各式，得

$$F = 12.67 \text{ } kN, \qquad F_{B_z} = -2.87 \text{ } kN, \qquad F_{B_x} = 7.89 \text{ } kN,$$
$$F_{A_x} = 4.02 \text{ } kN, \qquad F_{A_z} = -1.46 \text{ } kN$$

 任务评价

任务评价表见表 1 – 3 – 1。

表 1 – 3 – 1　任务评价表

评价类型	权重	具体指标	分值	得分		
				自评	组评	师评
职业能力	65%	能理解力在空间直角坐标系上的投影	15			
		会计算力对轴的矩	20			
		能把空间力系简化成平面力系进行计算	30			
职业素养	20%	坚持出勤，遵守纪律	5			
		协作互助，解决难点	5			
		形成力学分析素养	5			
		细致认真	5			

评价类型	权重	具体指标	分值	得分		
				自评	组评	师评
劳动素养	15%	按时完成任务	5			
		分析思路清晰	5			
		小组分工合理	5			
综合评价	总分					
	教师点评					

任务小结

通过对本任务的学习，应掌握以下内容。

1. 力 F 在空间直角坐标系的轴上的投影有两种计算方法

（1）一次投影法，即

$$\left. \begin{array}{l} F_x = F\cos\alpha \\ F_y = F\cos\beta \\ F_z = F\cos\gamma \end{array} \right\}$$

式中，α，β，γ 分别为力 F 与坐标轴 x，y，z 间的夹角。

（2）二次投影法，即

$$\left. \begin{array}{l} F_x = F_{xy}\cos\varphi = F\sin\gamma\cos\varphi \\ F_y = F_{xy}\sin\varphi = F\sin\gamma\sin\varphi \\ F_z = F\cos\gamma \end{array} \right\}$$

式中，γ 为力 F 与 z 轴间的夹角，φ 为 F_{xy} 与 x 轴间的夹角。

2. 力对轴的矩

（1）力对轴的矩是力使物体绕轴转动效应的度量，其大小等于力在垂直于轴的平面上的投影对该平面和轴的交点的矩，记作

$$M_z(F) = M_O(F_{xy}) = \pm F_{xy}d$$

（2）合力矩定理：合力 F_R 对某轴的矩等于各分力对同轴力矩的代数和，记作

$$M_z(F_R) = \sum M_z(F_i)$$

3. 空间任意力系的平衡方程

$$\left. \begin{array}{l} \sum F_x = 0 \\ \sum F_y = 0 \\ \sum F_z = 0 \\ \sum M_x(F) = 0 \\ \sum M_y(F) = 0 \\ \sum M_z(F) = 0 \end{array} \right\}$$

空间汇交力系和空间平行力系可以看成空间任意力系的特殊情况，它们的平衡方程可从以上 6 个方程中导出。

重心是物体重力合力的作用点，它在物体内的位置是不变的，重心公式可由合力矩定理推导出。对于均质物体来说，重心与几何形状的中心（形心）是重合的，所以求均质物体重心位置就是求其形心的坐标。

任务拓展训练

1. 试从空间任意力系的平衡方程中导出各种空间力系的平衡方程。

2. 在二次投影法中，力在平面上的投影是代数量还是矢量？为什么？

3. 空间任意力系向 3 个互相垂直的坐标平面上投影，可得到 3 个平面力系，每个平面力系可列出 3 个平衡方程，故共列出 9 个平衡方程。这样是否可以求解出 9 个未知量？试说明理由。

4. 如图 1 - 3 - 11 所示，边长 $a = 12$ cm，$b = 16$ cm，$c = 10$ cm 的六面体上，作用力 $F_1 = 2$ kN，$F_2 = 2$ kN，$F_3 = 4$ kN，试计算各力在各坐标轴上的投影。

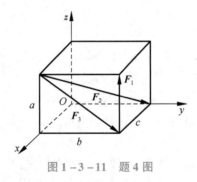

图 1 - 3 - 11　题 4 图

5. 如图 1 - 3 - 12 所示，力 F = 1 000 N，求 **F** 对 z 轴的矩 M_z。

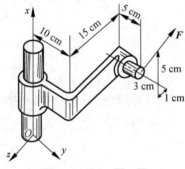

图 1 - 3 - 12　题 5 图

6. 如图 1 - 3 - 13 所示，齿轮轴 AB 上装有两个齿轮，大齿轮 C 的节圆直径 $d_1 = 200$ mm，小齿轮 D 节圆直径 $d_2 = 100$ mm。已知作用于齿轮 C 上的水平圆周力 $F_{t1} = 500$ N，作用于齿轮 D 上的圆周力 F_{t2} 沿铅垂方向，齿轮压力角 $\alpha = 20°$。求平衡时的圆周力 F_{t2}、径向力 F_{r1} 和 F_{r2}，以及轴承约束反力（提示：$F_r = F_t \tan \alpha$）。

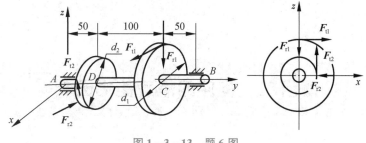

图 1 – 3 – 13　题 6 图

7. 重物的重力 $G = 10$ kN，悬挂于支架 $CADB$ 上，各杆角度如图 1 – 3 – 14 所示。试求 CD，AD 和 BD 3 个杆所受的内力。

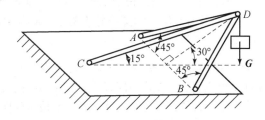

图 1 – 3 – 14　题 7 图

项目二　构件的承载能力分析

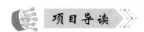 项目导读

各种机器设备和工程结构都是由若干个构件组成的。为了保证机器和工程结构在载荷作用下能正常工作，要求这些构件必须具有足够的承受载荷的能力（简称承载能力）。

1. 构件承载能力分析的内容

（1）**强度**。构件抵抗破坏（断裂或塑性变形）的能力称为构件的强度。构件在载荷作用下产生显著的塑性变形或断裂将导致构件破坏。例如，连接用的螺栓如果产生显著的塑性变形，就丧失了正常的连接功能。足够的强度是承载构件必须满足的基本要求。强度问题是本项目的重点内容。

构件承载
能力理解

（2）**刚度**。构件抵抗变形的能力称为构件的刚度。在某些场合，构件受载后虽然没有产生塑性变形或断裂，但由于变形过大，也不能正常工作。例如，齿轮轴发生较大变形时，将影响齿轮的啮合，引起轴承的不均匀磨损等，使机器不能正常运转。构件不仅要有足够的强度，还要有足够的刚度。

（3）**稳定性**。压杆能够维持其原有直线平衡状态的能力称为压杆的稳定性。对于类似千斤顶中的螺杆等受压的细长杆件，当压力超过某一数值时，杆件虽然没有发生破坏，但有被压弯的可能，为了保证杆件正常工作，要求它们始终保持原有的直线平衡状态不变，即要有足够的稳定性。

要保证构件在载荷作用下安全可靠地工作，就必须使构件具有足够的承载能力，可通过为构件选用优质材料或设计较大的截面尺寸来实现，但会因此增加机器的质量和生产成本，造成浪费。显然，构件的安全可靠性与经济性是矛盾的。构件承载能力分析的内容就是在保证构件既安全可靠又经济的前提下，为构件选择合适的材料、确定合理的截面形状和尺寸，提供必要的理论基础和实用的计算方法。

2. 变形固体的基本假设

在静力学分析中，忽略了在载荷作用下物体形状和尺寸的改变，将物体抽象为刚体。在实际工程中，这种不变形的构件（刚体）是不存在的。任何构件在载荷的作用下，其形状和尺寸都会发生改变，称为**变形**。研究构件的承载能力时，构件所发生的变形不能忽略，即使构件产生的变形很微小，也不能忽略，因此本项目把构件都视为**变形固体**。

在实际工程中，各种构件所用材料的物质结构及性能是非常复杂的。为了便于理论分析与计算，常常略去其次要性质，保留其主要属性，将变形固体抽象为理想的力学模型，对变形固体作以下基本假设。

（1）**均匀连续性假设**，即假定变形固体内部毫无空隙地充满物质，且各点处的力学性能都是相同的。

（2）**各向同性假设**，即假定变形固体材料内部各个方向的力学性能都是相同的。

从宏观上看，上述假设基本符合大多数工程材料（如多数金属材料、玻璃等）的实际情况。

但诸如轧制钢、木材等一些纤维性材料各个方向上的力学性能显示了各向异性，在上述假设的基础上得出的结论只能近似地应用在这类各向异性的材料上。

（3）弹性小变形条件。在载荷作用下，构件会产生变形。实验证明，当载荷不超过某一限度时，卸载后变形就完全消失，这种卸载后能够消失的变形称为**弹性变形**。当载荷超过某一限度时，卸载后仅能消失部分变形，另一部分不能消失的变形称为**塑性变形**。构件的承载能力分析主要研究微小的弹性变形问题，称为**弹性小变形**。由于这种弹性小变形与构件的原始尺寸相比较是微不足道的，因此，在确定构件内力和计算应力及变形时，均按构件的原始尺寸进行分析计算。

实践证明，根据上述假设所建立的理论是符合实际工程要求的。

3. 杆件变形的基本形式

实际工程中的构件种类繁多，根据其几何形状，可以简化为 4 类：杆、板、壳、块，其中最常见的构件形式是杆件。长度尺寸远大于其他两个方向尺寸的构件称为**杆**。垂直于杆长的截面称为**横截面**；各个横截面形心的连线称为**轴线**；轴线是直线的杆称为**直杆**；各横截面大小、形状相同的杆为等截面杆。本项目研究的主要对象是等截面直杆（简称**等直杆**）。

等直杆在载荷作用下，其基本变形形式如图 2-0-1 所示。图 2-0-1（a）所示为等直杆的轴向拉伸与压缩变形；图 2-0-1（b）所示为等直杆的剪切变形；图 2-0-1（c）所示为等直杆的扭转变形；图 2-0-1（d）所示为等直杆的弯曲变形。

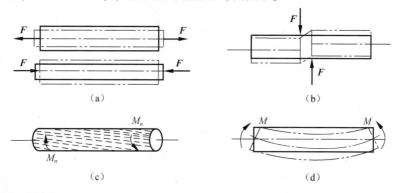

图 2-0-1　等直杆的基本变形形式

除以上基本变形形式外，在实际工程中，还有一些复杂的变形形式，但是每种复杂变形都是由两种或两种以上的基本变形组合而成的，称为组合变形。本项目将分任务对基本变形形式进行研究分析。

通过对本项目的学习，应使学生初步具有将工程构件抽象为力学模型的能力，掌握等直杆在 4 种基本变形情况下内力、应力的分析计算方法和强度计算方法。

任务一　分析轴向拉伸与压缩变形的承载能力

参考学时：8学时

内容简介

杆件在外力作用下产生变形，从而使杆件内部各部分之间产生相互作用力，这种由外力引起的杆件内部之间的相互作用力称为内力。杆件横截面内力随外力的增加而增大，但内力增大是有限度的，若超过某一限度，杆件就会被破坏，所以内力的大小和分布形式与杆件的承载能力密切相关。为保证杆件在外力作用下安全可靠地工作，必须先分析清楚杆件的内力，因此，对各种基本变形形式的研究都是从内力分析开始的。本任务所建立的内力、应力等概念，以及研究方法和计算方法将贯穿于整个项目二。

（1）掌握轴向拉伸与压缩变形时的内力——轴力的计算方法。
（2）掌握横截面上的应力——正应力的计算公式及强度计算方法。
（3）掌握材料拉伸和压缩时的力学性能。

能力目标

会对工程上类似于轴向拉伸与压缩变形的结构进行力学简化、强度和刚度分析。

素质目标

（1）通过对强度、刚度的分析学习，提升学生严谨细致的思维能力。
（2）培养学生的工程质量意识和安全意识。

任务导入

图 2-1-1 所示为起吊机构，在点 B 处受载荷 G 作用，杆 AB、BC 分别是木杆和钢杆，木杆 AB 的横截面面积 $A_1 = 100 \times 10^2$ mm²，许用应力 $[\sigma_1] = 7$ MPa，$E_1 = 0.8$ GPa，$L_1 = 200$ m；钢杆 BC 的横截面面积 $A_2 = 600$ mm²，许用应力 $[\sigma_2] = 160$ MPa，$E_2 = 200$ GPa，$L_2 = 250$ mm。求：（1）该起重机所能承受的最大载荷 G；（2）求杆 AB、杆 BC 的变形量。

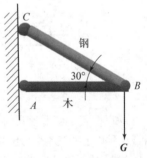

图 2-1-1 起吊机构

任务实施

步骤一　建立轴向拉（压）变形的力学模型

拉压受力变形
特点及截面法

知识链接

轴向拉伸与压缩变形是杆件基本变形形式中最简单、最常见的一种变形形式。如图 2-1-2 所示，在支架中，杆 AB、杆 AC 铰接于点 A，在点 A 受力 F 的作用。由静力学分析可知：杆 AB 是二力杆，受拉伸作用；杆 AC 也是二力杆，受压缩作用。

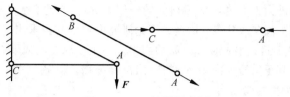

图2-1-2 拉压杆实例

若将实际受拉伸与压缩的杆件 *AB*, *AC* 简化为图2-1-3所示的模型简图, 可以看出:
(1) 杆件的受力特点是外力 (或外力的合力) 沿杆件的轴线作用, 且作用线与轴线重合;
(2) 杆件的变形特点是杆沿轴线方向伸长 (或缩短), 沿横向缩短 (或伸长)。

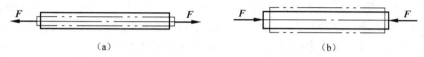

图2-1-3 拉 (压) 杆力学模型

杆件的这种变形形式称为杆件的轴向拉伸与压缩。发生轴向拉伸与压缩的杆件一般简称为拉 (压) 杆。

步骤二　计算轴力和绘制轴力图

一、拉 (压) 杆件的内力——轴力的计算方法

如图2-1-4 (a) 所示, 以拉杆为例, 为了确定横截面 *m—m* 的内力, 可以假想地用横截面 *m—m* 把杆件截开分为左、右两段, 取其中任意一段作为研究对象。杆件在外力作用下处于平衡状态, 则左、右两段也必然处于平衡状态。左段上有外力 **F** 和横截面内力作用, 由二力平衡公理, 该内力必与外力 **F** 共线, 且沿杆件的轴线方向。该内力称为**轴力**, 用符号 **F**$_N$ 表示。由平衡方程可求出内力的大小。

$$F_N - F = 0$$
$$F_N = F$$

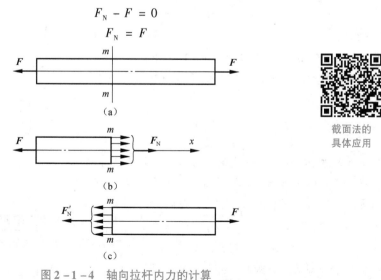

截面法的
具体应用

图2-1-4 轴向拉杆内力的计算

同理，右段上也有外力 F 和左段对横截面的作用力 F'_N，满足平衡方程。F'_N 与 F_N 是一对作用力与反作用力，等值、反向、共线。因此，无论研究横截面左段求出的内力 F_N，还是研究横截面右段求出的内力 F'_N，都是横截面 m—m 的内力。为了使取左段或取右段求得的同一横截面上的轴力相一致，规定其正负号为内力 F_N 的方向离开横截面（指向截面的外法线）为正（受拉）；内力指向横截面为负（受压）。

以上求内力的方法称为**截面法**，其步骤概括如下。

（1）截：沿欲求内力的横截面，假想用一个横截面把杆件分为两段。

（2）取：取出任意一段（左段或右段）为研究对象。

（3）代：将另一段对该段横截面的作用力，用内力代替。

（4）平：列平衡方程式，求出该横截面内力的大小。

截面法是求内力最基本的方法。值得注意的是，应用截面法求内力，横截面不能选在外力作用点处。两外力作用点之间各个横截面的轴力都相等。

轴力及轴力
图的绘制

二、轴力图

由截面法求内力可以看出，图 2-1-4（a）所示的拉杆，各个横截面的内力都等于外力 F。当杆受到多个轴向外力作用时，在杆不同位置的横截面上的轴力往往不同。为了能够直观形象地表示出各横截面上内力的大小，用平行于杆轴线的 x 坐标表示横截面位置，用垂直于 x 的坐标 F_N 表示横截面轴力的大小，按选定的比例，把轴力表示在 x—F_N 坐标系中，画出的轴力随横截面位置变化的曲线称为**轴力图**。

内力——轴力
的计算

做一做 1

图 2-1-5 所示为等直杆的轴力图，受轴向力 $F_1 = 15$ kN，$F_2 = 10$ kN 的作用。求出杆件横截面 1—1，2—2 的轴力，并绘制轴力图。

解：（1）外力分析。先解除约束，画杆件的受力图，列平衡方程，有

$$\sum F_x = 0, \quad F_R - F_1 + F_2 = 0$$

得 $\quad F_R = F_1 - F_2 = 15$ kN $- 10$ kN $= 5$ kN

（2）内力分析。外力 F_R，F_1，F_2 将杆件分为 AB 段和 BC 段，在 AB 段，用横截面 1—1 将杆件截分为两段，取左段为研究对象，右段对横截面的作用力用 F_{N1} 来代替。假定内力 F_{N1} 为正，列平衡方程，有

$$\sum F_x = 0, \quad F_{N1} + F_R = 0$$

得 $\quad F_{N1} = -F_R = -5$ kN

同理，在 BC 段，用横截面 2—2 将杆件截分为两段，取左段为研究对象，右段对横截面的作用力用 F_{N2} 来代替。假定内力 F_{N2} 为正，列平衡方程，有

$$\sum F_x = 0, \quad F_{N2} + F_R - F_1 = 0$$

得 $\quad F_{N2} = F_1 - F_R = 10$ kN

（3）绘制轴力图，如图 2-1-5（e）所示。

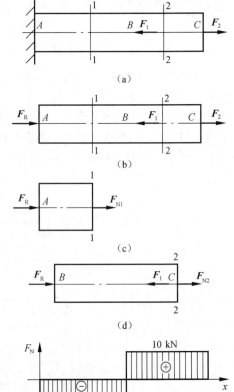

图 2-1-5 等直杆的轴力图

综上所述，求取拉（压）杆内力（轴力）的截面法可表述为拉（压）杆上任意一横截面上的内力，等于横截面任意一侧所有轴向拉（压）外力的代数和，外力背向横截面为正，指向横截面为负。

计算轴力
注意事项

做一做 2

图 2-1-6（a）所示为双压手铆机活塞杆的受力力析，作用于活塞杆上的力分别简化为 F_{P1} = -2.62 kN，F_{P2} = 1.3 kN，F_{P3} = 1.32 kN。简图如图 2-1-6（b）所示，试求活塞杆横截面 1—1 和 2—2 上的轴力，并作活塞杆的轴力图。

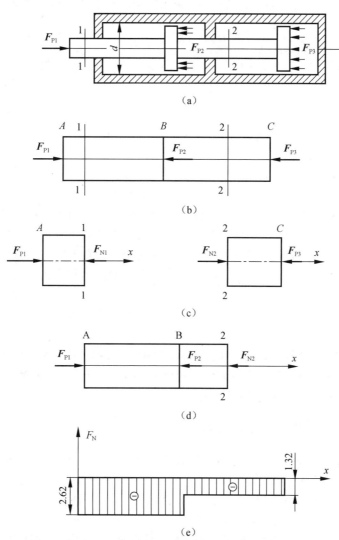

（a）

（b）

（c）

（d）

（e）

图 2-1-6　双压手铆机活塞杆的受力分析

解： 使用求取拉（压）杆轴力的截面法，沿横截面 1—1 假想地将活塞杆分为两段，取左段，并绘制左段的受力图，如图 2-1-6（c）所示。用 F_{N1} 代替右段对左段的作用，在所取研究对象上，横截面 1—1 左侧只有一个外力 F_{P1}，其方向指向横截面 1—1，所以为负值。

$$F_{N1} = F_{P1} = -2.62 \text{ kN}$$

同理，可以计算横截面 2—2 上的轴力 F_{N2}，在横截面 2—2 左段有两个外力 F_{P1} 和 F_{P2} ［见图

2－1－6（d）］，其中 F_{P1} 指向横截面2—2，其值为负；F_{P2} 的方向背向横截面2—2，其值为正，则有 $F_{N2} = - F_{P1} + F_{P2} = -2.62\ \text{kN} + 1.3\ \text{kN} = -1.32\ \text{kN}$

研究横截面2—2的右段［见图2－1－6（c）］，作用其上的外力只有 F_{P3} 其方向指向横截面2—2，其值为负，所以有

$$F_{N2} = - F_{P3} = -1.32\ \text{kN}$$

所得结果与前面相同，计算比较简单。所以计算时应选取受力比较简单的一段作为分析对象。

绘制轴力图，如图2－1－6（e）所示。将拉力绘在轴的上侧，压力绘在 x 轴的下侧。这样，轴力图不但能显示出杆件各段内轴力的大小，而且还能表示出各段内的变形是拉伸变形还是压缩变形。

步骤三　分析拉（压）杆横截面上的应力及强度

一、应力的概念

用外力拉伸一根变截面杆件，内力随外力的增加而增大，为什么杆件最终总是从较细的一段被拉断？这是因为，较细的一段横截面面积上的内力分布比较粗一段的内力分布的密度大，因此，判断杆件是否被破坏的依据不是内力的大小，而是内力在横截面上分布的密集程度。把内力在截面上的集度称为内力，其中垂直于截面的内力称为正应力，平行于截面的应力称为切应力。

应力的单位是帕斯卡，简称帕，记作 Pa，即 $1\ \text{m}^2$ 的面积上的作用 1 N 的应力为 1 Pa，$1\ \text{Pa} = 1\ \text{N/m}^2$。

由于应力的单位 Pa 比较小，实际工程中常用 MPa（兆帕）或 GPa（吉帕）作为应力的单位，$1\ \text{MPa} = 10^6\ \text{Pa} = 10^6\ \text{N/m}^2 = 1\ \text{N/mm}^2$，$1\ \text{GPa} = 10^9\ \text{Pa} = 10^9\ \text{N/m}^2 = 10^3\ \text{MPa}$。本书为了计算方便，主要使用 $1\ \text{MPa} = 1\ \text{N/mm}^2$ 的单位换算。

二、拉（压）杆横截面上的应力

如图2－1－7所示，取一等直杆，在其表面上划出竖向线 a—b，c—d，外力 F 使杆件拉伸。观察线 a—b，c—d 的变化，可以看到线 a—b，c—d 平行向外移动并与轴线保持垂直。由于杆件内部材料的变化无法观察，由表及里可判断，杆件在变形过程中横截面始终保持为平面，此为平面假设。在平面假设的基础上，设想夹在横截面 a—b，c—d 之间的无数条纵向纤维随横截面 a—b，c—d 平行向外移动，产生了相同的伸长量。根据材料的均匀连续性假设可推知，横截面上各点处纵向纤维的变形相同，受力也相同，即轴力在横截面上的分布是均匀的，且方向垂直于横截面［见图2－1－7（a）］，也就是说横截面存在正应力，用符号 σ 表示，其计算公式为

$$\sigma = \frac{F_N}{A} \tag{2－1－1}$$

式中，F_N 为横截面的轴力；A 为横截面面积。

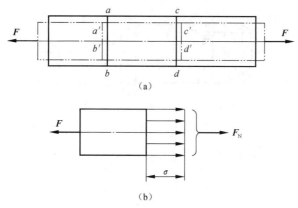

图 2 - 1 - 7　拉（压）杆横截面上的应力

三、拉（压）杆横截面上的强度计算

拉压杆的强度准则

为了保证拉（压）杆在外力作用下能够安全可靠地工作，必须使杆件横截面面积的应力不超过其材料的许用应力。当杆件各横截面的应力不相等时，只要杆件的最大工作应力不超过材料的许用应力，就保证了杆件具有足够的强度。对于等直杆，由于各横截面面积相同，最大工作应力必然产生在轴力最大的横截面上。为了使杆件不发生拉（压）失效，保证构件安全工作的准则，必须使最大工作应力不超过材料的许用应力值，这一条件称为强度准则，对等直杆有

$$\sigma_{max} = \frac{F_{Nmax}}{A} \leqslant [\sigma] \tag{2 - 1 - 2}$$

式中，$[\sigma]$ 为许用应力。

应用强度准则式（2 - 1 - 2）所进行的运算称为强度计算。强度计算可以解决以下 3 类问题。

（1）校核强度。已知作用外力 F，横截面面积 A 和许用应力 $[\sigma]$，计算出最大工作应力，检验是否满足强度准则，从而判断构件是否能够安全可靠地工作。

（2）设计截面。已知作用外力 F，许用应力 $[\sigma]$，可由强度准则计算出横截面面积 A，即 $A \geqslant \frac{F_{Nmax}}{[\sigma]}$，然后根据工程要求的截面形状，设计出杆件的横截面尺寸。

应用案例2
设计截面尺寸

（3）确定许可载荷。已知构件的横截面面积 A，许用应力 $[\sigma]$，可由强度准则计算出构件所能承受的最大内力 F_{Nmax}，即 $[F]$，再根据内力与外力的关系，确定出杆件允许的最大载荷值，即许可载荷 $[F]$。

在实际工作中进行构件的强度计算时，根据有关设计规范，最大工作应力超过许用应力的 5% 也是允许的。

⊙ 做一做3

应用案例1
校核强度

图 2 - 1 - 8 所示为某机床工作台进给液压缸，缸内工作液压 $p = 2$ MPa，液压缸内径 $D = 75$ mm，活塞杆直径 $d = 18$ mm，已知活塞杆材料的 $[\sigma] = 50$ MPa，试校核活塞杆的强度。

解：（1）求活塞杆的轴力。

$$F_N = pA = p \frac{\pi}{4}(D^2 - d^2) = 2 \times 10^6 \text{ MPa} \times \frac{\pi}{4} \times (75^2 - 18^2) \text{mm}^2 \times 10^{-6}$$

$$= 8.3 \times 10^3 \text{ N} = 8.3 \text{ kN}$$

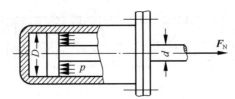

图 2-1-8 某机床工作台进给液压缸

（2）按强度准则校核。

$$\sigma = \frac{F_N}{A} = \frac{8.3 \times 10^3 \text{ N}}{\pi \times 18^2 \times \frac{10^{-6}}{4} \text{ m}^2} = 32.6 \times 10^6 \text{ Pa} = 32.6 \text{ MPa} < [\sigma]$$

故活塞杆的强度满足要求。

解决任务1

图 2-1-9 所示为支架，在点 B 处受载荷 **G** 作用，杆 AB，BC 分别是木杆和钢杆，木杆 AB 的横截面面积 $A_1 = 100 \times 10^2 \text{ mm}^2$，许用应力 $[\sigma_1] = 7 \text{ MPa}$；钢杆 BC 的横截面面积 $A_2 = 600 \text{ mm}^2$，许用应力 $[\sigma_2] = 160 \text{ MPa}$。求支架的许可载荷 $[G]$。

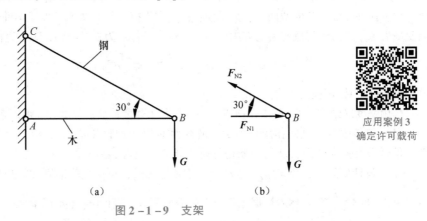

（a）　　　　　　　　（b）

图 2-1-9 支架

解：（1）在点 B 临近用截面法截断杆 AB，BC，画点 B 的受力图，求两杆的轴力 F_{N1}，F_{N2}。

$$\sum F_x = 0 \qquad F_{N1} - F_{N2}\cos 30° = 0$$

$$F_{N1} = \frac{\sqrt{3}}{2}F_{N2}$$

$$\sum F_y = 0 \qquad F_{N2}\cos 30° - G = 0$$

$$F_{N2} = 2G$$

$$F_{N1} = \sqrt{3}G$$

（2）应用强度准则，分别确定木杆、钢杆的许可载荷 $[G]$。

对于木杆

$$\sigma_1 = \frac{F_{N1}}{A} = \frac{\sqrt{3}G_1}{A_1}$$

$$G_1 \leqslant \frac{7 \times 10^6 \text{ Pa} \times 100 \times 10^2 \times 10^{-6} \text{ m}}{\sqrt{3}} = 40.4 \times 10^3 \text{ N} = 40.4 \text{ kN}$$

对于钢杆

$$\sigma_2 = \frac{F_{N2}}{A_2} = \frac{\sqrt{3}G_2}{A_2} \leqslant [\sigma_2]$$

$$G_2 \leqslant \frac{160 \times 10^6 \text{ Pa} \times 600 \times 10^{-6} \text{ m}}{2} = 48 \times 10^3 \text{ N} = 48 \text{ kN}$$

比较 G_1，G_2，得该支架的许可载荷 $[G] = 40.4$ kN。

步骤四　计算轴向拉（压）杆的变形

一、变形与线应变

如图 2 – 1 – 10 所示，等直杆的原长为 l，横截面尺寸为 b，在轴向外力作用下，纵向伸长到 l_1，横向缩短到 b_1。把拉（压）杆的纵向伸长（或缩短）量称为**绝对变形**，用 Δl 表示；横向伸长（或缩短）量用 Δb 表示。

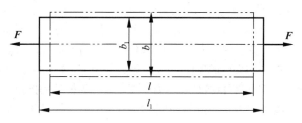

图 2 – 1 – 10　等直杆的变形

轴向变形　　　　　　　　　　$\Delta l = l_1 - l$
横向变形　　　　　　　　　　$\Delta b = b_1 - b$
拉伸时，Δl 为正，Δb 为负；压缩时，Δl 为负，Δb 为正。

绝对变形与杆件的原长有关，并不能准确反映杆件的变形程度。如果消除掉杆长的影响，得到单位长度的变形量称为**相对变形**，用 ε，ε' 表示，ε 和 ε' 都是量纲为 1 的量，又称线应变。

$$\varepsilon = \frac{\Delta l}{l} = \frac{l_1 - l}{l}, \quad \varepsilon' = \frac{\Delta b}{b} = \frac{b_1 - b}{b} \qquad (2-1-3)$$

式中，ε 为纵向应变；ε' 为横向应变。

二、横向变形系数

实验表明，在材料的弹性范围内，其横向应变与纵向应变的比值为一常数，称为横向变形系数（泊松比），记作 μ

$$\mu = \left| \frac{\varepsilon'}{\varepsilon} \right| \quad \text{或} \quad \varepsilon' = -\mu\varepsilon \qquad (2-1-4)$$

式中，μ 为**横向变形系数**或**泊松比**，是一个量纲为 1 的量。
几种常用工程材料的 μ 值见表 2 – 1 – 1。

表 2 - 1 - 1   几种常用工程材料的 E, μ 值

材料名称	E/GPa	μ
低碳钢	196～216	0.25～0.33
合金钢	186～216	0.24～0.33
灰铸铁	78.5～157	0.23～0.27
铜合金	72.6～128	0.31～0.42
铝合金	70	0.33

三、胡克定律

实验表明，对等截面、等内力的拉（压）杆，当应力不超过某一极限值时，杆的纵向变形 Δl 与轴力 F_N 成正比、与横截面面积 A 成反比，这一比例关系称为胡克定律。引入比例常数 E，即

$$\Delta l = \frac{F_N l}{EA} \tag{2 - 1 - 5}$$

式中，E 为材料的拉（压）弹性模量，GPa。

各种材料的弹性模量 E 是由实验测定的，几种常用材料的 E 值见表 2 - 1 - 1。

由式（2 - 1 - 5）可知，轴力、杆长、横截面面积相同的等直杆，E 值越大，Δl 就越小，所以 E 值代表了材料抵抗拉（压）变形的能力，是衡量材料的刚度指标。拉（压）杆的横截面面积 A 和 材料弹性模量 E 的乘积与杆件的变形成反比，EA 值越大，Δl 就越小，拉（压）杆抵抗变形的能力 就越强，所以，EA 值是拉（压）杆抵抗变形能力的度量，称为杆件的抗拉（压）刚度。

对式（2 - 1 - 5）两边同除以 l，并用 σ 代替 F_N/A，胡克定律可化简成另一种表达式，即

$$\sigma = E\varepsilon \tag{2 - 1 - 6}$$

式（2 - 1 - 6）表明，当应力不超过某一极限值时，应力与应变成正比。

四、拉（压）杆的变形计算

应用式（2 - 1 - 5）、式（2 - 1 - 6）时，要注意它们的适用条件是应力不超某一极限值，这 一极限值是指材料的比例极限。各种材料的比例极限可由实验测定，在杆长 l 内，F_N，E，A 均 为常量，否则应分段计算。

做一做4

图 2 - 1 - 11 所示为阶梯形钢杆的内力，已知 AB 段和 BC 段横截面面积为 $A_1 = 200 \text{ mm}^2$，$A_2 = 500 \text{ mm}^2$，钢材的弹性模量 $E = 200$ GPa，作用轴向力 $F_1 = 10$ kN，$F_2 = 30$ kN；$l = 100$ mm。试 求：（1）各段横截面上的应力；（2）杆件的总变形。

解：（1）求杆件各段轴力并画轴力图。

AB 段 $F_{N1} = F_1 = 10$ kN

BC 段 $F_{N2} = F_1 - F_2 = 10 \text{ kN} - 30 \text{ kN} = -20$ kN

（2）求杆件各段横截面的应力。

AB 段 $\sigma_1 = \dfrac{F_{N1}}{A_1} = \dfrac{10 \times 10^3 \text{ N}}{200 \times 10^{-6} \text{ m}} = 50 \times 10^6 \text{ Pa} = 50$ MPa

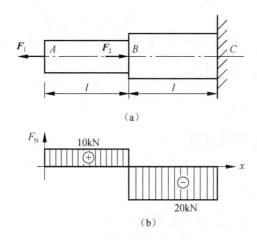

（a）

（b）

图 2 – 1 – 11 阶梯形钢杆的内力

BC 段 $\qquad \sigma_2 = \dfrac{F_{N2}}{A_2} = \dfrac{-20 \times 10^3 \text{ N}}{500 \times 10^{-6} \text{ m}} = -40 \times 10^6 \text{ Pa} = -40 \text{ MPa}$

（3）计算杆的总变形。各段杆长内的轴力不相同，需分段计算，总变形等于各段总变形的代数和。

$$\Delta l = \Delta l_1 + \Delta l_2 = \frac{F_{N1} l}{EA_1} + \frac{F_{N2} l}{EA_2}$$

$$= \frac{10 \times 10^3 \text{ N} \times 100 \times 10^{-3} \text{ m}}{200 \times 10^9 \text{ Pa} \times 200 \times 10^{-6} \text{ m}^2} + \frac{-20 \times 10^3 \text{ N} \times 100 \times 10^{-3} \text{ m}}{200 \times 10^9 \text{ Pa} \times 500 \times 10^{-6} \text{ m}}$$

$$= 0.5 \times 10^{-5} \text{ m} = 0.005 \text{ mm}$$

 解决任务2

图 2 – 1 – 12 所示为起吊机构，在点 A 处受载荷 G 作用，杆 AB，BC 分别是木杆和钢杆，木杆 AB 的横截面面积 $A_1 = 100 \times 10^2 \text{ mm}^2$，许用应力 $[\sigma_1] = 7 \text{ MPa}$，$E_1 = 0.8 \text{ GPa}$，$l_1 = 200 \text{ mm}$；钢杆 BC 的横截面面积 $A_2 = 600 \text{ mm}^2$，许用应力 $[\sigma_2] = 160 \text{ MPa}$，$E_2 = 200 \text{ GPa}$，$l_2 = 250 \text{ mm}$。求杆 AB，BC 的变形量。

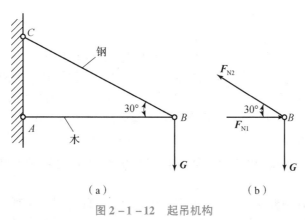

（a）   （b）

图 2 – 1 – 12 起吊机构

解：由做一做4可以得到：当起吊重力 G 达到最大 40.4 kN 时，杆 AB 的轴力 $F_{N1} = \sqrt{3} G = 69.97 \text{ kN}$，杆 BC 轴力 $F_{N2} = 2G = 80.8 \text{ kN}$。

所以

$$\Delta l_{AB} = \Delta l_1 = \frac{F_{N1}l_1}{E_1 A_1} = \frac{69\ 970\ \text{N} \times 0.2\ \text{m}}{0.8\ \text{Pa} \times 0.01\ \text{m}^2} \times 10^{-9} = 0.001\ 75\ \text{m} = 1.75\ \text{mm}$$

$$\Delta l_{BC} = \Delta l_2 = \frac{F_{N2}l_2}{E_2 A_2} = \frac{80\ 800\ \text{N} \times 0.25\ \text{m}}{200\ \text{Pa} \times 0.06\ \text{m}^2} \times 10^{-9} = 0.000\ 001\ 7\ \text{m} = 0.001\ 7\ \text{mm}$$

知识拓展　分析材料力学性能

一、材料的力学性能

拉（压）杆的应力是随外力的增加而增大的。在一定应力作用下，杆件是否被破坏与材料的性能有关。材料在外力作用下表现出来的性能称为材料的**力学性能**。材料的力学性能是通过试验测定的，它是计算杆件强度、刚度和判断材料的重要依据。

工程材料的种类很多，根据性能可将常用材料分为塑性材料和脆性材料两大类。低碳素钢和铸铁是这两类材料的典型代表，它们在拉伸和压缩时表现出来的力学性能具有广泛的代表性。因此，本书主要介绍低碳钢和铸铁在常温（指室温）、静载（指加载速度缓慢平稳）下的力学性能。

实际工程中通常把试验用的材料按国家标准《金属材料 拉伸试验 第 1 部分：室温试验方法》（GB/T 228.1—2021），先做成图 2-1-13 所示的标准试件，试件中间等直杆部分为试验段，其长度 l 称为标距。标距与直径 d 之比有 $l=5d$ 和 $l=10d$ 两种规格。而对矩形横截面试件，标距 l 与横截面面积 A 之比有 $l=11.3\sqrt{A}$ 和 $l=5.65\sqrt{A}$。用标准试件测定的性能规定为材料的力学性能。

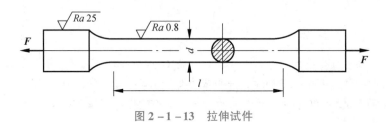

图 2-1-13　拉伸试件

试验时，将试件两端装夹在试验机工作台的上、下夹头里，然后对其缓慢加载，直到把试件拉断为止。在试件变形过程中，从试验机上可以读出一系列力 F 值，同时在变形标尺上读出与每个 F 值相应的绝对变形 Δl 值。若以拉力 F 为纵坐标，绝对变形 Δl 为横坐标，记录下每一时刻的力 F 和绝对变形 Δl 值，描出力与绝对变形的关系曲线，称作 F—Δl 曲线。若消除试件横截面面积和标距对作用力及变形的影响，F—Δl 曲线就变成了应力与应变曲线，或称 σ—ε 曲线。图 2-1-14（a）、图 2-1-14（b）分别是低碳钢 Q235 拉伸时的 F—Δl 曲线和 σ—ε 曲线。

1. 低碳钢拉伸时的力学性能

以 Q235 钢的 σ—ε 曲线为例来讨论低碳钢在拉伸时的力学性能，该曲线可以分为四个阶段，有两个重要的强度指标。

（1）弹性阶段及比例极限 σ_p。从图 2-1-14（b）上可以看出，曲线 Oa 的斜率 $\tan\alpha = E$ 是材料的弹性模量。直线部分最高点 a 所对应的应力值记作 σ_p，称为材料的比例极限。Q235 的 σ_p 约等于 200 MPa。

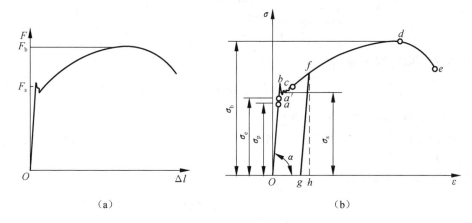

(a)   (b)

图 2 − 1 − 14　低碳钢拉伸时的 *F*—Δ*l* 曲线及 *σ*—*ε* 曲线

（a）Q235 钢拉伸时的 *F*—Δ*l* 曲线；（b）Q235 拉伸时的 *σ*—*ε* 曲线

如图 2 − 1 − 14（b）所示，曲线超过 *a* 点，*ab* 段已不再是直线，说明应力与应变的正比关系不存在，不符合胡克定律。但在 *aa'* 段内卸载，变形也随之消失，说明 *aa'* 段发生的也是弹性变形，*Oa'* 段称为弹性阶段。*a'* 点所对应的应力值记作 σ_e，称为材料的弹性极限。

由于弹性极限与比例极限非常接近，在实际工程中通常对两者不作严格区分，而近似地用比例极限代替弹性极限。

（2）屈服阶段及屈服应力 σ_s。曲线超过 *a'* 点后，出现了一段锯齿形曲线，说明这一段应力变化不大，而应变急剧增加，材料好像失去了抵抗变形的能力，把这种应力变化不大而变形显著增加的现象称为屈服，*bc* 段称为屈服阶段。屈服阶段曲线最低点所对应的应力 σ_s 称为材料的屈服应力（也称屈服点）。若试件表面经过抛光处理，这时就可以看到试件表面出现了与轴线大约呈 45° 的条纹线，称为滑移线，如图 2 − 1 − 15 所示。一般认为，这是材料内部晶格沿应力方向相互错动滑移的结果，这种错动滑移是造成塑性变形的根本原因。

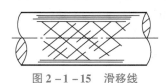

图 2 − 1 − 15　滑移线

在屈服阶段卸载，将出现不能消失的塑性变形。实际工程中一般不允许构件发生塑性变形，并把塑性变形作为材料失效的标志，所以屈服点 σ_s 是衡量材料强度的一个重要标志。Q235 钢的 σ_s 约等于 235 MPa。

（3）强化阶段及抗拉强度 σ_b。经过屈服阶段后，屈服从 *c* 点开始逐渐上升，说明要使应变增加，必须增加应力。材料又恢复了抵抗变形的能力，这种现象称为强化，*cd* 段称为强化阶段。曲线最高点所对应的应力值，记作 σ_b，称为材料的抗拉强度（强度极限），它是衡量材料的又一个重要指标。Q235 钢的 σ_b 约等于 400 MPa。

（4）缩颈断裂阶段。曲线到达 *d* 点后，即应力达到其抗拉强度后，在试件比较薄弱的某一局部（材料不均匀或有缺陷处），变形显著增加，有效横截面急剧削弱减小，出现缩颈现象（见图 2 − 1 − 16），试件很快被拉断，所以 *de* 段称为**缩颈断裂阶段**。

（5）塑性指标。试件拉断后，弹性变形消失，但塑性变形仍保留了下来。实际工程中用试件拉断后遗留下来的变形表示材料的塑性指标。常用的塑性指标有两个。

图 2 – 1 – 16　缩颈现象

①断后**伸长率**，其表达式为

$$\delta = \frac{l_1 - l}{l} \times 100\%$$

式中，l_1 为试件拉断后的标距；l 为原标距。

一般把 $\delta \geqslant 5\%$ 的材料称为塑性材料，如钢材、铜、铝等；把 $\delta < 5\%$ 的材料称为脆性材料，如铸铁、混凝土、石料等。

②断面**收缩率**，其表达式为

$$\psi = \frac{A - A_1}{A} \times 100\%$$

式中，ψ 为断面收缩率；A_1 为试件断口处的最小横截面面积；A 为原横截面面积。

试件拉断后，弹性变形消失，只剩下塑性变形，显然 δ，ψ 值越大，其塑性越好。因此，断后伸长率和断面收缩率是衡量材料塑性的主要指标。Q235 钢的 $\delta = 25\% \sim 27\%$，$\psi = 60\%$，是典型的塑性材料；而铸铁、混凝土、石料等没有明显的塑性变形，是脆性材料。

（6）冷作硬化。如图 2 – 1 – 14（b）所示，在 σ—ε 曲线强化阶段的某一点 f 停止加载，并缓慢卸载，曲线将沿着与 Oa 近似平行的直线 fg 退回到应变轴上 g 点，gh 是消失了的弹性变形，Og 是残留下来的塑性变形，若卸载后再重新加载，σ—ε 曲线将基本沿着 gf 上升到 f 点，再沿 fde 线直至拉断。把这种将材料预拉到强化阶段卸载，重新加载使材料的比例极限提高，而塑性降低的工艺，称为冷作硬化。实际工程中利用冷作硬化工艺来增强材料的承载能力，如冷拔钢筋等。

2. 低碳钢压缩时的力学性能

金属材料的压缩试件常做成短圆柱体，以避免试验时被压弯。如图 2 – 1 – 17 所示，实线是低碳钢压缩时的 σ—ε 曲线，与拉伸时的 σ—ε 曲线（虚线）相比较，在直线部分和屈服阶段两曲线大致重合，其弹性模量 E、比例极限 σ_p 和屈服点 σ_s 与拉伸时的基本相同，因此，可认为低碳钢的抗拉性能与抗压性能是相同的。

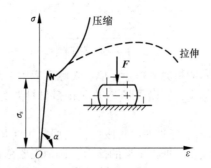

图 2 – 1 – 17　低碳钢压缩时的 σ—ε 曲线

在曲线进入强化阶段后，试件会越压越扁，先是压成鼓形，最后变成饼状，因此，对于低碳钢一般不做压缩试验。

3. 其他塑性材料拉伸时的力学性能

图 2 – 1 – 18 所示为几种塑性材料拉伸时的 σ—ε 曲线，与低碳钢的 σ—ε 曲线相比较，这些

曲线没有明显的屈服阶段。对于没有明显屈服阶段的塑性材料,常用其产生0.2%塑性应变所对应的应力值作为名义屈服点,称为材料的屈服强度,用$\sigma_{0.2}$表示。

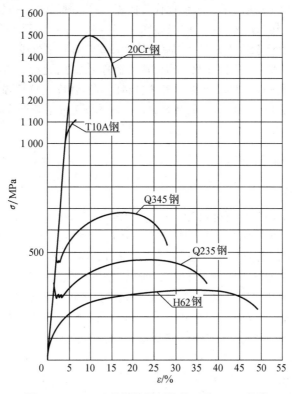

图2-1-18 几种塑性材料拉伸时的σ—ε曲线

4. 铸铁轴向拉(压)时的力学性能

(1)抗拉强度σ_b。铸铁是脆性材料的典型代表。从图2-1-19(a)所示的铸铁拉伸σ—ε曲线可以看出:曲线没有明显的直线部分和屈服阶段,无缩颈现象即可发生断裂破坏,断口平齐,塑性变形很小。把断裂时曲线最高点所对应的应力值称为**抗拉强度**,记作σ_b。铸铁的抗拉强度较低,其值一般在100~200 MPa。

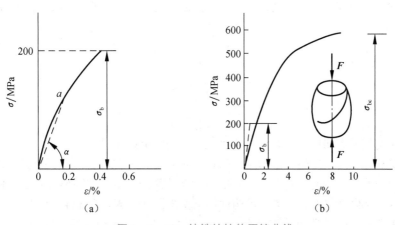

图2-1-19 铸铁的拉伸压缩曲线
(a)铸铁拉伸σ—ε曲线;(b)铸铁压缩σ—ε曲线

铸铁拉伸 σ—ε 曲线没有明显的直线部分，表明应力与应变的正比关系不存在。由于铸铁总是在较小应力下工作，且变形很小，故可近似地认为符合胡克定律，通常在 σ—ε 曲线上用割线［如图 2-1-19（a）中的虚线所示］近似地代替曲线，并以割线的斜率作为其弹性模量 E。

（2）拉压强度 σ_{bc}。铸铁压缩 σ—ε 曲线如图 2-1-19（b）所示。曲线没有明显的直线部分，在应力较小时，可以近似地认为符合胡克定律；曲线没有屈服阶段，变形很小时沿与轴线大约 45°的斜截面发生断裂破坏。把曲线最高点的应力值称为**拉压强度**，用 σ_{bc} 表示。

与拉伸 σ—ε 曲线（虚线）比较可见，铸铁材料的拉压强度是抗拉强度的 3~5 倍，其抗压性能远大于抗拉性能，反映了脆性材料的共有属性。因此，工程中铸铁等脆性材料常用作承压构件，而不用作承拉构件。

二、许用应力与强度准则

1. 构件的失效与许用应力

通过对材料力学性能的分析研究可知，任何工程材料能承受的力都是有限度的，一般把使材料丧失正常工作能力时的应力称为极限应力。对于脆性材料，当正应力达到材料的抗拉强度 σ_b 时，会引起断裂；对于塑性材料，当正应力达到材料的屈服点 σ_s（或屈服强度 $\sigma_{0.2}$）时，将产生屈服或出现显著塑性变形。构件工作时发生断裂是不容许的，产生屈服或出现显著塑性变形也是不容许的。所以，从强度方面考虑，断裂是构件失效的一种形式；同样，产生屈服或出现显著塑性变形也是构件失效的一种形式；受压短杆被压溃、压扁同样也是失效。以上这些失效现象都是强度不足造成的，称为构件的强度失效。除强度失效外，构件还可能发生刚度失效、屈曲失效、疲劳失效、蠕动失效、应变松弛失效等。例如，机床主轴变形过大，即使未出现塑性变形，但不能保证加工精度，这也是失效，它是由刚度不足造成的。细长杆件受压被压弯，则是稳定性不足引起的失效。此外，不同加载方式，如冲击、交变应力等，以及不同环境条件，如高温、腐蚀介质等，都可能导致失效。这里只讨论强度失效问题，刚度失效及压杆失稳将在以后介绍。

根据上述，塑性材料的屈服点 σ_s（或屈服强度 $\sigma_{0.2}$）与脆性材料的抗拉强度 σ_b（或抗压强度 σ_{bc}）都是材料强度失效时的极限应力。

由于工程构件存在受载难以精确估计、构件材质的不均匀性、计算方法的近似性和腐蚀与磨损等问题，因此为确保构件安全，还应使其具有适当的强度储备，特别是对于失效将带来严重后果的构件，更应该具有较大的强度储备。一般把极限应力除以大于 1 的系数 n 作为工作应力的最大允许值，称为许用应力，用 ［σ］ 表示。即

塑性材料
$$[\sigma] = \left[\frac{\sigma_s}{n_s}\right]$$

脆性材料
$$[\sigma] = \left[\frac{\sigma_b}{n_b}\right]$$

式中，n_b，n_s 为与屈服点和抗拉（拉压）强度相对应的安全系数。

安全系数的选取是一个比较复杂的工程问题，如果取得过小，许用应力就会偏高，设计出构件的截面尺寸将偏小，虽然能节省材料，但是其安全可靠性降低；如果取得过大，许用应力就会偏小，设计出构件的截面尺寸将偏大，虽构件偏于安全，但需要多用材料，造成浪费。因此，安全系数的选取是否得当关系到构件的安全性和经济性。实际工程中一般在静载作用下，塑性材料的安全系数取 $n_s = 1.5 \sim 2.5$，脆性材料的安全系数取 $n_b = 2.0 \sim 3.5$，可通过查阅有关设计手册

选取不同构件安全系数。

2. 正应力强度准则

为了保证杆件工作时不致因强度不足而失效，要求杆件内最大工作应力不得超过材料的许用应力。即

$$\sigma_{max} \leqslant [\sigma]$$

上式为杆件的正应力强度准则。

对于塑性材料，因其抗拉、抗压性能大致相同，许用拉应力与许用压应力也大致相同，因此，拉、压强度准则相同。而对于脆性材料来说，因其抗压性能优于抗拉性能，许用拉应力与许用压应力不相同，因此，拉、压强度准则应为

$$\sigma_{max}^{+} \leqslant [\sigma^{+}], \quad \sigma_{max}^{-} \leqslant [\sigma^{-}]$$

3. 应力集中

试验研究表明，对于横截面形状、尺寸有突然改变的，如带有圆孔、刀槽、螺纹和轴肩的杆件，当其受到轴向拉伸时，在横截面形状、尺寸突变的局部范围内将会出现较大的应力，其应力分布是不均匀的。这种因横截面形状尺寸突变而引起局部应力增大的现象称为应力集中。

设发生应力集中的截面上的最大应力为 σ_{max}，同一截面上的平均应力为 σ，则比值为

$$K = \frac{\sigma_{max}}{\sigma}$$

式中，K 为理论应力集中因数，它反映了应力集中的程度，是一个大于 1 的因数。

试验结果表明：截面尺寸改变得越急剧、角越尖、孔越小，应力集中的程度就越严重。因此，零件上应尽可能地避免带尖角的孔和槽，在阶梯轴肩处要用圆弧过渡，而且应尽量使圆弧半径大一些。用塑性材料制作的构件，在静载作用下可以不考虑应力集中对强度的影响，这是因为一旦构件局部的应力达到材料的屈服点，该局部即发生屈服变化，且随着外力增加屈服范围扩大，但应力值限定在材料屈服点的临近范围内，使截面的应力趋于均匀分布。材料的屈服具有缓和应力集中的作用，所以塑性材料在静载下可以不考虑应力集中的问题。

各种材料对应力集中的敏感强度不相同。用脆性材料制成的构件，由于脆性材料没有屈服阶段，因此当载荷增加时，应力集中处的最大应力 σ_{max} 一直领先，首先达到 σ_{b}，该处将首先产生裂纹。随外力的增大应力急剧上升，当达到抗拉强度时，应力集中处有效截面很快被削弱而导致构件断裂破坏，因此，应力集中对于组织均匀的脆性材料影响较大，会大幅度降低其承载能力，如图 2 - 1 - 20 所示。而对于如灰铸铁等组织不均匀的脆性材料性，由于材质本身的不均匀性，这种材料制成的构件对于应力集中不敏感，因此应力集中对其承载能力不一定有明显的影响。

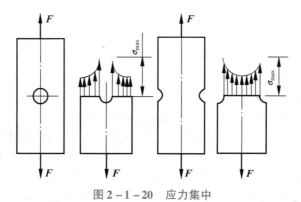

图 2 - 1 - 20　应力集中

综上所述，研究构件在静载下的承载能力，可以不计应力集中的影响。但当构件在动载应力、交变应力和冲击载荷作用下，应力集中对构件的强度将会产生严重的影响，往往是导致构件破坏的原因，必须予以重视。

任务评价

任务评价表见表2-1-2。

表2-1-2 任务评价表

评价类型	权重	具体指标	分值	得分		
				自评	组评	师评
职业能力	65%	会计算轴力	20			
		能进行强度分析	30			
		能计算杆件的变形量	15			
职业素养	20%	坚持出勤，遵守纪律	5			
		协作互助，解决难点	5			
		思维细致	5			
		提出改进优化方案	5			
劳动素养	15%	按时完成任务	5			
		工作岗位6S管理	5			
		小组分工合理	5			
综合评价	总分					
	教师点评					

任务小结

通过对本任务的学习，应掌握杆件在轴向拉伸与压缩变形时的内力——轴力的求解方法及其沿杆件轴线的变化规律；掌握横截面上的应力——正应力分布规律和计算公式；掌握材料的强度准则及强度计算方法，并会计算杆件的变形量。

任务拓展训练

1. 什么是构件的强度、刚度和稳定性？
2. 研究构件的承载能力时，对变形固体做的基本假设是什么？
3. 什么是轴力？其正负是怎样规定的？如何应用简便方法求横截面的轴力？
4. 什么是截面法？应用截面法求轴力时，横截面为什么不能取在外力作用点处？
5. 什么是绝对变形、相对变形？胡克定律的适用条件是什么？
6. 什么是材料的力学性能？材料的强度、刚度、塑性指标分别是什么？

7. 材料不同，轴力、横截面相同的两根拉杆，试问两拉杆的应力、变形、强度、刚度是否相同?

8. 如图 2 – 1 – 21 所示，已知 $F_1 = 20$ kN，$F_2 = 8$ kN，$F_3 = 10$ kN，用截面法求图中杆件指定横截面的轴力。

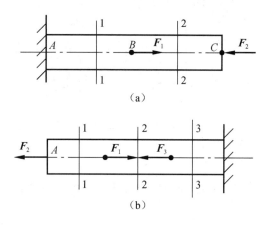

（a）

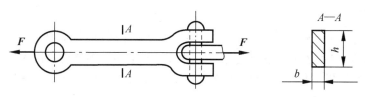

（b）

图 2 – 1 – 21　题 8 图

9. 如图 2 – 1 – 22 所示，钢拉杆受轴向载荷 $F = 40$ kN，材料的许用应力 $[\sigma] = 100$ MPa，横截面为矩形，其中 $h = 2b$，试设计拉杆的横截面尺寸 b，h。

图 2 – 1 – 22　题 9 图

10. 图 2 – 1 – 23 所示为桁架，杆件 AB，AC 铰接于点 A，在点 A 悬吊重物 $G = 10\pi$ kN，两杆材料相同，$[\sigma] = 100$ MPa，试设计两杆的直径。

11. 图 2 – 1 – 24 所示为支架，杆 AB 为钢杆，横截面 $A_1 = 600$ mm^2，许用应力 $[\sigma_1] = 100$ MPa；杆 BC 为木杆，横截面 $A_2 = 200 \times 10^2$ mm^2，许用应力 $[\sigma_2] = 5$ MPa，试确定支架的许可载荷 $[G]$。

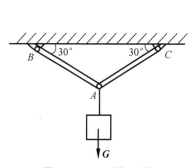

图 2 – 1 – 23　题 10 图

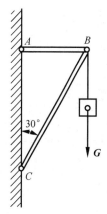

图 2 – 1 – 24　题 11 图

12. 如图 2 – 1 – 25 所示，杆 1 为钢质杆，$A_1 = 400 \text{ mm}^2$，$E_1 = 200 \text{ GPa}$；杆 2 为铜制杆，$A_2 = 800 \text{ mm}^2$，$E_2 = 100 \text{ GPa}$；横杆 AB 的变形和自重忽略不计。求：（1）载荷作用在何处，才能使横杆 AB 保持水平？（2）若 $F = 30 \text{ kN}$ 时，求两拉杆横截面的应力。

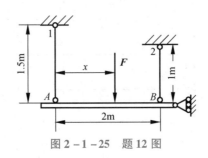

图 2 – 1 – 25　题 12 图

任务二　分析剪切与挤压变形的强度

参考学时：2学时

内容简介 NEWS

　　剪切与挤压变形是杆件的基本变形形式之一。在实际生活中，螺栓连接、键连接中，螺栓受到垂直于轴线的外力会产生剪切并伴随着挤压变形。本任务主要解决剪切与挤压变形的内力计算，以及剪切面和挤压面上的应力计算，使学生在以后的工作当中能够根据构件的受力方式正确选择构件的形状和尺寸。

知识目标

　　（1）掌握剪切时的内力（剪力）和应力（切应力）的计算。
　　（2）熟悉剪切和挤压强度的实用计算方法。

能力目标

　　会分析构件的剪切与挤压变形，并能进行相应的强度计算。

素质目标

　　（1）通过各种连接构件的剪切与挤压强度分析，提升学生分析问题、解决问题的能力。
　　（2）培养学生的工程质量意识和安全意识。

任务导入

　　图 2 – 2 – 1 所示为钢板铆接件，已知钢板的许用拉伸应力 $[\sigma_1] = 90 \text{ MPa}$，许用挤压应力

$[\sigma_{jy1}] = 180$ MPa，钢板厚度 $\delta = 10$ mm，宽度 $b = 100$ mm；铆钉的许用切应力 $[\tau] = 100$ MPa，许用挤压应力 $[\sigma_{jy2}] = 300$ MPa，铆钉直径 $d = 20$ mm，钢板铆接件承受的载荷 $F = 25$ kN。试校核钢板和铆钉的强度。

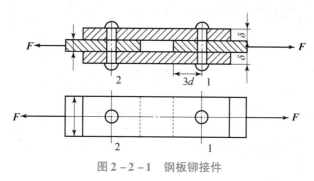

图 2 – 2 – 1　钢板铆接件

步骤一　分析剪切变形的强度

知识链接

一、剪切变形的受力特点及变形特点

剪切变形是杆件的基本变形之一。工程上有些连接件，如联轴键（见图 2 – 2 – 2）和铆钉接头中的铆钉（见图 2 – 2 – 3）在工作时，两侧面上作用大小相等、方向相反、作用线平行且相距很近的一对外力，两力作用线之间的截面会发生相对错动，这种变形称为剪切变形，产生相对错动的截面称为剪切面。如图 2 – 2 – 4（a）所示，截面 cd 相对于 ab 发生相对错动，即剪切变形。若变形过大，杆件将在两个外力作用线之间的某一截面 m—m 处被剪断，被剪断的截面称为剪切面，如图 2 – 2 – 4（b）所示。

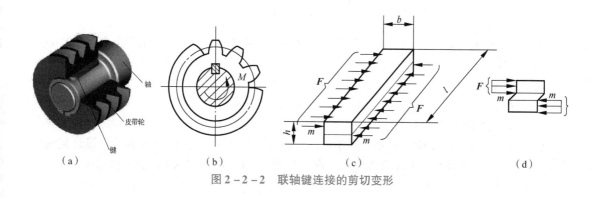

（a）　　　　　（b）　　　　　（c）　　　　　（d）

图 2 – 2 – 2　联轴键连接的剪切变形

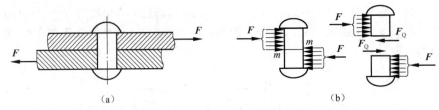

(a)   (b)

图 2 - 2 - 3 铆钉连接的剪切变形

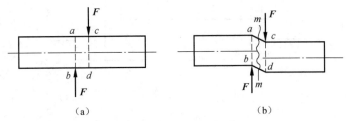

(a)   (b)

图 2 - 2 - 4 剪切面

由上述分析可知，剪切变形的受力特点是构件受到了一对大小相等、方向相反、作用线平行且相距很近的外力，其变形特点是在外力作用线之间的横截面产生了相对错动。

二、剪切变形的强度实用计算

为了对连接件进行剪切强度计算，需先求出剪切面上的内力。如图 2 - 2 - 3 （a） 所示，对铆钉接头中的铆钉进行分析，用截面法假想铆钉沿其剪切面 $m—m$ 截开，取任意一部分为研究对象，如图 2 - 2 - 3 （b） 所示，由平衡方程求得

$$F_Q = F$$

式中，F_Q 为平行于截面的内力，称为剪力，用符号 $\boldsymbol{F}_Q$ 表示。

平行于截面的应力称为切应力，用符号 τ 表示。剪力在剪切面上的分布比较复杂，工程上通常采用实用计算，即假定剪切面上的切应力是均匀分布的，于是有

$$\tau = \frac{F_Q}{A} \qquad\qquad (2 - 2 - 1)$$

式中，A 为剪切面面积。

为了保证连接件安全可靠地工作，要求切应力 τ 不得超过连接件的许用切应力 $[\tau]$，则相应的剪切强度准则为

$$\tau = \frac{F_Q}{A} \leqslant [\tau] \qquad\qquad (2 - 2 - 2)$$

剪切实用计算中的许用切应力 $[\tau]$ 与拉伸时的许用应力 $[\sigma]$ 有关。工程上常用材料的许用切应力可从有关设计手册中查得。一般情况下，也可按以下的经验公式确定，即

塑性材料 $[\tau] = (0.6 \sim 0.8)[\sigma_1]$

脆性材料 $[\tau] = (0.8 \sim 1.0)[\sigma_1]$

式中，$[\sigma_1]$ 为材料的许用拉应力。

应用式 （2 - 2 - 2） 同样可以解决连接件剪切强度计算的 3 类问题：校核强度、设计截面和确定许可载荷，但在计算中要注意考虑所有的剪切面，以及每个剪切面上的剪力和切应力。

步骤二　分析挤压变形的强度

知识链接

连接件发生剪切变形的同时，连接件与被连接件的接触面相互作用而压紧，这种现象称为挤压。当挤压力过大时，在接触面的局部范围内将发生塑性变形，或被压溃。这种因挤压力过大，连接件接触面的局部区域内发生显著的塑性变形或压溃现象，称为挤压破坏。挤压和压缩是两个完全不同的概念，挤压变形发生在两构件相互接触的表面，而压缩则是发生在一个构件上。例如，在铆钉连接中，铆钉与钢板就是相互挤压，这就可能把铆钉或钢板的铆钉孔压成局部塑性变形，如铆钉孔被压成圆孔［见图 2 - 2 - 5 (a)、图 2 - 2 - 5 (b)］，当然，铆钉也有可能被压成扁圆柱。因此，应该进行挤压强度计算。

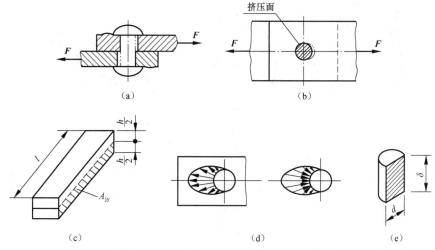

图 2 - 2 - 5　各种连接面挤压强度的计算

在挤压面上，应力分布一般也比较复杂。在实用计算中，也是假设在挤压面上应力均匀分布，以 F 表示挤压面上传递的力，A 表示挤压面积，于是挤压应力为

$$\sigma_{jy} = \frac{F_{jy}}{A_{jy}}$$

则相应的挤压强度准则为

$$\sigma_{jy} = \frac{F_{jy}}{A_{jy}} \leqslant [\sigma_{jy}] \qquad\qquad (2 - 2 - 3)$$

在挤压强度计算中，要根据接触面的具体情况而定。若当连接件与被连接件的接触面为平面，则挤压面积为有效接触面面积，如图 2 - 2 - 5 (c) 所示的联轴键，挤压面积为 $A_{jy} = hl/2$。若连接面是圆柱形曲面，如图 2 - 2 - 5 (d)、图 2 - 2 - 5 (e) 所示的铆钉、销钉、螺栓等圆柱形连接件，挤压计算面积按半圆柱侧面的正投影面积计算，即 $A_{jy} = \delta d$。由于此时挤压应力并不是均匀分布的，而最大挤压应力发生于半圆柱形侧面的中间部分，因此，采用半圆柱形侧面的正投影面积作为挤压计算面积，所得的应力与接触面的实际最大挤压应力大致相近。

许用挤压应力 $[\sigma_{jy}]$ 的确定与许用切应力的确定方法相类似，即由实验结果通过实用计

算确定。设计时可查阅有关设计规范，一般材料的许用挤压应力与许用应力之间存在如下关系，即

塑性材料 $\qquad [\sigma_{jy}] = (1.5 \sim 2.5)[\sigma]$

脆性材料 $\qquad [\sigma_{jy}] = (0.9 \sim 1.5)[\sigma]$

不难看出，许用挤压应力远大于许用应力，但须注意，如果连接件和被连接件的材料不同，应以许用应力较低者进行挤压强度计算，只有这样，才能保证结构能安全可靠地工作。

 做一做 1

如图 2 - 2 - 6（a）所示，齿轮用平键与轴连接（图中只画出了轴与键，没有画出齿轮）。已知轴的直径 $d = 70$ mm，键的尺寸为 $b \times h \times l = 20$ mm $\times 12$ mm $\times 100$ mm，传递的扭矩 $M_e = 2$ kN·m，键的许用切应力 $[\tau] = 60$ MPa，许用挤压应力 $[\sigma_{jy}] = 100$ MPa。试校核键的强度。

剪切挤压变形区别

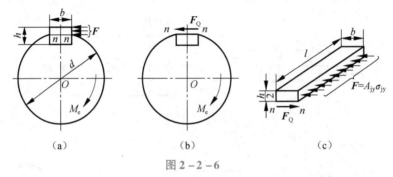

图 2 - 2 - 6

解：首先，校核键的剪切强度。将平键沿 n—n 截面分成两部分，并把 n—n 以下部分和轴作为一个整体来考虑，如图 2 - 2 - 6（b）所示。因为假设在 n—n 截面上切应力均匀分布，故 n—n 截面上的剪力 F_Q 为

$$F_Q = A\tau = bl\tau$$

对轴心取矩，有平衡方程 $\sum M_O = 0$，得

$$F_Q \frac{d}{2} = bl\tau \frac{d}{2} = M_e$$

故有

$$\tau = \frac{2M_e}{bld} = \frac{2 \times 2\,000 \text{ kN·m}}{20 \text{ m} \times 100 \text{ m} \times 70 \text{ m} \times 10^{-9}} = 28.6 \times 10^6 \text{ Pa} = 28.6 \text{ MPa} < [\tau]$$

可见平键满足剪切强度准则。

其次，校核键的挤压强度。考虑键在 n—n 截面以上部分的平衡，如图 2 - 2 - 6（c）所示，在 n—n 截面上的剪力 $F_Q = bl\tau$，右侧面上的挤压力为

$$F_{jy} = A_{jy}\sigma_{jy} = \frac{h}{2}l\sigma_{jy}$$

投影于水平方向，有平衡方程

$$F_Q = F_{jy} \text{ 或 } bl\tau = \frac{h}{2}l\sigma_{jy}$$

由此求得

$$\sigma_{jy} = \frac{2b\tau}{h} = \frac{2 \times 20 \times 10^{-3} \text{ m} \times 28.6 \times 10^6 \text{ Pa}}{12 \times 10^{-3} \text{ m}} = 95.3 \times 10^6 \text{ Pa} = 95.3 \text{ MPa} < [\sigma_{jy}]$$

故平键也满足挤压强度准则。

做一做 2

图 2-2-7 所示为拖拉机挂钩用插销连接，已知挂钩厚度 $\delta = 10$ mm，挂钩的许用切应力 $[\tau] = 100$ MPa，许用挤压应力 $[\sigma_{jy}] = 200$ MPa，拉力 $F = 56$ kN，试设计插销的直径。

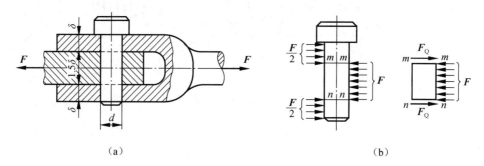

（a）　　　　　　　　　　　　（b）

图 2-2-7　拖拉机挂钩用插销连接

解：（1）分析破坏形式。由图 2-2-7 可以看出，插销承受剪切和挤压，它的破坏可能是被剪断或与孔壁间的挤压破坏。

（2）求剪力和挤压力。插销有两个剪切面，用平衡方程求得

$$F_Q = F_{jy} = \frac{F}{2} = 28 \text{ kN}$$

（3）按剪切强度准则设计螺杆配合直径 d_0。

$$A = \frac{\pi d_0^2}{4} \geqslant \frac{F_Q}{[\tau]}$$

$$d_0 \geqslant \sqrt{\frac{4F_Q}{\pi[\tau]}} = \sqrt{\frac{4 \times 28 \times 10^3 \text{ N}}{100\pi \text{ MPa}}} = 18.9 \text{ mm}$$

（4）按挤压强度准则设计螺杆配合直径 d_0。

$$A_{jy} = d_0\delta \geqslant \frac{F_{jy}}{[\sigma_{jy}]}$$

$$d_0 \geqslant \frac{F_{jy}}{[\sigma_{jy}]\delta} = \frac{28 \times 10^3 \text{ N}}{200 \text{ MPa} \times 10 \text{ mm}} = 14 \text{ mm}$$

$$d_0 \geqslant \frac{F_{jy}}{[\sigma_{jy}]\delta} = \frac{56 \times 10^3 \text{ N}}{200 \text{ MPa} \times 15 \text{ mm}} = 18.6 \text{ mm}$$

若要螺栓同时满足剪切和挤压强度的要求，则其螺杆配合直径应为 $d_0 = 18.9$ mm，按此直径从设计手册中选用 M18 的六角头铰制孔用螺栓，其螺杆配合直径 $d_0 = 19$ mm。

做一做 3

如图 2-2-8 所示，已知钢板厚度 $\delta = 10$ mm，其极限切应力为 $\tau_u = 300$ MPa。若用冲床将钢板冲出直径 $d = 25$ mm 的孔，需要多大的冲剪力 F？

解：剪切面是钢板内被冲头冲出的圆饼体的柱形侧面，如图 2-2-8（b）所示，其面积为

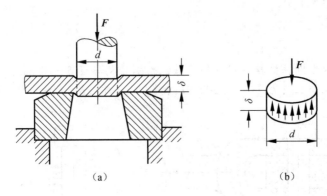

（a）　　　　　　　　　　（b）

图 2 - 2 - 8　冲床对钢板冲孔

$$A = \pi d \delta = \pi \times 25 \times 10^{-3}\ \text{m} \times 10 \times 10^{-3}\ \text{m} = 785 \times 10^{-6}\ \text{m}^2$$

因此冲孔所需要的冲剪力应为

$$F \geqslant A \tau_u = 785 \times 10^{-6}\ \text{m}^2 \times 300 \times 10^6\ \text{Pa} = 235.5 \times 10^3\ \text{N} = 235.5\ \text{kN}$$

 解决任务

图 2 - 2 - 9 所示为钢板铆接件，已知钢板的许用拉伸应力 $[\sigma_1] = 90$ MPa，许用挤压应力 $[\sigma_{jy1}] = 180$ MPa，钢板厚度 $\delta = 10$ mm，宽度 $b = 100$ mm；铆钉的许用切应力 $[\tau] = 100$ MPa，许用挤压应力 $[\sigma_{jy2}] = 300$ MPa，铆钉直径 $d = 20$ mm，钢板铆接件承受的载荷 $F = 25$ kN。试校核钢板和铆钉的强度。

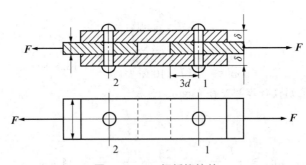

图 2 - 2 - 9　钢板铆接件

解：（1）校核钢板的拉伸强度。

最大拉应力发生在中间钢板圆孔处 1—1 和 2—2 横截面上，即

$$\sigma = \frac{F_N}{A} = \frac{F}{(b-d)\delta} = \frac{25 \times 10^3\ \text{N}}{(100-20) \times 10^{-3}\ \text{m} \times 10 \times 10^{-3}\ \text{m}} = 31.3 \times 10^6\ \text{Pa} = 31.3\ \text{MPa} < [\sigma_1]$$

故钢板的拉伸强度是安全的。

（2）校核钢板的挤压强度。

钢板的最大挤压应力发生在中间钢板孔与铆钉接触处，即

$$\sigma_{jy} = \frac{F_{jy}}{A_{jy}} = \frac{F}{d\delta} = \frac{25 \times 10^3\ \text{N}}{20 \times 10^{-3}\ \text{m} \times 10 \times 10^{-3}\ \text{m}} = 125 \times 10^6\ \text{Pa} = 125\ \text{MPa} < [\sigma_{jy1}]$$

故钢板的挤压强度是安全的。

（3）校核铆钉的剪切强度。

铆钉属于双剪问题，即

$$\tau = \frac{F_Q}{A} = \frac{F/2}{\pi d^2/4} = \frac{2 \times 25 \times 10^3 \text{ N}}{3.14 \times (0.02 \text{ m})^2} = 39.8 \times 10^6 \text{ Pa} = 39.8 \text{ MPa} < [\tau]$$

故铆钉的剪切强度是安全的。

（4）校核铆钉的挤压强度。

铆钉的挤压力和计算面积与钢板相同，但铆钉的许用挤压应力比钢板高，因此若钢板的挤压强度是安全的，则铆钉的挤压强度也是安全的。

任务评价

任务评价表见表2-2-1。

表2-2-1 任务评价表

评价类型	权重	具体指标	分值	得分		
				自评	组评	师评
职业能力	65%	会进行剪切与挤压变形的受力分析	20			
		能进行剪切强度分析	25			
		能进行挤压强度分析	20			
职业素养	20%	坚持出勤，遵守纪律	5			
		协作互助，解决难点	5			
		思维细致	5			
		提出改进优化方案	5			
劳动素养	15%	按时完成任务	5			
		工作岗位6S管理	5			
		小组分工合理	5			
综合评价	总分					
	教师点评					

任务小结

通过对本任务的学习，应掌握如下内容。

1. 剪切变形的受力特点及变形特点

剪切变形的受力特点是构件受到了一对大小相等、方向相反、作用线平行且相距很近的外力，其变形特点是在外力作用线之间的横截面产生了相对错动。

构件发生剪切变形的同时，其接触面相互作用而压紧，这种现象称为挤压，当挤压力过大时，在接触表面的局部区域内产生显著的塑性变形（即局部压陷）或压溃现象，称为挤压破坏。

2. 剪切和挤压强度准则

剪切和挤压强度准则为

$$\tau = \frac{F_Q}{A} \leqslant [\tau], \quad \sigma_{jy} = \frac{F_{jy}}{A_{jy}} \leqslant [\sigma_{jy}]$$

 任务拓展训练

1. 挤压和压缩有何区别？试指出图 2 – 2 – 10 中哪个物体应考虑压缩强度，哪个物体应考虑挤压强度？

2. 如图 2 – 2 – 11 所示，在拉杆与木材之间放一金属垫圈，试说明垫圈的作用。

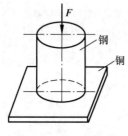

图 2 – 2 – 10　题 1 图

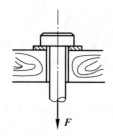

图 2 – 2 – 11　题 2 图

3. 生产实践中常利用剪切破坏来加工成形零件，如冲孔、剪切钢板等，此时要求工作切应力τ与抗剪强度τ_b 有什么关系？

4. 如图 2 – 2 – 12 所示，剪床需用剪刀切断直径为 12 mm 棒料，已知棒料的抗剪强度τ_b = 320 MPa，试求剪刀的切断力 **F**。

5. 图 2 – 2 – 13 所示为一销钉接头，已知 $F = 18$ kN，$t_1 = 8$ mm，$t_2 = 5$ mm，销钉的直径许用切应力 $[\tau] = 60$ MPa，许用挤压应力 $[\sigma_{jy}] = 200$ MPa，试校核销钉的抗剪强度和抗压强度。

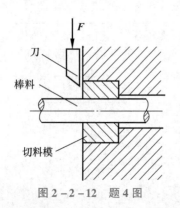

图 2 – 2 – 12　题 4 图

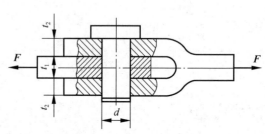

图 2 – 2 – 13　题 5 图

6. 如图 2 – 2 – 14 所示，轴与齿轮用普通平键连接，已知 $d = 70$ mm，$b = 20$ mm，$h = 12$ mm，轴传递的扭矩 $M = 2$ kN · m，键的许用切应力 $[\tau] = 60$ MPa，许用挤压应力 $[\sigma_{jy}] = 100$ MPa，试设计键的长度 l。

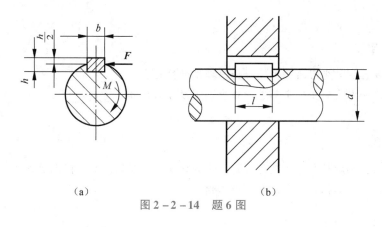

（a） （b）

图 2 - 2 - 14 题 6 图

任务三 分析扭转变形的承载能力

参考学时：6学时

内容简介

扭转变形是杆件的基本变形形式之一。在工程机械中，经常会看到一些图 2 - 3 - 1 所示的轴类零件，该轴类零件发生的变形即为扭转变形。通常把发生扭转变形的杆件称为轴。

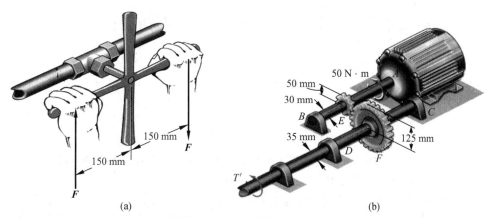

图 2 - 3 - 1 扭转的工程实例

本任务主要分析圆轴在扭转变形时的内力——扭矩的计算及其沿圆轴轴线的变化规律；横截面上的应力——扭转切应力的分布规律和计算公式；强度准则及刚度问题。

知识目标

（1）掌握扭转变形时的受力、变形特点分析。
（2）能够计算扭转变形的强度、刚度。

（1）会对发生扭转变形的构件进行力学模型的简化。

（2）会对圆轴发生的扭转变形进行强度、刚度分析计算。

素质目标

（1）通过对圆轴扭转变形的强度分析，提升学生分析问题、解决问题的能力。

（2）培养学生的工程质量意识和安全意识。

任务导入

图 2 - 3 - 2 所示为阶梯扭转轴，已知 $d_1 = 40$ mm，$d_2 = 55$ mm，$M_C = 1\,432.5$ N·m，$M_A = 620.8$ N·m。轴的单位长度许用扭转角 $[\theta] = 2°/\mathrm{m}$，许用切应力 $[\tau] = 60$ MPa，剪切模量 $G = 80$ GPa，试校核该轴的强度和刚度是否满足要求。

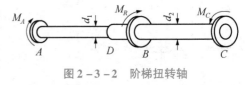

图 2 - 3 - 2　阶梯扭转轴

任务实施

步骤一　计算内力扭矩、绘制扭矩图

知识链接

一、扭转变形的概念

如图 2 - 3 - 3 所示，杆件产生扭转变形的受力特点是在垂直于杆件轴线的平面内，作用着一对大小相等、转向相反、作用面相互平行的外力偶矩。杆件扭转的变形特点是各横截面绕轴线相对转过一定的角度，纵向线发生倾斜。

研究圆轴扭转问题的方法与研究轴向拉（压）杆问题类似，首先要计算作用于圆轴上的外力偶矩，再分析圆轴横截面的内力，然后计算圆轴的应力和变形，最后进行圆轴的强度及刚度计算。

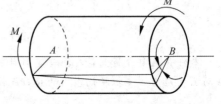

图 2 - 3 - 3　扭转变形的受力和变形

二、计算外力偶矩

为了求出圆轴扭转时横截面上的内力，必须先计算出圆轴上的外力偶矩。在工程计算中，作用在圆轴上的外力偶矩的大小往往不是直接给出的，通常是给出圆轴所传递的功率和圆轴的转速。功率、转速和力偶矩之间存在如下关系

$$M = 9\,550\,\frac{P}{n} \qquad\qquad (2-3-1)$$

式中，M 为外力偶矩，$\mathrm{N \cdot m}$；P 为圆轴传递的功率，kW；n 为圆轴的转速，$\mathrm{r/min}$。

应当注意，在确定外力偶矩 M 的转向时，输入功率的主动外力偶矩的转向与圆轴的转向一致；输出功率的从动外力偶矩的转向与圆轴的转向相反。

三、内力扭矩

圆轴在外力偶矩作用下发生扭转变形时，其横截面上将产生内力。

扭矩计算及
正负判定方法

圆轴扭转时，其横截面上的内力是一个在横截面平面内的力偶，其力偶矩 T 称为横截面上的扭矩。

扭矩的单位与外力偶矩的单位相同，常用的单位为 $\mathrm{N \cdot m}$ 及 $\mathrm{kN \cdot m}$。

扭矩的正负号用右手螺旋法则判定：将扭矩看作矢量，右手手心握着轴，四指沿扭矩的方向握起，大拇指的指向表示扭矩矢量的方向。大拇指的方向离开横截面，扭矩为正，如图 2-3-4（a）、图 2-3-4（b）所示；反之，大拇指的方向指向横截面，扭矩为负，如图 2-3-4（c）、图 2-3-4（d）所示。这样，同一横截面左右两侧的扭转，不但数值相等，而且符号相同。

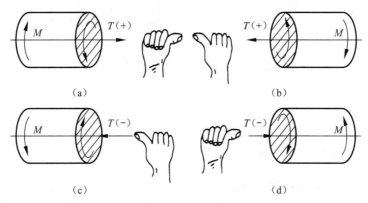

图 2-3-4　扭矩的正负判定

通常，扭转圆轴各横截面上的扭矩是不同的，扭矩 T 是横截面位置 x 的函数，即

$$T = T(x)$$

以与轴线平行的 x 轴表示横截面的位置，以垂直于 x 轴的 T 轴表示扭矩，则由函数 $T = T(x)$ 绘制的曲线称为扭矩图。

做一做 1

如图 2-3-5 所示，一传动系统的主轴 ABC 的转速 $n = 960\ \mathrm{r/min}$，输入功率 $P_A = 27.5\ \mathrm{kW}$，输出功率 $P_B = 20\ \mathrm{kW}$，$P_C = 7.5\ \mathrm{kW}$。试绘制 ABC 轴的扭矩图。

解　（1）计算外力偶矩。

$$M_A = \left(9\,550 \times \frac{27.5}{960}\right) \mathrm{N \cdot m} = 274\ \mathrm{N \cdot m}$$

同理可得，$M_B = 199\ \mathrm{N \cdot m}$；$M_C = 75\ \mathrm{N \cdot m}$。

（2）计算扭矩。将轴分为 AB，BC 两段计算扭矩。

对于 AB 段［见图 2-3-5（b）］，由平衡条件 $\sum M_x = 0$ 得

$$T_1 + M_A = 0$$

得

$$T_1 = -M_A = -274 \text{ N} \cdot \text{m}$$

对于 BC 段〔见图 2-3-5（c）〕，由平衡条件 $\Sigma M_x = 0$ 得

$$T_2 + M_A - M_B = 0$$

得

$$T_2 = M_B - M_A = 199 - 274 = -75 \text{ N} \cdot \text{m}$$

（3）绘制扭矩图。根据以上结果，按比例绘扭矩图，如图 2-3-5（d）所示。

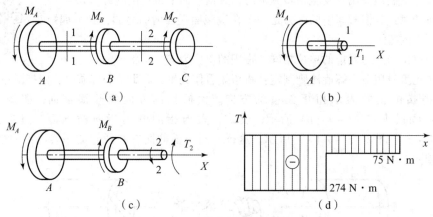

图 2-3-5 一传动系统的主轴 ABC

做一做 2

如图 2-3-6 所示，轮子 A 与轮子 B 所受的外力矩不变，试绘制两种情况下轴的扭矩图，并分析哪一种轮子的位置布置有利于提升圆轴的力学性能。

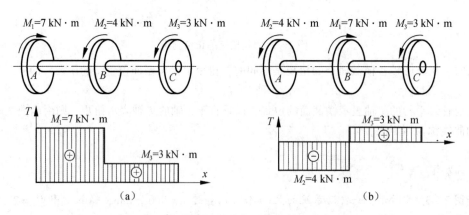

图 2-3-6 轮子在圆轴上不同位置时的扭矩

对于同一根圆轴来说，若把图 2-3-6（a）中主动轮 A 安置在 B 的位置，则该轴的扭矩图如图 2-3-6（b）所示。

所以，传动轴主动轮和从动轮的安放位置不同，圆轴所承受的最大扭矩（内力）也就不同。显然，从力学角度来分析，图 2-3-6（a）的布局是不合理的，而图 2-3-6（b）的布局则有利于提升圆轴的力学性能。

步骤二 计算圆轴扭转时横截面上的应力和强度

一、圆轴扭转时横截面上的应力分布

在研究了横截面的内力——扭矩后，还应考虑应力的计算。由于应力与变形有关，因此，先从观察圆轴的扭转变形着手。

图 2-3-7 所示为圆轴的扭转变形，在其表面画出一组平行于轴线的纵向线和横向线，表面形成许多小矩形。当轴上作用外力偶以后，可以观察到以下现象。

（1）各圆周线的形状、大小及圆周线之间的距离均无变化，各圆周线绕轴线转动了不同的角度。

（2）所有纵向线仍近似为直线，只是同时倾斜了同一角度。

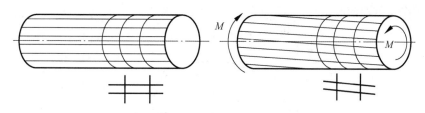

图 2-3-7 圆轴的扭转变形

根据观察可知，圆轴横截面边缘上各点（即圆周线）变形后仍在垂直于轴线的平面内，且距轴线的距离不变。由于无法观察圆轴内部的变形，因而作出如下假设：圆轴扭转变形过程中，横截面始终保持为平面，且形状与大小均不变。这就是扭转变形的平面假设。在平面假设的基础上，扭转变形可以看作是各横截面像刚性平面一样，绕轴线做相对转动，由此可以得出以下结论。

（1）当扭转变形时，由于圆轴相邻横截面间的距离不变，即圆轴没有纵向变形发生，因此，横截面上没有正应力。

（2）当扭转变形时，各纵向线同时倾斜了相同的角度；各横截面绕轴线转动了不同的角度，相邻横截面产生了相对转动并相互错动，发生了剪切变形，因此，横截面上有切应力。

（3）当扭转变形时，由于圆轴的半径不变，故横截面上切应力的方向垂直于半径；再由横截面绕轴线转动时，其横截面上每条半径线都转过了相同的转角，因此，半径上每点滑移的一段弧长便是各点的绝对剪切变形。如图 2-3-8 所示，距离圆心越远的点，它的变形就越大。在剪切比例极限内，切应力与切应变总是成正比，这就是剪切胡克定律。因此，各点切应力的大小与该点到圆心的距离成正比。

横截面上任意一点处切应力的大小，与该点到圆心的距离成正比。也就是说，在横截面的圆心处切应力为零，在周边上切应力最大。显然，在所有与圆心等距离的点处，切应力均相等。实心圆轴和空心圆轴横截面上的切应力分布规律如图 2-3-8 所示，切应力的方向与扭矩的方向一致。

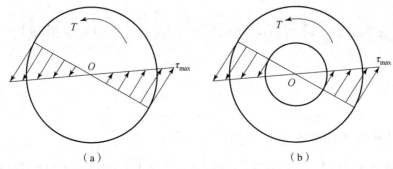

图 2 - 3 - 8　切应力分布规律

（a）实心圆轴；（b）空心圆轴

在横截面上离圆心为 ρ 的点处，取微面积 dA，如图 2 - 3 - 9 所示。微面积上的内力系的合力是 $\tau_\rho dA$，它对圆心的力矩等于 $\tau_\rho dA \cdot \rho$，整个横截面上这些力矩的总和等于横截面上的扭矩 T，即

$$T = \int_A \rho\, \tau_\rho dA \qquad (2 - 3 - 2)$$

式中，A 为整个横截面的面积。

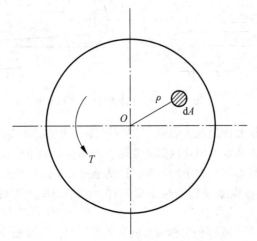

图 2 - 3 - 9　微面积上的切应力

将式

$$\tau_\rho = G\gamma_\rho = G\rho\,\frac{d\varphi}{dx}$$

代入式（2 - 3 - 2），得

$$T = \int_A \rho\left(G\rho\,\frac{d\varphi}{dx}\right)dA = \int_A G\rho^2\,\frac{d\varphi}{dx}dA \qquad (2 - 3 - 3)$$

式中，G 为剪切模量；ν_ρ 为剪切应变；$\dfrac{d\varphi}{dx}$ 为扭转角沿长度方向变化率。

因 G，$\dfrac{d\varphi}{dx}$ 均为常量，故式（2 - 3 - 3）可写成

$$T = G\,\frac{d\varphi}{dx}\int_A \rho^2 dA \qquad (2 - 3 - 4)$$

式中，积分 $\int_A \rho^2 \mathrm{d}A$ 与横截面的几何形状、尺寸有关，它表示横截面的一种几何性质，称为横截面的极惯性矩，用 I_P 表示，即

$$I_P = \int_A \rho^2 \mathrm{d}A \qquad (2-3-5)$$

式中，I_P 的量纲是长度的 4 次方，mm^4 或 m^4。

于是，式（2-3-4）可写成

$$T = GI_P \frac{\mathrm{d}\varphi}{\mathrm{d}x} \quad \text{或} \quad \frac{\mathrm{d}\varphi}{\mathrm{d}x} = \frac{T}{GI_P} \qquad (2-3-6)$$

横截面上距圆心为 ρ 处的切应力计算公式为

$$\tau_\rho = \frac{T}{I_P}\rho \qquad (2-3-7)$$

对于确定的圆轴，T，I_P 都是定值，因而，最大切应力必在横截面周边各点上，即 $\rho = R$ 时，$\tau_\rho = \tau_{max}$，所以有

$$\tau_{max} = \frac{TR}{I_P} \qquad (2-3-8)$$

若令

$$W_P = \frac{I_P}{R}$$

则式（2-3-8）可写成

$$\tau_{max} = \frac{T}{W_P} \qquad (2-3-9)$$

式中，W_P 为抗扭截面系数，mm^3 或 m^3。

极惯性矩与抗扭截面系数都表示了横截面的几何性质，其值大小与横截面的形状和尺寸有关。

二、圆横截面的极惯性矩 I_P 及抗扭截面系数 W_P 的计算

通常，工程上经常使用的轴有实心圆轴和空心圆轴两种，它们的极惯性矩与抗扭截面系数按如下公式计算。

1. 实心圆横截面

设直径为 D，则

$$I_P = \frac{\pi D^4}{32} \approx 0.1D^4 \qquad (2-3-10)$$

$$W_P = \frac{I_P}{R} = \frac{\pi D^3}{16} \approx 0.2D^3 \qquad (2-3-11)$$

2. 空心圆横截面

设外径为 D（半径为 R），内径为 d，$\alpha = d/D$，则式（2-3-10）可写成

$$I_P = \frac{\pi}{32}(D^4 - d^4) \approx 0.1D^4(1 - \alpha^4) \qquad (2-3-12)$$

式（2-3-11）可写成

$$W_P = \frac{I_P}{D/2} = \frac{\pi D^3}{16}(1 - \alpha^4) \approx 0.2D^3(1 - \alpha^4) \qquad (2-3-13)$$

三、圆轴扭转时的强度准则

为保证圆轴正常工作，应使危险截面上最大工作切应力τ_{max}不超过材料的许用切应力。由此得出圆轴扭转的强度准则为

$$\tau_{max} = \frac{T_{max}}{W_P} \leqslant [\tau] \tag{2-3-14}$$

对于阶梯轴，因为抗扭截面系数W_P不是常量，最大工作切应力不一定发生在最大扭矩所在的横截面上，所以要综合考虑扭矩和抗扭截面系数W_P，按这两个因素来确定最大切应力。

圆轴扭转时的许用切应力$[\tau]$值是根据试验确定的，可查阅有关设计手册获得。它与许用拉应力$[\sigma_1]$有如下关系。

塑性材料 $\qquad\qquad\qquad [\tau] = (0.5 \sim 0.6)[\sigma_1]$

脆性材料 $\qquad\qquad\qquad [\tau] = (0.8 \sim 1.0)[\sigma_1]$

应用扭转强度准则，可以解决圆轴强度计算的3类问题：校核强度、设计截面和确定许可载荷。

 做一做 3

汽车传动轴由45钢无缝钢管制成。已知$[\tau] = 60$ MPa，钢管的外径$D = 90$ mm，管壁厚$t = 2.5$ mm，轴所传动的最大扭矩$M = 1.5$ kN·m。试求：（1）校核传动轴的强度；（2）与同性能实心轴的重量比。

解：（1）校核强度。

$$\tau_{max} = \frac{T}{W_P} = \frac{M}{0.2D^3(1-\alpha^4)} = \frac{1.5 \times 10^6 \text{ N·mm}}{0.2D^3\left[1 - \left(\dfrac{D-2t}{D}\right)^4\right]}$$

代入数据后得：$\tau_{max} = 50.33$ MPa $< [\tau] = 60$ MPa，强度足够。

（2）设计实心轴直径D_1（两轴的最大工作切应力相等）。

$$\tau_{max} = \frac{T}{W_P} = \frac{T}{0.2D^3}$$

即

$$D_1 = \sqrt[3]{\frac{T}{0.2\tau_{max}}} = \sqrt[3]{\frac{1.5 \times 10^6 \text{ N·mm}}{0.2 \times 50.33 \text{ MPa}}} = 53.03 \text{ mm}$$

（3）两轴重量比。

$$\frac{G_{实心轴}}{G_{空心轴}} = \frac{A_1 l}{A_2 l} = \frac{D_1^2}{D^2 - d^2} = \frac{53.03^2}{90^2 - 85^2} = 3.21$$

显然，从力学角度来看，空心轴比实心轴节省材料，也是圆轴扭转时的合理横截面形状。

 做一做 4

某拖拉机输出轴的直径$d = 50$ mm，转速$n = 250$ r/min，许用切应力$[\tau] = 60$ MPa。试按强度准则计算该轴能传递的最大功率。

解：由$M_{max} = 9\,550\dfrac{P}{n}$，得

$$\tau_{max} = \frac{M_{max}}{W_P} = 9\,550\frac{P}{nW_P}$$

则
$$P = \frac{n W_P \tau_{max}}{9\,550} = 39.2 \text{ kW}$$

答：该轴能传递的最大功率为 39.2 kW。

步骤三　圆轴扭转时的变形及强度准则

 知识链接

一、圆轴扭转时的变形

当圆轴扭转时，任意两横截面产生的相对角位移称为扭转角，它是扭转变形量的度量。圆轴的扭转变形用横截面间绕轴线的相对转角，即扭转角来表示。

由式（2-3-6）可知，相距 dx 的两横截面间的扭转角为 $d\varphi = \frac{T}{GI_P}dx$。

所以，对于相距 L 的两横截面间的扭转角则为

$$\varphi = \int_L d\varphi = \int_L \frac{T}{GI_P}dx = \frac{TL}{GI_P} \tag{2-3-15}$$

式（2-3-15）就是等直圆轴扭转角的计算公式。扭转角 φ 的单位为弧度（rad），其转向与扭矩的转向相同，故扭转角的正负符号随扭矩的正负符号而定。

注意：对于阶梯轴，因为极惯性矩不是常量，所以最大单位长度扭转角不一定发生在最大扭矩所在的轴段上。要综合考虑扭矩和极惯性矩来确定最大单位长度扭转角。

由式（2-3-15）可以看出，在 T 和 L 一定的情况下，GI_P 越大，扭转角 φ 越小，说明圆轴的刚度越大，故 GI_P 称为横截面的**抗扭刚度**，它反映了材料和横截面的几何因素对扭转变形的抵抗能力。

根据扭转强度准则，可以解决刚度计算的 3 类问题，即校核刚度、设计截面和确定许可载荷。

二、圆轴扭转时的强度准则

当圆轴扭转时，不仅要满足强度准则，还应有足够的刚度，否则将会影响机械的传动性能和加工所要求的精度。工程上通常是限制单位长度的扭转角 θ，使它不超过规定的许用扭转角 $[\theta]$。单位长度的扭转角为

$$\theta = \frac{\varphi}{L} = \frac{T}{GI_P}$$

于是，建立圆轴扭转的强度准则为

$$\theta = \frac{T}{GI_P} \leqslant [\theta] \tag{2-3-16}$$

式中，θ 为单位长度的扭转角，rad/m。

在实际工程中，许用扭转角 $[\theta]$ 的单位为度/米（°/m），考虑单位的换算，则得

$$\theta = \frac{T}{GI_P} \times \frac{180°}{\pi} \leqslant [\theta] \tag{2-3-17}$$

单位长度的许用扭转角 $[\theta]$ 的数值通过机器的精度、工作条件等来确定，可查阅有关工程手册获得。

图 2 – 3 – 10 所示为阶梯轴，已知 $d_1 = 40$ mm，$d_2 = 55$ mm，$M_C = 1\,432.5$ N·m，$M_A = 620.8$ N·m，轴的单位长度许用扭转角 $[\theta] = 2°/\text{m}$，许用切应力 $[\tau] = 60$ MPa，剪切模量 $G = 80$ GPa。试校核轴的强度和刚度。

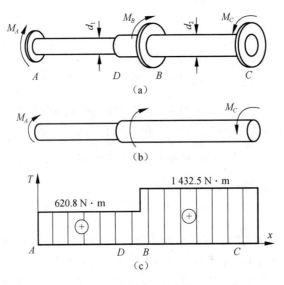

图 2 – 3 – 10　阶梯轴

解：（1）由阶梯轴的计算简图［见图 2 – 3 – 10（b）］绘制轴的扭矩图［见图 2 – 3 – 10（c）］，得出 AB，BC 段的扭矩。

$$T_{AB} = M_A = 620.8 \text{ N·m}, \quad T_{BC} = M_C = 1\,432.5 \text{ N·m}$$

（2）强度校核。

显然，在 AB 段上 AD 段各个截面是危险截面，其最大切应力为

$$\tau_{AD\max} = \frac{T_{AB}}{W_{PAD}} = \frac{620.8 \times 10^3 \text{ N·mm}}{0.2 \times 40^3 \text{ mm}^3} = 48.5 \text{ MPa}$$

BC 段的最大切应力为

$$\tau_{BC\max} = \frac{T_{BC}}{W_{PBC}} = \frac{1\,432.5 \times 10^3 \text{ N·mm}}{0.2 \times 55^3 \text{ mm}^3} = 43.05 \text{ MPa}$$

整个轴的最大切应力为

$$\tau_{\max} = \tau_{AD\max} = 48.5 \text{ MPa} < [\tau] = 60 \text{ MPa}$$

所以，轴的强度足够。

（3）刚度校核。

AD 段的单位长度扭转角为

$$\theta_{AD} = \frac{T_{AB}}{GI_{PAD}} \times \frac{180°}{\pi} = \frac{620.8 \text{ N·m} \times 180°}{80 \times 10^9 \text{ Pa} \times 0.1 \times 0.04^4 \text{ mm}^4 \times 3.14} = 1.738°/\text{m}$$

BC 段的单位长度扭转角为

$$\theta_{BC} = \frac{T_{BC}}{GI_{PBC}} \times \frac{180°}{\pi} = \frac{1\,432.5 \text{ N·m} \times 180°}{80 \times 10^9 \text{ Pa} \times 0.1 \times 0.055^4 \text{ mm}^4 \times 3.14} = 1.122°/\text{m}$$

因此，轴的最大单位长度扭转角为

$$\theta_{max} = \theta_{AD} = 1.737°/m < [\theta] = 2°/m$$

所以，轴的刚度足够。

 任务评价

任务评价表见表 2 – 3 – 1。

表 2 – 3 – 1　任务评价表

评价类型	权重	具体指标	分值	得分		
				自评	组评	师评
职业能力	65%	会进行圆轴扭转变形的受力分析	10			
		能进行外力偶矩的计算	15			
		能进行扭转变形的强度和刚度分析	40			
职业素养	20%	坚持出勤，遵守纪律	5			
		协作互助，解决难点	5			
		思维细致	5			
		提出改进优化方案	5			
劳动素养	15%	按时完成任务	5			
		工作岗位 6S 管理	5			
		小组分工合理	5			
综合评价	总分					
	教师点评					

任务小结

通过对本任务的学习，应掌握以下内容。

1. 扭转变形的受力和变形特点

扭转变形的受力特点是在垂直于杆件轴线的平面内，作用了一对大小相等、转向相反、作用面相互平行的外力偶矩；其变形特点是各横截面绕轴线相对转过一定的角度，纵向线发生倾斜，产生了扭转角 φ。

2. 圆轴扭转变形时横截面上切应力的分布规律

横截面上各点切应力与半径垂直，并且其值大小与该点到圆心的距离成正比，方向与扭矩的方向一致。

横截面上任意一点的切应力　　　　　$\tau_\rho = \dfrac{T\rho}{I_P}$

横截面上的最大切应力　　　　　　　$\tau_{max} = \dfrac{T_{max}}{W_P}$

3. 圆轴扭转变形的强度和强度准则

强度准则
$$\tau_{\max} = \frac{T_{\max}}{W_P} \leqslant [\tau]$$

强度准则
$$\theta_{\max} = \frac{T_{\max}}{GI_P} \times \frac{180°}{\pi} \leqslant [\theta]$$

注意：要综合考虑强度和强度准则时的实际应用。

任务拓展训练

1. 两根轴的直径 d 和长度 L 相同，而材料不同，在相同的扭矩作用下，它的最大切应力是否相同？为什么？

2. 轴的横截面上扭矩为 M_0，如图 2－3－11 所示。试画出图中各横截面上切应力的分布图。

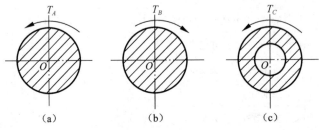

图 2－3－11　题 2 图

3. 当传递的功率不变时，增加轴的转速，轴的强度将（　　）。

A. 有所提高　　B. 有所削弱　　C. 没有变化　　D. 无法判定

4. 实心轴的直径与空心轴的外径相同时，抗扭截面系数大的是（　　）。

A. 空心轴　　B. 实心轴　　C. 一样大　　D. 无法判定

5. 如图 2－3－12 所示，求各轴横截面 Ⅰ—Ⅰ，Ⅱ—Ⅱ，Ⅲ—Ⅲ上的扭矩，并绘制扭矩图。

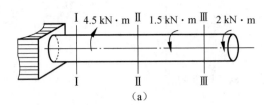

（a）

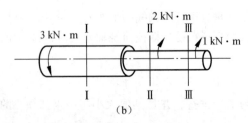

（b）

图 2－3－12　题 5 图

6. 如图 2－3－13 所示，已知 $M_1 = 5$ kN·m，$M_2 = 3.2$ kN·m，$M_3 = 1.8$ kN·m，$d_{AB} = 80$ mm，$d_{BC} = 50$ mm，求：（1）绘制该轴的扭矩图；（2）轴的最大切应力。

7. 题 6 中若 $AB = 200$ mm，$BC = 250$ mm，$G = 80$ GPa，求此轴的扭转角。

8. 圆轴的直径 $d = 50$ mm，转速 $n = 120$ r/min，若该轴的最大切应力 $\tau_{max} = 60$ MPa，试求该轴所能传递的功率是多大。

9. 如图 2-3-14 所示，已知 $P = 7.5$ kW，$n = 100$ r/min，轴的许用切应力 $[\tau] = 40$ MPa，空心圆轴的内外径之比 $\alpha = 0.5$。求实心轴的直径 d_1 和空心轴的外径 D_2。

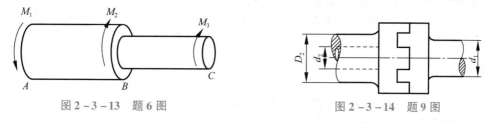

图 2-3-13　题 6 图　　　　　　　　　　　图 2-3-14　题 9 图

10. 在减速箱中，高速轴的直径大还是低速轴的直径大？为什么？

11. 直径相同、材料不同的两根等长实心圆轴，在相同扭矩的作用下，其最大切应力和扭转角是否相同？

12. 某钢制传动轴的转速 $n = 300$ r/min，传递的功率 $P = 60$ kW，轴的许用切应力 $[\tau] = 60$ MPa，材料的剪切模量 $G = 80$ GPa，轴的许用扭转角 $[\theta] = 0.5$ °/m，试按强度和刚度准则设计轴径。

任务四　分析平面弯曲的承载能力

参考学时：8学时

内容简介 NEWS!

弯曲变形是杆件常见的一种基本变形形式，本任务主要解决梁在平面弯曲时的内力计算，并学习其应力在横截面上的分布规律、强度准则。学习完本任务，在实际工作中，学生应能够在分析受力的基础上，合理地选择梁的截面形状并进行强度计算。

知识目标

（1）掌握平面弯曲的内力计算，以及绘制剪力图、弯矩图的方法。
（2）掌握纯弯曲应力的分布规律。
（3）掌握平面弯曲的强度计算。
（4）理解刚度计算。

能力目标

（1）掌握平面弯曲的内力计算，以及绘制剪力图、弯矩图的方法。
（2）能够判断危险截面的位置，会进行弯曲强度分析。
（3）理解提高弯曲梁强度的措施。

（1）培养学生分析问题、解决问题的能力。

（2）培养学生刻苦钻研、精益求精的探究精神。

（3）培养学生低碳、节能的绿色设计理念。

任务导入

图 2 – 4 – 1 所示为螺旋压板装置，已知 $a = 50$ mm，压板的许用弯曲应力 $[\sigma] = 140$ MPa，试计算压板给工件的最大允许压紧力 F。

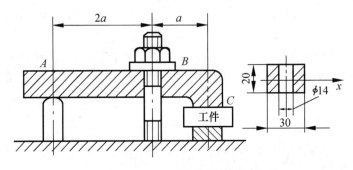

图 2 – 4 – 1　螺旋压板装置

任务实施

步骤一　平面弯曲的内力（剪力 F_Q、弯矩 M_C）计算

知识链接

弯曲变形是杆件常见的一种基本变形形式，如火车轮轴、车间行车、车刀、水泥梁、公路上的桥梁等受力后的变形，都是在外力的作用下使轴线发生了弯曲，这种形式的变形称为弯曲变形。图 2 – 4 – 2 所示为弯曲变形工程案例。

弯曲变形的受力特点是在通过杆轴线的平面内，受到力偶或垂直于轴线的外力（即横向力）作用。其变形特点是杆的轴线被弯成一条平面曲线。在外力作用下弯曲变形或以弯曲变形为主的杆件，习惯上称为梁。

如果梁有一个或几个纵向对称面（梁的轴线应为该纵向对称面内的一条平面直线，且该纵向对称面与各横截面的交线也是各横截面的对称轴），当作用于梁上的所有外力（包括横向外力、力偶、支座约束反力等）都位于梁的某一纵向对称面内时，使得梁的轴线由直线变为在纵向对称面内的一条平面曲线，这种弯曲变形就称为平面弯曲。

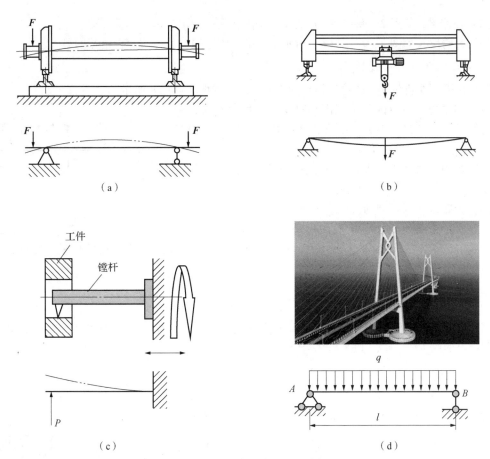

图 2 - 4 - 2　弯曲变形工程案例

（a）火车轮轴；（b）车间行车受力；（c）镗杆受力；（d）桥梁受力

一、常见梁的力学模型

1. 梁平面弯曲时的力学模型

在力学模型简化中，通常以梁的轴线表示梁，根据梁所受支座约束的不同，梁平面弯曲时的力学模型可以分为以下 3 种形式。

（1）简支梁，如图 2 - 4 - 3（a）所示，一端为活动铰链支座，另一端为固定铰链支座。

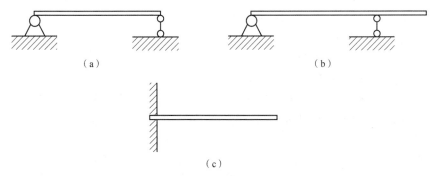

图 2 - 4 - 3　平面梁的基本形式

（a）简支梁；（b）外伸梁；（c）悬臂梁

（2）外伸梁，如图 2 - 4 - 3（b）所示，一端或两端伸出支座外的简支梁。

（3）悬臂梁，如图 2 - 4 - 3（c）所示，一端为固定端，另一端为自由端的梁。

2. 梁上载荷的简化形式

作用在梁上的载荷，一般可以简化为 3 种形式，如图 2 - 4 - 4 所示。

（1）**集中力**。当力的作用范围相对梁的长度很小时，可简化为作用于一点的集中力，如直齿圆柱齿轮上的径向力与圆周力、轴承的约束反力和车刀所受的切削力。

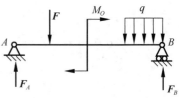

图 2 - 4 - 4　梁上载荷简化

（2）**集中力偶**。当力偶作用的范围远小于梁的长度时，可简化为作用在某一横截面上的集中力偶。

（3）**分布载荷**。当载荷连续分布在梁的全长或部分长度上时，形成分布载荷。分布载荷的大小用载荷集度 q 表示，单位为 N/m。沿梁的长度均匀分布的载荷称为**均布载荷**，如均质等截面梁的自重。均布载荷的载荷集度 q 为常数。

二、用截面法求剪力 F_Q 和弯矩 M_C

当作用在梁上全部的外力（包括载荷和支座约束反力）确定后，应用截面法可以求出任意一横截面上的内力。

做一做 1

图 2 - 4 - 5 所示为简支梁。试求其中各指定截面的弯矩。

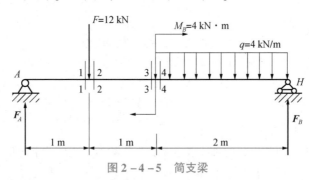

梁弯曲变形
时简支梁剪力
和弯矩的计算

图 2 - 4 - 5　简支梁

解：（1）求支座约束反力。设 F_A，F_B 方向向上，由 $\sum M_A = 0$ 及 $\sum M_B = 0$ 可求得

$$F_A = 10 \text{ kN}, \quad F_B = 10 \text{ kN}$$

（2）求指定截面的剪力和弯矩

$$M_1 = F_A \times 1 \text{ m} = 10 \text{ kN} \cdot \text{m} \qquad \text{（由 1—1 截面左侧计算）}$$
$$M_2 = F_A \times 1 \text{ m} - F \times 0 \text{ m} = 10 \text{ kN} \cdot \text{m} \qquad \text{（由 2—2 截面左侧计算）}$$
$$M_3 = F_A \times 2 \text{ m} - F \times 1 \text{ m} = 8 \text{ kN} \cdot \text{m} \qquad \text{（由 3—3 截面左侧计算）}$$
$$M_4 = F_B \times 2 \text{ m} - q \times 2 \text{ m} \cdot 1 \text{ m} = 12 \text{ kN} \cdot \text{m} \qquad \text{（由 4—4 截面右侧计算）}$$

做一做 2

如图 2 - 4 - 6（a）所示，已知悬臂梁 AB，长为 l，受均布载荷 q 的作用。求梁各横截面上的内力。

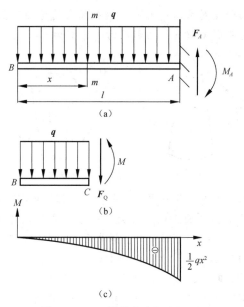

图 2 - 4 - 6　梁的内力及弯矩图

解： 由平衡方程得：$F_A = ql$，为了显示任意一横截面 $m—m$ 上的内力，假想在距梁的左端 B 为 x 处沿横截面 $m—m$ 将梁切开，分成左右两段，任取其中一段（如取左段梁）为研究对象，如图 2 - 4 - 6（b）所示。右段梁对左段梁的作用可以用横截面上的内力来代替。由于整根梁 AB 处于平衡，所以左段梁也应处于平衡。

由于外力 qx 有使左段梁沿竖直方向移动的趋势，根据左段梁的平衡可知，横截面 $m—m$ 上必有一个切于横截面的内力 F_Q，这种内力称为**剪力**。由静力平衡方程可得

$$\sum F_y = 0, \quad -qx - F_Q = 0$$

得　$F_Q = -qx$（$0 \leqslant x \leqslant l$）（此式称为**剪力方程**）。

显然，外力 qx 还有使梁绕横截面 $m—m$ 的形心 C 逆时针转动的趋势（剪力 F_Q 对点 C 的弯矩为 0），可见横截面上必然还有一个内力偶矩 M，这个内力偶矩称为**弯矩**。由静力平衡方程可得

$$\sum M_C = 0, \quad M + qx\frac{x}{2} = 0$$

即　$M = -\dfrac{1}{2}qx^2$（$0 \leqslant x \leqslant l$）（此式称为**弯矩方程**）。

由上述所得的剪力方程和弯矩方程，代入相应数据可以求得梁各横截面上的内力——剪力和弯矩。

由此可见，梁发生平面弯曲时，横截面上同时存在着两种内力——作用线切于横截面、通过横截面形心并在纵向对称面内的剪力 F_Q 和位于纵向对称面内的弯矩 M。

计算横截面 $m—m$ 上的剪力和弯矩时，也可取右段为研究对象（这时应首先由静力平衡条件求出约束反力 F_A 和约束反力偶 M_A），其求得的剪力和弯矩的大小与取左段为研究对象求得的剪力和弯矩大小相等、方向相反，它们是作用与反作用关系。

横截面上既有剪力又有弯矩的弯曲变形称为**剪切弯曲**（或**横力弯曲**）。有些情况下，梁的横截面上只有弯矩而没有剪力，称为**纯弯曲**。在工程上，一般梁的跨度 l 与横截面高度 h 之比 $l/h > 5$ 时，其剪力对强度和刚度的影响很小，可忽略不计，故只需考虑弯矩的影响，可近似地作为纯弯曲处理。因此，下面仅讨论有关弯矩的问题。

为了使以两段梁分别为研究对象求得的同一横截面上的弯矩不仅大小相等，而且正负号一致，特作如下规定：使梁弯曲成上凹下凸的形状时，弯矩为正；反之使梁弯曲成下凹上凸形状时，弯矩为负，如图2-4-7所示。

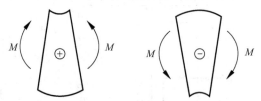

图2-4-7 弯矩符号的规定

根据上述弯矩正负号的规定及"做一做2"中弯矩方程可以看出，弯矩的计算有以下规律：若取梁的左段为研究对象，则横截面上的弯矩大小等于此截面左边梁上所有外力（包括力偶）对截面形心的矩的代数和，外力矩为顺时针时，横截面上的弯矩为正，反之为负。若取梁的右段为研究对象，则横截面上的弯矩大小等于此截面右边梁上所有外力（包括力偶）对截面形心的矩的代数和，外力矩为逆时针时，横截面上的弯矩为正，反之为负。

熟悉上述规律后，在实际运算中就不必用假想截面将梁截开，再用平衡方程去求弯矩，而可以直接利用上述规律求出任意截面上弯矩的值及其转向。

步骤二 利用剪力方程、弯矩方程绘制剪力图、弯矩图

一般情况下，梁横截面上的剪力和弯矩随横截面位置的变化而变化，若取梁的轴线为 x 轴，以坐标 x 表示截面的位置，则剪力和弯矩可以表示为 x 的连续函数，即

$$F_Q = F_Q(x)$$
$$M = M(x)$$

上述两式分别称为剪力方程和弯矩方程。

为了能够直观地表明梁上各横截面上的剪力和弯矩的大小及正负，通常把剪力方程和弯矩方程用图像表示，称为剪力图和弯矩图。以下详细介绍弯矩图。

做一做3

图2-4-8所示为简支梁的受力分析，已知 a，q，$M = 2qa^2$。试列出梁的弯矩方程。

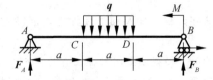

图2-4-8 简支梁的受力分析

解：（1）求约束反力。

$$\sum F_y = 0, \quad F_A + F_B = qa$$

$$\sum M_A = 0, \quad F_B \times 3a + M - qa \times 1.5a = 0, \quad 得 F_B = -\frac{1}{6}qa, \quad F_A = \frac{7}{6}qa$$

（2）建立弯矩方程。

在梁的 CD 段处有均布载荷作用，因此将梁分成 AC，CD 及 DB 三段分别建立弯矩方程。

AC 段：取左端为研究对象，有 $M_1 - F_A x_1 = 0$，$M_1 = F_A x_1$ $(0 \leqslant x_1 \leqslant a)$。

CD 段：取左端为研究对象，有 $M_2 = F_A x_2 - q \dfrac{(x_2 - a)^2}{2}$ $(a \leqslant x_2 \leqslant 2a)$。

DB 段：取右端为研究对象，有 $M_3 = -F_B x_3 + M$ $(0 < x_3 \leqslant a)$。

做一做 4

图 2 - 4 - 9（a）所示为简支梁 AB，在点 C 处受到集中力 F 作用，尺寸 a、b 和 l 均为已知。试绘制梁的弯矩图。

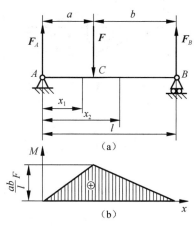

集中力作用剪力
弯矩图绘制

图 2 - 4 - 9　简支梁的受力图与弯矩图

解：（1）求约束反力。

$$\sum M_A = 0, \quad F_B l - Fa = 0, \quad F_B = \frac{a}{l}F$$

$$\sum M_B = 0, \quad Fb - F_A l = 0, \quad F_A = \frac{b}{l}F$$

（2）建立弯矩方程。

在梁的点 C 处有集中力 F 的作用，因此将梁分成 AC 和 BC 两段分别建立弯矩方程。

AC 段　　　　　　　$M - F_A x_1 = 0$，$M = F_A x_1 = \dfrac{b}{l}F x_1$ $(0 \leqslant x_1 \leqslant a)$

BC 段　　　　　　　$M - F_A x_2 + F(x_2 - a) = 0$

$M = F_A x_2 - F(x_2 - a) = \dfrac{b}{l}F x_2 - F x_2 + aF = \left(\dfrac{b}{l} - l\right)F x_2 + aF = -\dfrac{a}{l}F x_2 + aF$ $(a \leqslant x_2 \leqslant l)$

（3）绘制弯矩图。

两个弯矩方程均为直线方程，各段内先定出两点即可连出直线。当 $x_1 = 0$ 时，$M = 0$；当 $x_1 = a$ 时，$M = \dfrac{ab}{l}F$。当 $x_2 = a$ 时，$M = \dfrac{ab}{l}F$；当 $x_2 = l$ 时，$M = 0$。于是可作出弯矩图，如图 2 - 4 - 9（b）所示。

做一做 5

图 2 - 4 - 10（a）所示为简支梁 AB，在点 C 处受集中力偶 M_0 作用，尺寸 a，b 和 l 均为已知。试绘制梁的弯矩图。

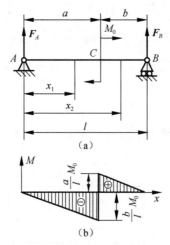

力偶作用剪力
弯矩图绘制

图 2-4-10　简支梁的受力图与弯矩图

解：（1）求约束反力。

$$F_A = F_B = \frac{M_0}{l}$$

（2）建立弯矩方程。

由于梁在点 C 处有集中力偶 M_0 作用，因此将梁分 AC 和 BC 两段分别建立弯矩方程。

AC 段　　　$M + F_A x_1 = 0$，　$M = -F_A x_1 = -\dfrac{M_0}{l} x_1$　$(0 \leqslant x_1 \leqslant a)$

BC 段　　　$M - M_0 + F_A x_2 = 0$，　$M = M_0 - F_A x_2 = M_0 - \dfrac{M_0}{l} x_2$　$(a \leqslant x_2 \leqslant l)$

（3）绘制弯矩图。

两个弯矩方程均为直线方程。当 $x_1 = 0$ 时，$M = 0$；当 $x_1 = a$ 时，$M = -\dfrac{a}{l} M_0$。当 $x_2 = a$ 时，$M = \dfrac{b}{l} M_0$；当 $x_2 = l$ 时，$M = 0$。于是可绘制梁的弯矩图，如图 2-4-10（b）所示。

做一做 6

图 2-4-11（a）所示为悬臂梁，在其上作用有均布载荷 $\boldsymbol{q}$。试绘制悬臂梁的弯矩图。

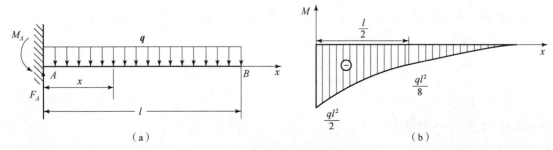

图 2-4-11　悬臂梁的受力图与弯矩图

解：（1）求约束反力

$$F_A = ql，\qquad M_A = \frac{ql^2}{2}$$

（2）建立弯矩方程

$$M = -\frac{1}{2}q(l-x)^2 \quad (0 \le x \le 1)$$

由以上计算结果可得绘制弯矩图的规律。

（1）梁受集中力或集中力偶作用时，弯矩图为直线，并且在集中力作用处，弯矩发生转折；在集中力偶作用处，弯矩发生突变，突变量为集中力偶的大小。

（2）梁受到均布载荷作用时，弯矩图为抛物线，且抛物线的开口方向与均布载荷的方向一致。

（3）梁的两端点若无集中力偶作用，则端点处的弯矩为0；若有集中力偶作用，则弯矩为集中力偶的大小。

利用上述规律绘制悬壁梁弯矩图，如图2-4-11（b）所示。

做一做7

使用规律绘制弯矩图（见图2-4-12），已知 $M = 3$ kN·m，$q = 3$ kN/m，$a = 2$ m。

解：（1）求 A，B 处支座约束反力。

$$F_A = 3.5 \text{ kN}, \quad F_B = 14.5 \text{ kN}$$

（2）绘制弯矩图。

AC 段：$q = 0$，$F_{QC} > 0$，直线，$M_C = 7$ kN·m。AC 段弯矩图为一条斜直线，最大值在点 C，$M_C = F_A a = 7$ kN·m。

CB 段：$q < 0$，抛物线，$F_Q = 0$，顶点处弯矩为6.04 kN·m（顶点即剪力为零处的点）。CB 段作用均布载荷，弯矩图为开口朝下的抛物线，点 C 作用力偶，弯矩图向下突变3 kN·m。

BD 段：$q < 0$，开口向下，$M_B = -6$ kN·m。BD 段作用均布载荷，弯矩图为开口朝下的抛物线，最大值在点 B，$M_B = -qa^2/2 = -6$ kN·m。

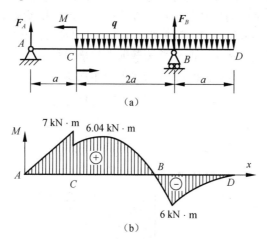

图2-4-12　使用规律绘制弯矩图

步骤三　计算梁纯弯曲时的强度

一、梁纯弯曲的概念

在梁的纵向对称面内，两端施加等值、反向的一对力偶；在梁的横截面上，只有弯矩而没有剪力，且弯矩为一常数，这种弯曲变形称为纯弯曲。

二、梁纯弯曲时横截面上的正应力

1. 变形特点

梁纯弯曲的变形特点：横向线仍为直线，只是相对变形前转过了一个角度，但仍与纵向线正交。纵向线弯曲成弧线，且靠近凹边的线缩短了，靠近凸边的线伸长了，而位于中间的一条纵向线既不缩短，也不伸长。

平面假设：梁纯弯曲后，其横截面仍为平面，且垂直于梁的轴线，只是绕截面上的某轴转动了一个角度。

如果设想梁是由无数层纵向纤维组成的，那么在纯弯曲时，由于横截面保持平面，因此纵向纤维从缩短到伸长是逐渐连续变化的，其中必定有一个既不缩短也不伸长的中性层（不受压又不受拉）。中性层是梁上拉伸区与压缩区的分界面。中性层与横截面的交线称为中性轴，如图 2 - 4 - 13 所示。梁纯弯曲时横截面是绕中性轴旋转的。

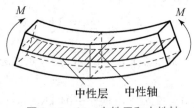

图 2 - 4 - 13　中性层和中性轴

2. 梁纯弯曲时横截面上正应力的分布规律

由平面假设可知，纯弯曲时梁横截面上只有正应力而无切应力。由于梁横截面保持平面，沿横截面高度方向纵向纤维从缩短到伸长是线性变化的，因此，横截面上的正应力沿横截面高度方向也是线性分布的。以中性轴为界，凹边是压应力，使梁缩短，凸边是拉应力，使梁伸长，横截面上同一高度各点的正应力相等，距中性轴最远点有最大拉应力和最大压应力，中性轴上各点正应力为零。图 2 - 4 - 14 所示为纯弯曲正应力的分布规律。

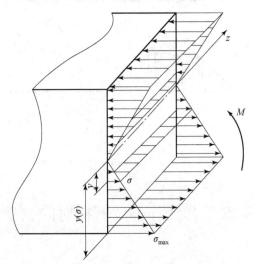

图 2 - 4 - 14　纯弯曲正应力的分布规律

3. 梁纯弯曲时正应力计算公式

在弹性范围内，梁纯弯曲时横截面上任意一点的正应力为

$$\sigma = \frac{My}{I_z}$$

式中，M 为横截面上的弯矩，$N \cdot mm$；y 为计算点到中性轴的距离，mm；I_z 为横截面对中性轴的惯性矩。

最大正应力为 σ_{max}

$$\sigma_{max} = \frac{My_{max}}{I_z} \tag{2 - 4 - 1}$$

即

$$\sigma_{max} = \frac{M}{W_z} \tag{2 - 4 - 2}$$

式中，W_z 为抗弯截面模量。

M 和 y 均以绝对值代入，至于弯曲正应力是拉应力还是压应力，应由欲求应力的点处是受拉侧还是受压侧来判断。受拉侧的弯曲正应力为正，受压侧为负。

4. 惯性矩和抗弯截面模量

横截面对中性轴的惯性矩表示横截面的几何性质，是一个仅与横截面形状和尺寸有关的几何量，不同的横截面相对于不同的中性轴有不同的惯性矩值。横截面对中性轴的抗弯截面模量是衡量横截面抗弯能力的几何量，不同的横截面相对于不同的中性轴有不同的抗弯截面模量。

各种截面的惯性矩和抗弯截面模量的计算公式可查阅设计手册，简单截面的惯性矩和抗弯截面模量计算公式见表 2 - 4 - 1。

表 2 - 4 - 1　简单截面的惯性矩和抗弯截面模量计算公式

截面形状			
惯性矩	$I_z = \dfrac{bh^3}{12}$ $I_y = \dfrac{hb^3}{12}$	$I_z = I_y = \dfrac{\pi D^4}{64} \approx 0.05D^4$	$I_z = I_y = \dfrac{\pi}{64}(D^4 - d^4)$ $\approx 0.05D^4(1 - \alpha^4)$ 式中，$\alpha = \dfrac{d}{D}$
抗弯截面模量	$W_z = \dfrac{bh^2}{6}$ $W_y = \dfrac{hb^2}{6}$	$W_z = W_y = \dfrac{\pi D^3}{32} \approx 0.1D^3$	$W_z = W_y = \dfrac{\pi D^3}{32}(1 - \alpha^4)$ $\approx 0.1D^3(1 - \alpha^4)$ 式中，$\alpha = \dfrac{d}{D}$

三、梁纯弯曲时的强度准则

梁内危险截面上的最大弯曲正应力不得超过材料的许用弯曲应力，即

$$\sigma_{max} = \frac{M}{W_z} \leqslant [\sigma] \tag{2 - 4 - 3}$$

式中，M 为危险截面处的弯矩，N·mm；W_z 为危险截面的抗弯截面模量，mm；$[\sigma]$ 为材料的许用应力，MPa。

应用式（2–4–3）可以进行 3 种运算：校核强度、设计截面和确定许可载荷。

 做一做 8

图 2–4–15（a）所示为汽车车轴，已知 $a = 310$ mm，$l = 1440$ mm，$F = 15.15$ kN，$[\sigma] = 100$ MPa，车轴的横截面为圆环形，外径 $D = 100$ mm，内径 $d = 80$ mm。试校核车轴的强度和绘制梁的弯矩图。

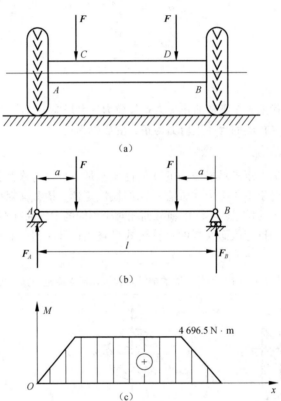

图 2–4–15　汽车车轴

解：（1）求支座约束反力。

由于梁所受载荷左右对称，所以支座反力为

$$F_A = F_B = F = 15.15 \text{ kN}$$

（2）绘制梁的弯矩图。

如图 2–4–15（c）所示，最大弯矩发生在 CD 段，其大小为

$$M_C = F_A a = 15.15 \times 10^3 \text{ N} \times 310 \text{ mm} = 4\,696.5 \times 10^3 \text{ N·mm}$$

（3）校核梁的强度。

危险截面的抗弯截面模量为

$$W_z = \frac{\pi D^3}{32}\left[1 - \left(\frac{d}{D}\right)^4\right]$$

计算得车轴的最大正应力 $\sigma_{\max} = 81$ MPa $< [\sigma] = 100$ MPa，所以，该车轴的强度足够。

图 2-4-16（a）所示为螺旋压板装置，已知 $a = 50$ mm，压板的许用弯曲应力 $[\sigma] = 140$ MPa，试计算压板给工件的最大允许压紧力 F 的大小。

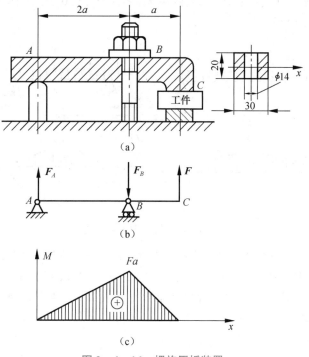

图 2-4-16　螺旋压板装置

解：（1）压板的受力分析。

将压板简化为外伸梁，受力图如图 2-4-16（b）所示。

（2）绘制压板的弯矩图。

压板弯矩图如图 2-4-16（c）所示。最大弯矩发生在 B 截面上，其值为

$$M_B = Fa$$

（3）确定许可载荷。

横截面 B 的抗弯截面模量 W_z 为

$$W_z = \left(\frac{30 \text{ mm} \times 20^2 \text{ mm}^2}{6 \text{ mm}} - \frac{14^3 \text{ mm}^3}{32 \text{ mm}} \right) \times 10^{-9} = 1.91 \times 10^{-6} \text{ m}^2$$

根据压板的强度准则 $\sigma_{\max} = Fa/W_z \leqslant [\sigma]$，可得

$$F \leqslant \frac{[\sigma] W_z}{a}$$

$$F \leqslant 5\,348 \text{ N}$$

所以压板给工件的最大压紧力不得超过 5 348 N，其方向与 F 相反。

四、提高梁强度的主要措施

从梁的弯曲正应力公式 $\sigma_{\max} = M/W_z$ 可知，梁的最大弯曲正应力与梁上最大弯矩 M 成正比，与抗弯截面模量 W_z 成反比，依据它们之间的关系，可以采用以下措施提高梁的强度，从而在满

足梁的抗弯能力前提下，尽量减少制造材料的消耗。

1. 降低最大弯矩数的措施

（1）合理安排梁的支承。在梁的尺寸和横截面形状已经设定的条件下，合理安排梁的支承，可以起到降低梁上最大弯矩的作用，同时也可缩小梁的跨度，从而提高梁的强度。如图 2 - 4 - 17（a）所示，均布载荷作用下的简支梁，若将两端支座各向内移动 $0.2l$ ［见图 2 - 4 - 17（b）］，梁上的最大弯矩只有原来的 1/5。

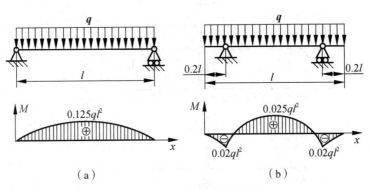

图 2 - 4 - 17　合理安排梁的支承

（2）合理布置载荷。当梁上的载荷大小一定时，合理布置载荷，可以减少梁上的最大弯矩，提高梁的强度。以简支梁承受集中力 **F** 为例 ［见图 2 - 4 - 18（a）］，集中力 **F** 的布置形式和位置不同，梁的最大弯矩明显减少。传动轴上齿轮靠近轴承安装 ［见图 2 - 4 - 18（b）］、运输大型设备的多轮板车 ［见图 2 - 4 - 18（c）］、吊车增加副梁 ［见图 2 - 4 - 18（d）］，均为简支梁上合理布置载荷，提高抗弯能力的实例。

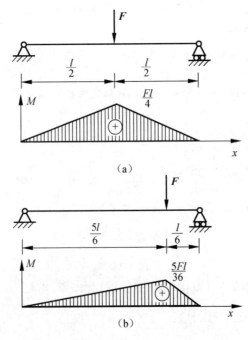

图 2 - 4 - 18　合理布置载荷

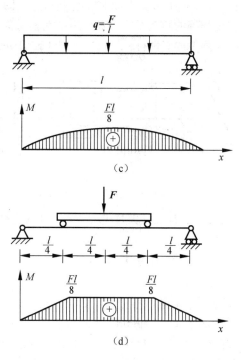

图 2 - 4 - 18　合理布置载荷（续）

2. 选择梁的合理横截面

梁的合理横截面应该使用较小的截面面积获得较大的抗弯截面模量。

几种常用横截面的 W_z/A 值见表 2 - 4 - 2。从表 2 - 4 - 2 可以看出，圆横截面 W_z/A 值最小，矩形次之，因此，它们的经济性不够好。从梁的弯曲正应力分布规律来看，在梁横截面的上、下边缘处正应力最大，而靠近中性轴附近正应力很小，因此，应尽可能使横截面面积分布距中性轴较远才能发挥材料的作用，而圆横截面恰恰相反，使很大一部分材料没有得到充分利用。

表 2 - 4 - 2　几种常用横截面的 W_z/A 值

	圆形	矩形	环形	槽形	工字形
横截面形状					
$\dfrac{W_z}{A}$	$0.125h$	$0.167h$	$0.205h$	$(0.27 \sim 0.31)h$	$(0.27 \sim 0.31)h$

为充分利用材料，使横截面各点处的材料尽可能地发挥其作用，可将实心圆横截面改成面积相同的空心圆横截面，从而大大提高其抗弯强度。同样，对于矩形横截面，将其中性轴附近的面积挖掉，放在离中性轴较远处［见图 2 - 4 - 19（a）］，就变成了工字形横截面。这样，材料的使用就趋于合理，提高了经济性。例如，活络扳手的手柄、铁轨、吊车梁等都是工字形横截面。

根据材料性能选择横截面，横截面形状应与材料特性相适应。图 2 - 4 - 19 所示为梁的各种横截面。对抗拉强度和抗压强度相等的塑性材料，宜采用中性轴对称的横截面，如圆形、矩形、工字形等。对抗拉强度小于抗压强度的脆性材料，宜采用中性轴偏向受拉一侧的横截面形状。

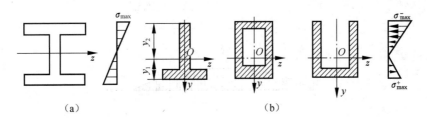

图 2 - 4 - 19　梁的各种横截面

若 y_1 和 y_2 之比接近于下列关系，那么最大拉应力和最大压应力便可同时接近许用应力。

$$\frac{\sigma_{\text{lmax}}}{\sigma_{\text{ymax}}} = \frac{y_1}{y_2} = \frac{[\sigma]_1}{[\sigma]_y}$$

3. 采用等强度梁

等截面梁在弯曲时各横截面的弯矩是不相等的，如果以最大弯矩来确定横截面尺寸，则除弯矩最大的横截面外，其余横截面的应力均低于弯矩最大的横截面，这时材料就没有得到充分利用。为了减轻梁的自重，并充分发挥单位材料的抗弯能力，可使梁横截面沿轴线变化，以达到各横截面上的最大正应力都近似相等，这种梁称为等强度梁。但等强度梁形状复杂，不便于制造，所以在实际工程中往往制成与等强度梁相近的变截面梁，如摇臂钻的摇臂 AB ［见图 2 - 4 - 20 (a)］、汽车板簧［见图 2 - 4 - 20 (b)］、变截面的阶梯轴［见图 2 - 4 - 20 (c)］等。

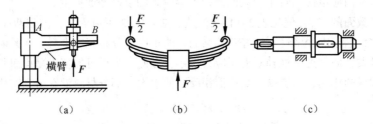

图 2 - 4 - 20　等强度梁的工程实例

 任务评价

任务评价表见表 2 - 4 - 3。

表 2 - 4 - 3　任务评价表

评价类型	权重	具体指标	分值	得分		
				自评	组评	师评
职业能力	65%	会进行平面弯曲的受力分析	15			
		能正确绘制弯矩图	25			
		能进行平面弯曲强度分析	25			

评价类型	权重	具体指标	分值	得分		
				自评	组评	师评
职业素养	20%	坚持出勤，遵守纪律	5			
		协作互助，解决难点	5			
		思维细致	5			
		提出改进优化方案	5			
劳动素养	15%	按时完成任务	5			
		工作岗位 6S 管理	5			
		小组分工合理	5			
综合评价	总分					
	教师点评					

 任务小结

通过对本任务的学习，应掌握以下内容。

1. 直梁平面弯曲的受力与变形特点

外力作用于梁的纵向对称平面，梁的轴线弯成一条平面曲线。静定梁常见的力学模型是简支梁、外伸梁和悬臂梁。

2. 弯曲的内力——剪力和弯矩

任意横截面的剪力等于该截面左段梁或右段梁上外力的代数和。任意横截面的弯矩等于该截面左段梁或右段梁上外力对截面形心力矩的代数和；左段梁上顺时针转向或右段梁上逆时针转向的外力矩产生正值弯矩，反之产生负值弯矩。可简述为

$$F_Q(x) = 横截面左（或右）段梁上外力的代数和，左上右下为正$$
$$M(x) = 横截面左（或右）段梁上外力矩的代数和，左顺右逆为正$$

3. 剪力图和弯矩图

剪力图、弯矩图是分析梁危险截面的重要依据。正确、熟练地绘制剪力图、弯矩图是本任务的重点和难点。列剪力方程、弯矩方程是绘制剪力图、弯矩图的基本方法。应用内外力变化规律绘制剪力图、弯矩图比较简便。利用 $M(x)$，$F_Q(x)$，$q(x)$ 间的微分关系可检查剪力图、弯矩图的画法是否正确。

4. 直梁纯弯曲

由平面假设可知，梁的每个横截面都绕其自身中性轴转动了一个角度，中性轴穿过横截面的形心。有一层既不伸长又不缩短的中性层，其上下两侧的一侧纵向纤维拉长，另一侧纵向纤维缩短。要熟悉中性层的应力分布规律及强度计算。

1. 什么情况下梁发生平面弯曲？

2. 求任意横截面剪力、弯矩时，横截面为什么不能取在集中力或集中力偶作用处，而是取在集中力或集中力偶作用处的附近？

3. 在集中力作用处，剪力图有突变，弯矩图有折点，是否说明内力在该点处不连续，无法确定该点处的内力？

4. 如图 2-4-21 所示，已知各梁的 F，q，l，a，求各梁指定截面上的弯矩。

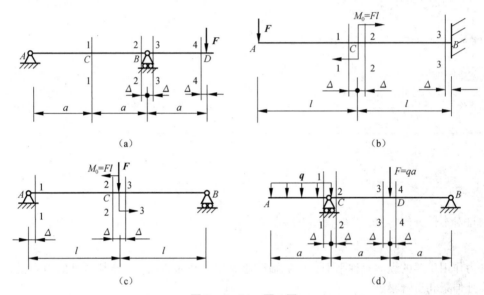

（a）　　　　　　　　　　（b）

（c）　　　　　　　　　　（d）

图 2-4-21　题 4 图

5. 如图 2-4-22 所示，已知各梁的 F，q，l，a，M_0，绘制梁的剪力图和弯矩图，并求最大剪力和最大弯矩。

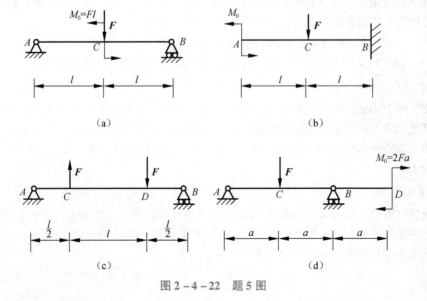

（a）　　　　　　　　　　（b）

（c）　　　　　　　　　　（d）

图 2-4-22　题 5 图

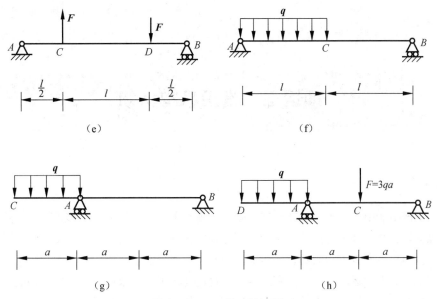

（e）　　　　　　　　　（f）

（g）　　　　　　　　　（h）

图 2 - 4 - 22　题 5 图（续）

6. 图 2 - 4 - 23 所示为空心圆横截面外伸梁，已知 $M_0 = 1.2$ kN · m，$l = 300$ mm，$a = 100$ mm，$D = 60$ mm，许用应力 $[\sigma] = 120$ MPa。试按正应力强度准则设计内径。

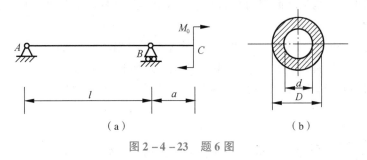

（a）　　　　　　　　　（b）

图 2 - 4 - 23　题 6 图

项目三 常用机构认知

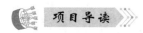 项目导读

在日常生产生活中，人类为了减小劳动强度，提高生产率，使用了许多机器。虽然这些机器的类型多种多样，结构和用途也不尽相同，但是构成各种机器的机构类型却是非常有限的，即便不同种类的机器，也可以由相同的机构组成。因此，本项目以组成机器的几种常用机构为研究对象，分析其工作原理和运动特点，研究为满足一定运动和工作要求而设计这些机构的方法。具体内容主要包括两个方面：一方面是机构的结构分析，从分析机构的组成入手，研究机构的组成情况对其运动的影响，以及机构运动简图的绘制方法，为研究现有机构和创造新机构打下基础；另一方面是常用机构及其设计，从分析几种常用机构的工作原理和运动特点入手，研究根据给定运动和传力要求设计机构运动简图的基本方法。这里不涉及构件的强度计算、材料选择和结构形状设计等问题。

本项目内容是研究现有机构的运动、工作性能及设计新机构的基础知识。通过对本项目的学习，应使学生在掌握机构基本研究方法的基础上，熟练掌握平面连杆机构、凸轮机构、间歇运动机构等常用机构的工作原理、运动特点及设计的基本方法和基本技能。

绘制平面机构的运动简图及计算机构自由度

 参考学时：4学时

内容简介

机构由若干个构件组成，但若干个构件不一定组成机构，所以构件的组合体必须具备一定的条件才能组成机构。机构按其运动空间分为以下两种。

（1）平面机构：所有构件都在同一平面或相互平行的平面内运动。

（2）空间机构：各构件不在同一平面或相互平行的平面内运动。

实际的机构往往形状很复杂，为了便于分析，通常用简单的线条和符号来表示机构中的构件和运动副，绘制机构运动简图来表示实际机构。本任务主要讨论平面机构运动简图的绘制方法和机构具有确定相对运动的条件，为分析现有机构和创造新机构打下理论基础。

知识目标

(1) 掌握平面机构运动简图的绘制。
(2) 掌握平面机构具有确定相对运动的条件。
(3) 掌握运动副的概念及自由度的计算。

能力目标

能够判定机构设计得是否合理。

素质目标

(1) 通过各种运动副分析，增强学生的思辨能力。
(2) 通过绘制机构运动简图，培养学生的空间想象力及严谨细致的分析能力。

任务导入

图 3 – 1 – 1 所示为挖土机示意图，已知原动构件为三个液压缸的活塞杆且 $W = 3$，试分析该机构运动是否确定，设计方案是否合理。

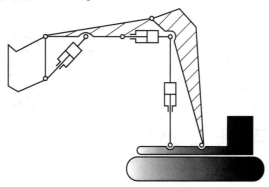

图 3 – 1 – 1　挖土机示意图

任务实施

步骤一　认识运动副

知识链接

一、运动副

平面运动副

1. 构件的自由度

构件所具有的独立运动的数目称为构件的自由度。如图 3 – 1 – 2 所示，在 XOY 坐标系中，一个做平面运动的自由构件，其运动可以分解为沿 X 轴和 Y 轴方向的移动及在平面内的转动 3 个独立运动。由此可见，一个做平面运动的自由构件有 3 个自由度，这 3 个自由度可以用 3 个独立参数 x，y 和角度 φ 表示。

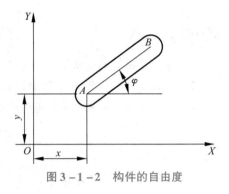

图 3 – 1 – 2　构件的自由度

2. 运动副

与自由构件不同，机构的各个构件以一定的方式连接且可以产生一定的相对运动。这种使两构件直接接触且能产生一定相对运动的连接称为运动副。运动副限制了两构件之间的某些独立运动，这种限制称为约束。

二、运动副的分类

通常两构件的接触形式有点、线和面 3 种。根据接触形式的不同，平面运动副可分为低副和高副。

1. 低副

两构件通过面接触组成的运动副称为低副。根据两构件间相对运动形式的不同，常见的平面低副有转动副和移动副两种。

（1）转动副。转动副又称回转副或铰链，是指两构件间只能产生相对转动的运动副。图 3 – 1 – 3 所示为固定铰链，图 3 – 1 – 4 所示为活动铰链（中间铰链）。

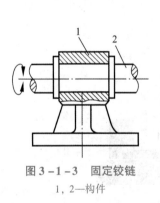

图 3 – 1 – 3　固定铰链

1，2—构件

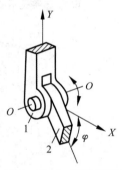

图 3 – 1 – 4　活动铰链

1，2—构件

（2）移动副。两构件间只能产生相对移动的运动副称为移动副，如图 3 – 1 – 5 所示。

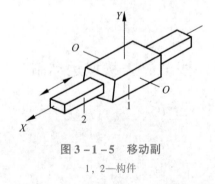

图 3 – 1 – 5　移动副

1，2—构件

低副接触表面一般为平面和圆柱面，其制造容易、承载能力强、耐磨损。一个低副会带来 2 个约束，保留 1 个自由度。

2. 高副

两构件通过点或线接触组成的运动副称为高副。图 3 – 1 – 6 所示为凸轮与尖顶推杆的点接触，图 3 – 1 – 7 所示为轮齿之间的线接触，它们分别以点、线接触构成高副。

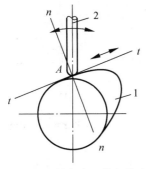

图 3 – 1 – 6　凸轮与尖顶推杆的点接触

1—凸轮；2—从动件

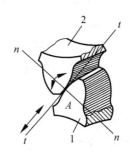

图 3 – 1 – 7　轮齿之间的线接触

1，2—齿轮轮齿

高副是点或线接触，因此承载能力差，容易磨损，同时由于高副的接触面多为曲面，因而制造比较困难。但是高副接触部分的几何形状可有多种，能完成比较复杂的运动。一个高副会带来 1 个约束，保留 2 个自由度。

步骤二　分析运动副及构件的表示方法

知识链接

一、平面机构运动简图的概念

实际构件的外形和结构往往很复杂，在研究机构的运动时，为了简化问题，突出与运动有关的因素，如运动副的类型、数目、相对位置、构件数目等，撇开实际机构中与运动无关的因素，如构件外形、截面尺寸、组成构件的零件数目、运动副的具体构造等，仅用简单的线条和符号表示实际的构件和运动副，并按一定比例关系绘制出各运动副之间的相对位置。这种说明机构各构件间相对运动关系的简单图形称为**机构运动简图**。

对机构运动简图的基本要求是能清楚地表达机构的结构组成、能准确地反映与原机构完全相同的运动特性。有时只是为了表达机构的结构组成，也可以不严格按比例绘制简图，通常把这种简图称为机构示意图。部分常用机构运动简图图形符号见表 3 – 1 – 1，其他常用零部件的表示方法可参看国家标准《机械制图　机构运动简图用图形符号》（GB/T 4460—2013）。

表 3 – 1 – 1　部分常用机构运动简图图形符号

名称	符号	名称	符号
固定构件	///////// ⊿	内啮合圆柱齿轮机构	
两副元素构件			

名称	符号	名称	符号
三副元素构件		齿轮齿条机构	
转动副		圆锥齿轮机构	
移动副		蜗杆蜗轮机构	
平面高副		带传动	 或
凸轮机构			
棘轮机构	外啮合 内啮合		
外啮合圆柱齿轮机构		链传动	

二、构件的分类

机构中构件按其运动性质可分为 3 类。

（1）机架：机构中固定不动的构件，主要用来支承其他可动构件，如机床的床身、活塞的缸体等。

（2）原动件：给定已知运动规律的活动构件，如柴油机中的活塞。原动件的运动是外界输入的，因此又称输入构件，在机构运动简图或示意图中，标上箭头来表示原动件。

（3）从动件：在机构中随着原动件运动的可动构件。当从动件输出运动或实现机构的功能时，称为执行构件。

步骤三　绘制平面机构运动简图

下面通过工程实例介绍绘制平面机构运动简图的一般步骤。

做一做1

图3-1-8（a）所示为偏心轮机构模型，试绘制其运动简图。

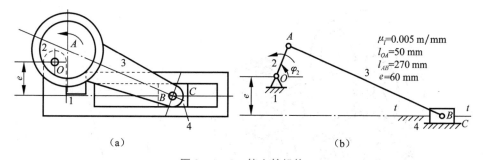

（a）　　　　　　　　　　　　（b）

图3-1-8　偏心轮机构

（a）偏心轮机构模型；（b）偏心轮机构运动简图

1—机架；2—偏心轮；3—连杆；4—滑块

解：（1）确定机构中构件的数目及类型。分析机构的组成和运动，从原动件开始按传动路线逐个分出各运动单元（构件），确定机构的构件数目，进而确定原动件、执行构件、机架及各从动件，并依次将各构件标上数字编号。

在图3-1-8（a）所示的偏心轮机构模型中，构件1为机架，偏心轮2为原动件，在偏心轮带动下，通过连杆3使滑块4在水平导路中移动，连杆和滑块均为从动件，滑块为执行构件。

（2）确定运动副的类型和数目。从原动件开始，仍按传动路线，根据直接接触的两构件的连接方式和相对运动情况，确定运动副的种类和数目，并标注上相应的字母符号。

在图3-1-8（a）中，偏心轮2相对于机架1绕中心O转动，O为转动副；偏心轮2又与连杆3的大端绕点A相对转动，A也是转动副；连杆3的小端与滑块4相连，两者绕点B相对转动，B也是转动副；滑块4在机架的水平导路中移动，与机架组成移动副C。

（3）选择视图平面及机构瞬时作图位置。在绘制平面机构运动简图时，一般将与各个构件运动平面平行的平面作为视图平面，且要确定机构的瞬时作图位置，因为机构在运动时是无法绘制其运动简图的。

图3-1-8（a）所示的偏心轮机构模型为平面机构，故选构件的运动平面为视图平面，并以图中所示位置为机构的作图位置。

（4）选择比例尺，绘制平面机构运动简图。根据机构实际尺寸及图纸大小，以能够清晰表达机构运动为目的，选择适当比例尺。选择比例尺的方法为

$$\mu_l = \frac{\text{实际长度}}{\text{图示长度}} \quad \text{m/mm 或 mm/mm}$$

本例题选择 $\mu_l = 0.005$ m/mm，即图上每 1 mm 长度代表实际 0.005 m 长度。

测量运动副之间的距离和移动副导路的位置、尺寸或高度，即测量机构的运动尺寸；按比例在图纸上确定各运动副之间的相对位置，如转动副的中心、移动副导路的方位、平面高副的轮廓（组成高副的两构件在该瞬时接触点的曲率中心位置及曲率半径大小）等，并用规定的符号画出运动副；将位于同一构件的运动副用简单的线条连接，机架打上斜线表示，原动件上标注表达运动方向的箭头；标注绘图比例 μ_l 和机构的实际运动尺寸，完成平面机构运动简图。

图 3-1-8（b）所示为偏心轮机构运动简图，量得转动副 O 与 A 的中心距 $l_{OA} = 50$ mm；转动副 A 与 B 的中心距 $l_{AB} = 270$ mm；移动副 C 的导路 $t—t$ 为水平方向，它与转动副 O 的偏距为 $e = 60$ mm。

🔄 **做一做 2**

试绘制图 3-1-9（a）所示颚式破碎机模型的机构示意图。

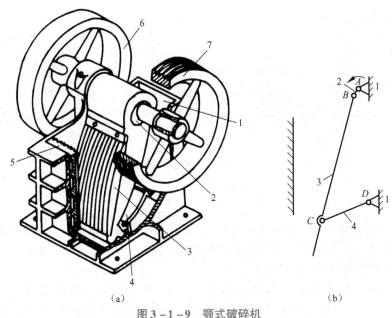

（a）   （b）

图 3-1-9　颚式破碎机
（a）颚式破碎机模型；（b）颚式破碎机示意图
1—机架；2—偏心轴；3—动颚板；4—肘板；5—定颚板；6，7—带轮

解：（1）确定机构中构件的数目及类型。颚式破碎机由机架 1、偏心轴 2、动颚板 3、肘板 4 和定颚板 5 五个构件组成。偏心轴是原动件，动颚板和肘板是从动件。当偏心轴在与它固连的带轮 7 带动下绕轴线 A 转动时，驱使动颚板 3 作平面运动，从而将矿石粉碎。

（2）确定运动副的类型和数目。偏心轴 2 与机架 1 组成转动副 A，动颚板 3 与偏心轴 2 组成转动副 B，肘板 4 与动颚板 3 组成转动副 C，肘板 4 与机架 1 组成转动副 D。整个机构有 4 个转动副。

（3）选择视图平面及机构瞬时作图位置。选择与各个构件运动平面相平行的平面作为视图平面，并以图 3-1-9（b）所示位置为机构的作图位置。

（4）绘制机构示意图。

用规定的符号画出运动副，将同一构件上的运动副用简单的线条连接，绘出机构示意图，如图 3-1-9（b）所示。

步骤四　判定机构具有确定相对运动的条件

一、平面机构的自由度计算公式

如本任务步骤一中所述，一个做平面运动的自由构件具有 3 个自由度，当 2 个构件组成运动副以后，它们的相对运动就受到约束。每个低副会带来 2 个约束，保留 1 个自由度；每个高副会带来 1 个约束，保留 2 个自由度。若一个机构中，有 n 个做平面运动的活动构件、有 P_L 个低副、有 P_H 个高副，那么在没有组成运动副之前，共有 $3n$ 个自由度，而机构中带来的约束为 $(2P_L + P_H)$ 个，则剩下的就是机构的自由度 F，即

平面机构
自由度的计算

$$F = 3n - 2P_L - P_H \tag{3-1-1}$$

二、机构具有确定相对运动的条件

机构要能运动，它的自由度必须大于零。机构的自由度代表机构具有的独立运动数。通常每个原动件只具有 1 个独立运动，如内燃机的活塞。因此，当机构的自由度为 1 时，只需有 1 个原动件；当机构的自由度为 2 时，则需有 2 个原动件。故机构的自由度必定与原动件的数目相等，这就是平面机构具有确定相对运动的条件。

如图 3-1-10（a）所示，在五杆机构中，原动件为 1，机构的自由度 F 为 2。由于原动件数小于自由度数，显然，当给定原动件 1 的位置角 φ_1 时，从动件 2，3，4 的位置会出现图中不确定现象，只有给定 2 个原动件，机构才能获得确定的相对运动。

如图 3-1-10（b）所示，在三杆机构中，机构的自由度为 0，它的各构件间不可能产生相对运动。

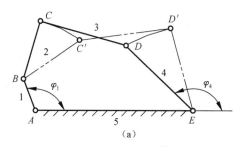

图 3-1-10　机构

（a）自由度为 2；（b）自由度为 0

综上所述，机构具有确定相对运动的条件是机构的自由度 F 等于原动件数 W，且自由度必须大于零。该条件可表示为

$$W = F = 3n - 2P_L - P_H > 0$$

 做一做 3

图 3-1-11 所示为唧筒机构，试计算它的自由度。

解：如图 3-1-11 所示，在唧筒机构中，活动构件 $n = 3$，转动副 3 个，移动副 1 个，没有高副，则 $P_L = 4$，$P_H = 0$。代入式（3-1-1）得

$$F = 3n - 2P_L - P_H = 3 \times 3 - 2 \times 4 - 0 = 1$$

由原动件数 $W=1$，故该机构具有确定的相对运动。

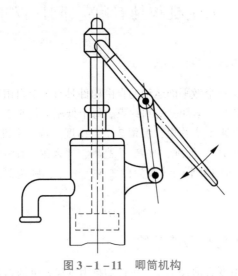

图 3 - 1 - 11　唧筒机构

唧筒机构
组成运动

三、计算平面机构自由度的注意事项

平面机构中有几种特殊情况，在计算自由度时应加以注意。

1. 复合铰链

两个以上的构件在同一处形成的转动副称为复合铰链。图 3 - 1 - 12（a）所示机构会被误认为 1 个转动副，若观察另一个视图 [见图 3 - 1 - 12（b）]，可以看到这 3 个构件在此处形成了 2 个转动副。通常，在计算自由度时，由 K 个构件组成的复合铰链包含的转动副数目应为（$K-1$）个。

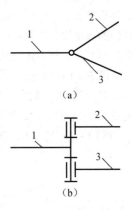

图 3 - 1 - 12　复合铰链

 做一做 4

如图 3 - 1 - 13 所示，计算机构的自由度。

解：如图 3 - 1 - 13 所示，在机构中，活动构件 $n=5$，在点 C 处形成复合铰链，此处转动副的个数为 2，转动副共 6 个，移动副 1 个，没有高副，则 $P_L=7$，$P_H=0$，代入式（3 - 1 - 1）得

$$F = 3n - 2P_L - P_H = 3 \times 5 - 2 \times 7 - 0 = 1$$

由原动件数 $W=1$，故该机构具有确定的相对运动。

复合铰链、局部
自由度存在
自由度计算

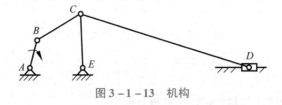

图 3 - 1 - 13　机构

2. 局部自由度 F'

在机构中，常出现一种不影响整个机构运动、局部的独立运动，称为局部自由度。在计算机构的自由度时应将局部自由度去掉。如图 3 - 1 - 14 所示，滚子转动与否、转动的快慢不会影响

整个机构的运动。局部自由度虽然不会影响整个机构的运动，但滚子可以使接触处的滑动摩擦变为滚动摩擦，减少磨损。

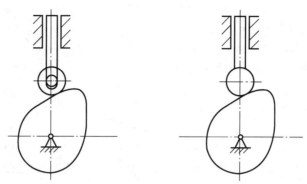

图 3-1-14　局部自由度

如图 3-1-14 所示，在计算机构的自由度时，一般有两种解法。

解法一：去掉机构的局部自由度 F'。

$$F = 3n - 2P_L - P_H - F'$$
$$= 3 \times 3 - 2 \times 3 - 1 - 1 = 1$$

解法二：把滚子和从动件固连在一起作为一个构件来考虑。

$$F = 3n - 2P_L - P_H$$
$$= 3 \times 2 - 2 \times 2 - 1 = 1$$

3. 虚约束

在运动副引入的约束中，与别的约束起着相同作用的约束，称为虚约束。它对机构的运动不起任何限制作用，在计算机构的自由度时应该去掉。

平面机构中常见的虚约束如下。

（1）两构件构成多个导路平行的移动副，其中只有一个移动副起约束作用，其余都为虚约束，如图 3-1-15 所示。

（2）两构件组成多个轴线互相重合的转动副，其中只有一个转动副起约束作用，其余都为虚约束。

（3）机构中存在对传递运动不起独立作用的对称部分是虚约束，如图 3-1-16 所示。

虚约束存在
自由度计算

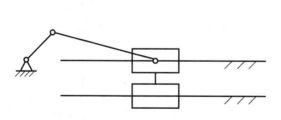

图 3-1-15　多个导路形成的虚约束

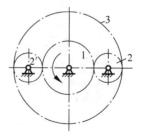

图 3-1-16　对称结构的虚约束

做一做 5

如图 3-1-17（a）所示，试计算机构的自由度，并判定它是否有确定的相对运动。

解：机构中的滚子有一个局部自由度，顶杆和机架在 E 和 E' 形成 2 个移动副，其中 1 个为虚约束，点 C 处是复合铰链。现将滚子和顶杆焊成一体，去掉移动副 E'，点 C 处的转动副有 2 个，如图 3 – 1 – 17（b）所示，由此得：$n = 7$，$P_\mathrm{L} = 9$，$P_\mathrm{H} = 1$，其机构的自由度为

$$F = 3n - 2P_\mathrm{L} - P_\mathrm{H} = 3 \times 7 - 2 \times 9 - 1 = 2$$

机构的原动件数为 2，故此机构相对运动确定。

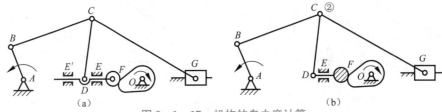

图 3 – 1 – 17　机构的自由度计算

四、计算平面机构自由度的实用意义

1. 判定平面机构的运动设计方案是否合理

通过计算平面机构自由度，可以判断机构的运动设计方案是否合理。

2. 修改设计方案

（1）当 $F = 0$ 时，增加 1 构件带进 1 平面低副。

（2）当 F 小于或大于原动件数目时，增加 1 构件带进 1 平面低副，或增加原动件数目。

3. 判定平面机构运动简图是否正确

通过计算平面机构自由度，可以判定机构运动简图是否正确。

做一做 6

图 3 – 1 – 18（a）所示为简易冲床的设计图。试分析机构的运动设计方案是否合理，如不合理，则绘出修改后的机构运动简图。

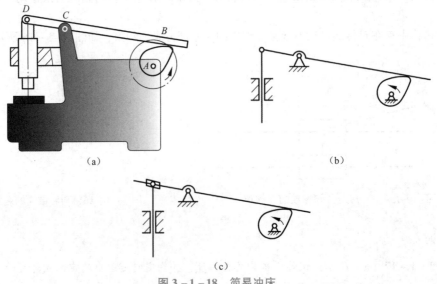

图 3 – 1 – 18　简易冲床

解：绘制机构的运动简图，如图 3 - 1 - 18（b）所示，其自由度为

$$F = 3n - 2P_L - P_H = 3 \times 3 - 2 \times 4 - 1 = 0$$

上述结果说明机构的运动设计方案不合理。要使其相对运动确定，应在此机构中增加 1 构件，带进 1 个平面低副，如图 3 - 1 - 18（c）所示，其自由度为

$$F = 3n - 2P_L - P_H = 3 \times 4 - 2 \times 5 - 1 = 1$$

此时，原动件的数目等于自由度数目，机构相对运动确定。

任务评价

任务评价表见表 3 - 1 - 2。

表 3 - 1 - 2　任务评价表

评价类型	权重	具体指标	分值	得分		
				自评	组评	师评
职业能力	65%	会分析运动副类型	15			
		能简化平面机构的运动简图	25			
		能计算平面机构自由度并判定相对运动是否确定	25			
职业素养	20%	坚持出勤，遵守纪律	5			
		协作互助，解决难点	5			
		按照流程规范简化	5			
		持续改进优化	5			
劳动素养	15%	按时完成任务	5			
		工作岗位 6S 管理	5			
		小组分工合理	5			
综合评价	总分					
	教师点评					

任务小结

通过对本任务的学习，应掌握运动副的概念及类型、平面机构运动简图的绘制、平面机构的自由度计算及应注意的问题、平面机构具有确定相对运动的条件，并能够在绘制平面机构运动简图后，对于绘制是否合理做出判别。

任务拓展训练

1. 如图 3 - 1 - 19 所示，试绘制各机构的机构示意图。

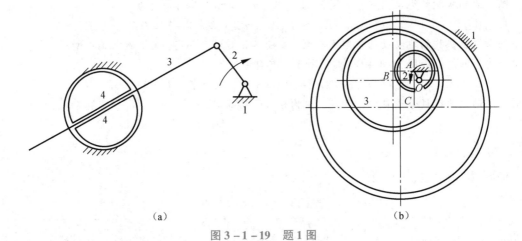

（a）

（b）

图 3 - 1 - 19　题 1 图

2. 如图 3 - 1 - 20 所示，试绘制各机构的运动简图（运动尺寸在图 3 - 1 - 20 上量取）。

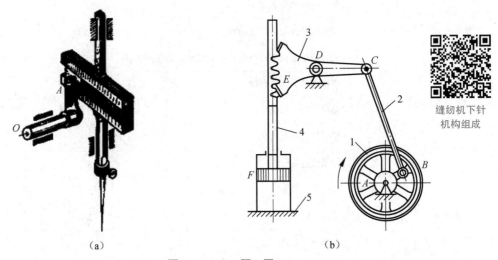

缝纫机下针
机构组成

（a）

（b）

图 3 - 1 - 20　题 2 图

1—带轮；2—连杆；3—扇形齿条；4—活塞；5—机架

3. 如图 3 - 1 - 21 所示，计算机构的自由度，并判定机构是否具有确定的相对运动。

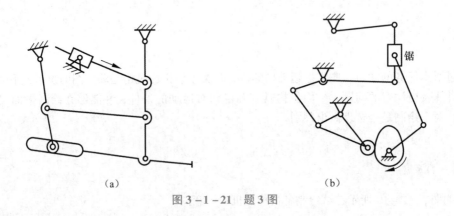

（a）

（b）

图 3 - 1 - 21　题 3 图

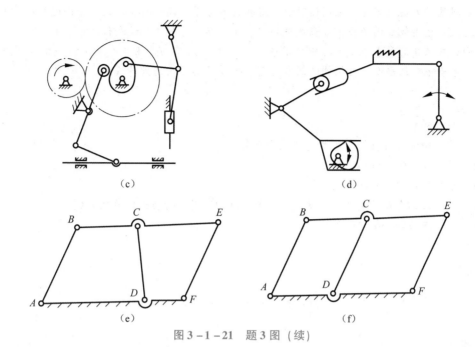

（c）   （d）

（e）   （f）

图 3 − 1 − 21 题 3 图（续）

4. 机构中的构件可分为哪些种类？试举例说明。

5. 什么是平面机构的运动简图？如何绘制平面机构的运动简图？

6. 如图 3 − 1 − 22 所示，计算机构的自由度。

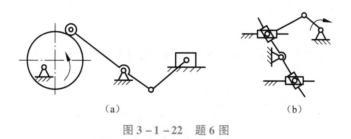

（a）   （b）

图 3 − 1 − 22 题 6 图

任务二 设计平面连杆机构

参考学时：6 学时

内容简介 NEWSI

  平面连杆机构是将各构件用平面低副（转动副和移动副）连接而成的平面机构，其优点是可实现各种预定的运动规律和复杂的运动轨迹；缺点是构件数目多，且低副中存在间隙，运动累积误差大。由于平面连杆机构是低副机构，且构件间接触面上的比压小、易润滑、磨损轻，因此适用于传递较大载荷的场合。虽然其运动副的元素形状简单、易于加工制造和保证精度，但是不易精确实现复杂的运动规律,且高速时会引起较大的振动和动载荷,因此,平面连杆机构常用于传递载荷大、速度较低的场合,如颚式破碎机、机车车轮等各种机械和仪表中。

平面连杆机构的类型很多,其中应用最广泛也是最简单的是由4个构件组成的平面四杆机构。本任务着重介绍平面四杆机构的基本类型、性质及其常用的设计方法。

知识目标

(1) 掌握铰链四杆机构的基本类型及其应用。
(2) 掌握铰链四杆机构的类型判定。
(3) 掌握铰链四杆机构的演化机构。
(4) 掌握曲柄存在的条件、传动角、死点、急回运动、行程速比系数等概念。
(5) 了解平面四杆机构的设计。

能力目标

能对实际机器中使用的平面四杆机构作出正确的判定。

素质目标

(1) 通过对各种机构结构的分析,增强学生的思辨能力。
(2) 通过对各种机构运动的分析,培养学生的空间想象力及严谨细致的分析能力。

任务导入

如图 3-2-1 所示为牛头刨床。试分析该机器中有哪些平面连杆机构。

图 3-2-1 牛头刨床

步骤一 认识平面四杆机构

知识链接

四杆机构类型

一、铰链四杆机构的类型

在平面四杆机构中，若组成机构的各运动副都是转动副，则称为铰链四杆机构，如图3-2-2所示。在此机构中，构件1为机架；构架2和4与机架直接连接，称为连架杆；不与机架连接的杆3称为连杆。其中能做整周转动的连架杆，称为曲柄；仅能在一定角度范围内摆动的连架杆称为摇杆。当机构工作时，连架杆绕定轴转动，连杆做平面复杂运动。按连架杆中曲柄与摇杆的存在情况，铰链四杆机构可分为3种基本类型：曲柄摇杆机构、双曲柄机构、双摇杆机构。

1. 曲柄摇杆机构

如图3-2-3所示，在铰链四杆机构中，两连架杆中构件2为曲柄，可绕固定铰链中心A做整周转动；构件4为摇杆，只能在角ψ（$\psi < 360°$）范围内往复摆动，此类铰链四杆机构称为曲柄摇杆机构。

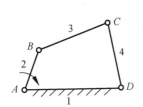

图3-2-2 铰链四杆机构
1—机架；2，4—连架杆；3—连杆

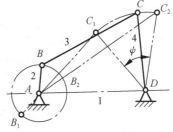

图3-2-3 曲柄摇杆机构
1—机架；2—曲柄；3—连杆；4—摇杆

曲柄摇杆机构的主要特点：既能将曲柄的整周转动变换为摇杆的往复摆动，又能将摇杆的往复摆动变换为曲柄的连续回转运动。曲柄摇杆机构在生产中应用很广，如图3-2-4所示的雷达天线俯仰角度调整机构、图3-2-5所示的缝纫机踏板驱动机构、图3-2-6所示的搅拌机机构。

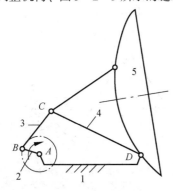

图3-2-4 雷达天线俯仰角度调整机构
1—机架；2—曲柄；3—连杆；4—摇杆；5—雷达

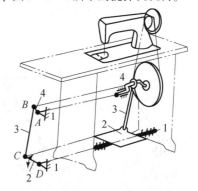

图3-2-5 缝纫机踏板驱动机构
1—机架；2—摇杆；3—连杆；4—曲柄

2. 双曲柄机构

若铰链四杆机构中的两连架杆均为曲柄，则称为双曲柄机构。图 3 - 2 - 7 所示为双曲柄机构，两连杆架 2、4 均是可绕固定铰链中心 A，D 做整周转动的曲柄。

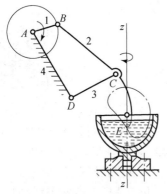

图 3 - 2 - 6　搅拌机机构
1—曲柄；2—连杆；3—摇杆；4—机架

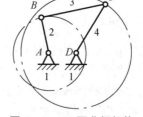

图 3 - 2 - 7　双曲柄机构
1—机架；2，4—曲柄；3—连杆

双曲柄机构的主要特点是能将等角速度转动变换为周期性的变角速度转动。图 3 - 2 - 8 所示为惯性筛机构，原动曲柄 2 做等角速度转动时，从动曲柄 4 做变角速度转动，使得构件 6 做变速往复移动，从而实现放置在构件 6 平面上大小不同的物体的分拣。

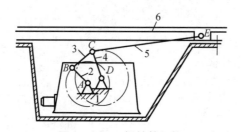

图 3 - 2 - 8　惯性筛机构
1—机架；2，4—曲柄；3，5—连杆；6—机构

在双曲柄机构中，若相对的两杆平行且长度相等，且曲柄转向相同，则称为平行四边形机构，如图 3 - 2 - 9 所示。其特点是两个曲柄的运动规律完全相同，连杆始终做平动。若曲柄转向不同，则称为反平行四边形机构，如图 3 - 2 - 10 所示。其特点是两曲柄的回转方向相反，且角速度不等。图 3 - 2 - 11 和图 3 - 2 - 12 所示分别为两种机构的应用实例。

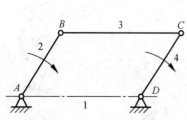

图 3 - 2 - 9　平行四边形机构
1—机架；2，4—曲柄；3—连杆

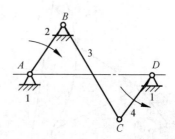

图 3 - 2 - 10　反平行四边形机构
1—机架；2，4—曲柄；3—连杆

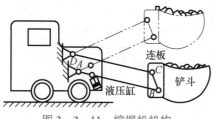

图 3 - 2 - 11　挖掘机机构

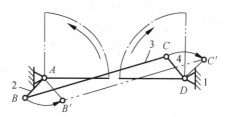

图 3 - 2 - 12　车门启闭机构

1—机架；2，4—曲柄；3—连杆

3. 双摇杆机构

铰链四杆机构中的两个连架杆均为摇杆，则称为双摇杆机构，如图 3 - 2 - 13 所示。图 3 - 2 - 14 所示为铸工造型机翻箱机构，图 3 - 2 - 15 所示为起重机机构，都是双摇杆机构的应用实例。其中图 3 - 2 - 14 中砂箱 3 为该机构的连杆，在位置 BC 造型振实后，转动原动摇杆 2 使砂箱移至 B′C′ 位置，以便起模，图 3 - 2 - 14（b）所示为该机构的运动简图。

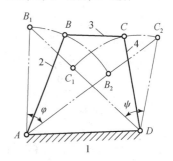

图 3 - 2 - 13　双摇杆机构

1—机架；2，4—摇杆；3—连杆

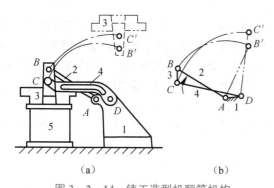

（a）　　　　　　　（b）

图 3 - 2 - 14　铸工造型机翻箱机构

（a）造型机翻转机构模型；（b）机构的运动简图

1—机架；2，4—摇杆；3—连杆

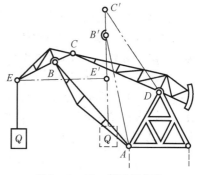

图 3 - 2 - 15　起重机机构

二、平面四杆机构的演化

除前面介绍的 3 种基本形式的铰链四杆机构以外，实际中还广泛使用着其他形式的平面四杆机构，都可看作是从铰链四杆机构演化而来的。

1. 曲柄滑块机构

图 3 - 2 - 16 所示为曲柄滑块机构，构件 1 和 3 分别为机架和连杆，构件 2 为曲柄，构件 5 相对于机架做往复移动，其形状是块状，故称为滑块，因此，该机构称为曲柄滑块机构。根据滑块往复移动的导路中心线 m—m 是否通过曲柄转动中心 A，曲柄滑块机构可分为对心曲柄滑块机构〔见图 3 - 2 - 16（c）〕和偏置曲柄滑块机构〔见图 3 - 2 - 16（d）〕。曲柄滑块机构可以实现转动和往复移动的变换，广泛应用于活塞式内燃机、空气压缩机、冲床等机械中。

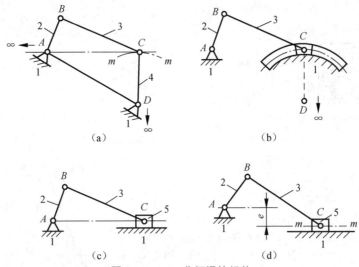

图 3 – 2 – 16　曲柄滑块机构

（a）曲柄摇杆机构演化；（b）摇杆转化为滑块；
（c）对心曲柄滑块机构；（d）偏置曲柄滑块机构
1—机架；2—曲柄；3—连杆；4—摇杆；5—滑块

2. 导杆机构

导杆机构是通过取曲柄滑块机构［见图 3 – 2 – 17（a）］的不同构件作为机架而获得的。若取构件 2 为机架、构件 3 为主动件，则当主动件 3 回转时，构件 1 将绕点 A 转动或摆动，滑块 4 沿构件 1 做相对滑动，由于构件 1 对滑块 4 起导向作用，故构件 1 称为导杆，这种机构称为导杆机构。在该机构中，若 $l_3 > l_2$，则杆 3 和导杆 1 均能做整周运动，称为转动导杆机构，如图 3 – 2 – 17（b）所示；若 $l_3 < l_2$，则当杆 3 做整周转动时，导杆 1 只能做往复摆动，称为摆动导杆机构，如图 3 – 2 – 18 所示。导杆机构可应用于简易刨床机构及牛头刨床机构，如图 3 – 2 – 19 和图 3 – 2 – 20 所示。

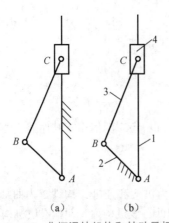

图 3 – 2 – 17　曲柄滑块机构和转动导杆机构

（a）曲柄滑块机构；（b）转动导杆机构
1—导杆；2—机架；3—曲柄；
4—滑块

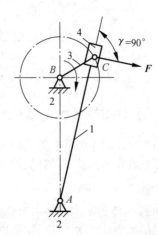

图 3 – 2 – 18　摆动导杆机构

1—导杆；2—机架；3—曲柄；4—滑块

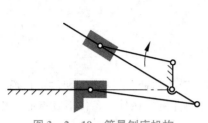

图 3 - 2 - 19　简易刨床机构

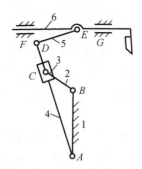

图 3 - 2 - 20　牛头刨床机构

1—机架；2—曲柄；3—滑块；4—导杆；5，6—构件

3. 摇块机构

如图 3 - 2 - 21 所示，摇块机构是取曲柄滑块机构中的连杆 3 作为机架而得到的。当曲柄 2 作为原动件绕点 B 转动时，摇块 4 绕机架 3 上的铰链中心 C 摆动，该机构称为摇块机构。摇块机构可应用于自动翻转卸料机构，如图 3 - 2 - 22 所示。

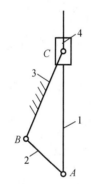

图 3 - 2 - 21　摇块机构

1—构件；2—曲柄；3—机架；4—摇块

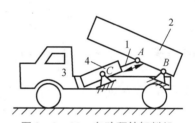

图 3 - 2 - 22　自动翻转卸料机

1，2—构件；3—机架；4—摇块

4. 定块机构

如图 3 - 2 - 23 所示，定块机构是取曲柄滑块机构中的滑块 4 作为机架而得到的。当曲柄 2 转动时，导杆 1 可在固定滑块 4 中往复移动，该机构称为定块机构。定块机构常用于唧筒机构和抽油泵中，图 3 - 2 - 24 所示为唧筒机构。

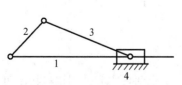

图 3 - 2 - 23　定块机构

1—导杆；2—曲柄；3—连杆；4—定块

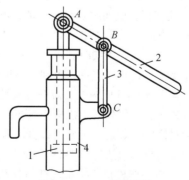

图 3 - 2 - 24　唧筒机构

1，3—构件；2—摇杆；4—机架

步骤二 判定平面四杆机构的类型

铰链四杆机构的3种基本形式的区别在于它的连架杆是否为曲柄。铰链四杆机构中是否存在曲柄取决于机构中各构件间的相对尺寸关系。所以，铰链四杆机构在什么条件下具有曲柄是平面连杆机构的一个主要问题。下面就以曲柄摇杆机构来分析曲柄存在的条件。

如图 3-2-25 所示，在曲柄摇杆机构中，各杆的长度分别为 a，b，c，d。为保证曲柄 AB 杆能绕 A 整周回转，则杆 AB 应能够占据与 AD 共线的两个位置 AB' 和 AB''。

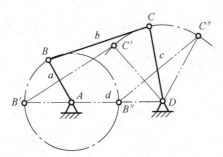

图 3-2-25 曲柄存在的条件

当曲柄处于 AB' 位置时，形成三角形 $B'C'D$，各杆长度应满足

$$a + d \leq b + c \tag{3-2-1}$$

当曲柄处于 AB'' 位置时，形成三角形 $B''C''D$，各杆长度应满足

$$b \leq (d - a) + c \tag{3-2-2}$$

或

$$c \leq (d - a) + b \tag{3-2-3}$$

由式（3-2-1）~式（3-2-3）及其两两相加可以得到

$$\begin{cases} a + d \leq b + c \\ a + b \leq c + d \\ a + c \leq d + b \\ a \leq b, a \leq c, a \leq d \end{cases} \tag{3-2-4}$$

由此，可以得出铰链四杆机构曲柄存在条件如下。

（1）连架杆和机架中必有一杆是最短杆。

（2）最短杆与最长杆长度之和小于或等于其余两杆长度之和。

上述两个条件必须同时满足，否则机构不存在曲柄。

根据上述所讲，同时可以得到以下推论。

（1）若铰链四杆机构中最短杆与最长杆之和小于或等于其余两杆之和。

①当最短杆为机架时，机构为双曲柄机构。

②当最短杆的邻边为机架时，机构为曲柄摇杆机构。

③当最短杆的对边为机架时，机构为双摇杆机构。

（2）若铰链四杆机构中最短杆与最长杆之和大于其余两杆之和，则该机构不可能有曲柄存在，该机构为双摇杆机构。

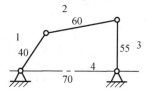

做一做1

如图 3-2-26 所示，根据注明的尺寸（单位：mm），判断分别以 4 个杆为机架时，铰链四杆机构的类型。

解： 最长杆杆长为 70，最短杆杆长为 40，又因 40 + 70 < 60 + 55，所以有以下结论。

（1）以杆 1 为机架，此机构为双曲柄机构。
（2）以杆 2 为机架，此机构为曲柄摇杆机构。
（3）以杆 3 为机架，此机构为双摇杆机构。
（4）以杆 4 为机架，此机构为曲柄摇杆机构。

图 3-2-26　四杆机构

步骤三　分析平面四杆机构的传动特性

知识链接

下面主要讨论曲柄摇杆机构的基本性质。

一、压力角 α 和传动角 γ

平面连杆机构不仅要能实现预定的运动规律，还要有良好的传力性能。为衡量机构传力性能的好坏，特引入压力角的概念，其定义为从动件受力方向与该点绝对速度方向之间所夹的锐角。如图 3-2-27 所示，在曲柄摇杆机构中，曲柄 2 为原动件，忽略构件所受的重力、惯性力和运动副中的摩擦力，力 $\boldsymbol{F}$ 沿 $\boldsymbol{v}_C$ 方向的分力 $\boldsymbol{F}_t = \boldsymbol{F}\cos\alpha$ 是克服从动摇杆上的工作阻力矩的有效分力，沿 CD 方向的分力 $\boldsymbol{F}_n = \boldsymbol{F}\sin\alpha$ 对从动摇杆无转动效应，只会增加运动副中的摩擦力，是有害分力。从机构传力来说，$\boldsymbol{F}_t$ 越大，$\boldsymbol{F}_n$ 越小就越有利，即压力角 α 越小，机构的传力效果越好。所以，可用压力角作为衡量机构传力性能的标志。

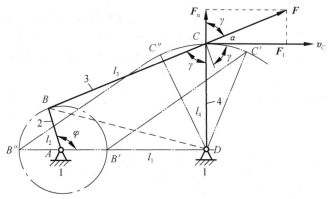

图 3-2-27　压力角与传动角
1—机架；2—曲柄；3—连杆；4—摇杆

在连杆机构中，为度量方便，常用压力角的余角 γ（连杆与从动件间所夹的锐角）检验机构的传力性能，γ 称为传动角。因 $\gamma = 90° - \alpha$，故 γ 越大（α 越小），机构的传力性能越好，反之则不利于机构中力的传递。在机构运转过程中，传动角是变化的，机构出现最小传动角 γ_{min} 的位置正好是传力效果最差的位置，也是检验其传力性能的关键位置。

为了保证连杆机构传力性能良好，设计时应对其传动角的最小值加以限制，即应使 $\gamma_{\min} \geqslant [\gamma]$，其中 $[\gamma]$ 为许用传动角，通常 $[\gamma]$ 的推荐值在 $40° \sim 50°$。此外，为了节省动力，对于一些承受短暂高峰载荷的机械，应设法利用机构处于最大传动角位置进行工作。

对于曲柄摇杆机构，当以曲柄为原动件时，其最小传动角 $\gamma_{\min}$ 发生在曲柄与机架两次共线位置之一。

二、急回特性

下面以曲柄摇杆机构为例来分析机构的急回特性。

如图 3 - 2 - 28 所示，在曲柄摇杆机构中，设曲柄 AB 为原动件，曲柄每转一周，有两个位置与连杆共线，这时摇杆 CD 分别位于两个极限位置 C_1D 和 C_2D，其夹角为 ψ。曲柄摇杆机构的这两个位置称为极位。机构处在两个极位时，原动件 AB 的两个位置 AB_1 和 AB_2 所夹的锐角 θ 称为极位夹角。此时摇杆两位置的夹角 ψ 称为摇杆最大摆角。

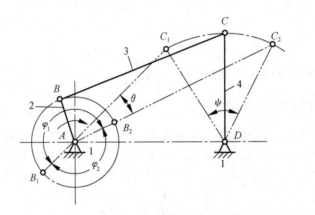

平面铰链四杆
机构的急回特性

图 3 - 2 - 28　曲柄摇杆机构的急回特性
1—机架；2—曲柄；3—连杆；4—摇杆

当曲柄以等加速度 ω 顺时针转过 $\varphi_1 = 180° + \theta$ 时，摇杆由位置 C_1D 运动到 C_2D，这个过程称为工作行程。设所需时间为 t_1，点 C 平均速度为 v_1；当曲柄继续转过 $\varphi_2 = 180° - \theta$ 时，摇杆又从 C_2D 转回到 C_1D，这个过程称空回行程，所需时间为 t_2，点 C 的平均速度为 v_2。摇杆往复摆动的摆角虽然均为 ψ，但对应的曲柄转角不同，$\varphi_1 > \varphi_2$，而曲柄做等角速度回转，所以 $t_1 > t_2$，从而 $v_2 > v_1$，也就是回程速度要快。

为了表明急回运动的急回程度，通常用行程速度变化系数（或称行程速比系数）K 来衡量，即

$$K = \frac{v_2}{v_1} = \frac{\dfrac{\overline{C_1C_2}}{t_2}}{\dfrac{\overline{C_1C_2}}{t_1}} = \frac{t_1}{t_2} = \frac{\varphi_1}{\varphi_2} = \frac{180° + \theta}{180° - \theta} \qquad (3-2-5)$$

由此可以看出，当曲柄摇杆机构有极位夹角 θ 时，就有急回运动特性，而且 θ 越大，K 值就越大，机构的急回特性就越显著。

在进行机构设计时，预先给出 K 值，即可求出 θ 值，即

$$\theta = \frac{K - 1}{K + 1} \times 180° \qquad (3-2-6)$$

在生产实际中，常利用机构的急回运动来缩短非生产时间，提高生产率，如牛头刨床、往复式运输机等。

三、死点位置

如图 3-2-29 所示，在曲柄摇杆机构中，若以摇杆 CD 为主动件，当连杆与从动件曲柄两次共线时，机构的传动角 $\gamma = 0$，这时摇杆通过连杆作用于从动件曲柄 AB 上的力恰好通过其回转中心 A，对 A 不产生力矩，机构的这种位置称为死点位置，从动件会出现卡死（机构自锁）或运动方向不确定的现象。因此，在机构中应设法避免处于死点位置。若无法避免，则应采取措施使机构通过死点位置，如缝纫机踏板是利用下带轮的惯性来通过死点位置的，蒸汽机车车轮机构则是利用两组曲柄滑块机构的曲柄相互错开 90°辅助通过死点位置。

在实际工程中，也常利用死点的特性来实现机构自锁的要求。图 3-2-30 所示为钻床夹具，是一种铰链四杆夹紧机构，压下手柄，工件被夹紧，此时，构件 BC 与 CD 共线，机构处于死点位置，撤去外力 P 后，无论工件处的反作用力 Q 多大，机构也不会自行松开。

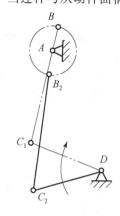

图 3-2-29 死点位置

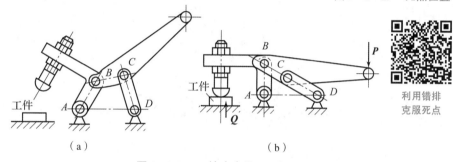

（a）　　　　　　　　　　（b）

图 3-2-30 钻床夹具

（a）未夹紧状态；（b）夹紧状态

利用错排
克服死点

步骤四　设计平面四杆机构

 知识链接

实际工程中提出的平面四杆机构的设计问题多种多样，但其设计目标都是根据给定的运动条件，选定机构的类型，确定机构中各构件的尺寸参数。

平面四杆机构的设计方法有图解法、实验法和解析法等。下面仅以图解法为例，介绍四杆机构设计的基本方法。

一、按给定行程速比系数 K 设计平面四杆机构

设计具有急回特性的平面四杆机构，关键是要抓住机构处于极限位置时的几何关系，必要时还应考虑其他辅助条件。下面举例说明。

1. 已知摇杆长度 l_4、摆角 ψ 和行程速比系数 K，试设计曲柄摇杆机构

分析已知条件可知，本设计要解决的实质问题是确定曲柄固定铰链中心 A 的位置，进而定出

其他三杆的长度。

由图 3-2-28 可知，曲柄摇杆机构摇杆处于两极限位置时，曲柄与连杆两次共线，其几何关系是

$$\angle C_1AC_2 = \theta \tag{3-2-7}$$

$$\begin{cases} \overline{AC_1} = \overline{B_1C_1} - \overline{AB_1} \\ \overline{AC_2} = \overline{B_2C_2} + \overline{AB_2} \end{cases} \tag{3-2-8}$$

式 (3-2-7) 表明，若过 A，C_1，C_2 三点作一圆，则该圆上的弦 C_1C_2 所对应圆周角恰好等于极位夹角 θ。换言之，固定铰链中心 A 必在满足其弦 C_1C_2 所对的圆周角等于 θ 的圆周上。若点 A 的位置确定，则 AC_1，AC_2 和机架 AD 长度便随之确定，再解式 (3-2-8)，即可确定曲柄 AB 和连杆 BC 的长度为

$$\overline{AB} = \frac{\overline{AC_2} - \overline{AC_1}}{2} \tag{3-2-9}$$

$$\overline{BC} = \frac{\overline{AC_2} + \overline{AC_1}}{2} \tag{3-2-10}$$

根据上述分析，可得下面的设计步骤（见图 3-2-31）。

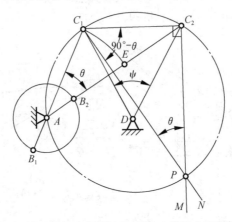

图 3-2-31　按给定行程速比系数 K 设计曲柄摇杆机构

（1）由给定的行程速比系数 K，按式 (3-2-6) 求极位夹角 θ，即

$$\theta = \frac{K-1}{K+1} \times 180°$$

（2）任取固定铰链中心 D 的位置，由摇杆长度 l_4 和摆角 ψ，按适当的比例 μ_l，作出摇杆两极限位置 C_1D 和 C_2D。

（3）连接 C_1 和 C_2，作 $C_2M \perp C_1C_2$，并作 $\angle C_2C_1N = 90° - \theta$，$C_2M$ 与 C_1N 相交于点 P，则 $\angle C_1PC_2 = \theta$。

（4）作 $\triangle C_1PC_2$ 的外接圆，在圆上任取一点 A 作为曲柄的固定铰链中心，分别连 AC_1 和 AC_2，则 $\angle C_1AC_2 = \angle C_1PC_2 = \theta$。

（5）根据式 (3-2-8)，以点 A 为圆心，AC_1 为半径作圆弧交 AC_2 于 E，平分 EC_2 得曲柄长度 $\overline{AB}$。再以 A 为圆心，$\overline{AB}$ 为半径作圆，交 C_1A 的延长线和 C_2A 于 B_1 和 B_2，连杆长度 $\overline{BC} = \overline{B_1C_1} = \overline{B_2C_2}$。

（6）计算各杆的实际长度，分别为

$$l_{AD} = \mu_l \overline{AD}$$

$$l_{AB} = \mu_l \overline{AB}$$

$$l_{BC} = \mu_l \overline{BC}$$

由于点 A 是在 $\triangle C_1 P C_2$ 的外接圆上任意选取的，因此可得无穷多个解。实际上，为了获得良好的传力性能，可按最小传动角 $\gamma_{min} > [\gamma]$，或其他辅助条件等确定点 A 的位置。

2. 已知机架长度 l_1、行程速比系数 K，试设计导杆机构

导杆机构的极位夹角 θ 与导杆的摆角 ψ 相等，故只要确定曲柄的长度即可，其设计步骤如图 3-2-32 所示。

（1）由已知行程速比系数 K，按式（3-2-6）求出极位夹角 θ，即

$$\theta = \frac{K-1}{K+1} \times 180°$$

（2）任选一点作为固定铰链中心 D，作出导杆的两极限位置 $C_1 D$ 和 $C_2 D$，$\angle C_1 D C_2 = \psi = \theta$。

（3）作 $\angle C_1 D C_2$ 的平分线 DA，由机架长度 l_1 按适当的比例 μ_l 得机架另一铰链中心 A 的位置。

（4）作出导杆极限位置的垂线 AC_1（或 AC_2），得曲柄 AC，其实际长度为 $l_{AC} = \mu_l \overline{AC}$。

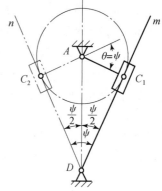

图 3-2-32　按给定行程速比系数 K 设计导杆机构

三、给定连杆位置设计平面四杆机构

1. 已知连杆的长度 l_3 和给定的两个位置，设计铰链四杆机构

图 3-2-33 所示为翻台式振实造型机的翻转机构，采用铰链四杆机构 $ABCD$ 实现翻台的两个给定工作位置。当翻台 8 在实线位置 I 时，砂箱 7 在翻台上造型并通过振台 9 振实。然后，活塞 6 向左运动，通过连杆 5 使摇杆 2 摆动，将翻台抬起并翻转 180°到双点画线位置 II，同时托台 10 上升，接触砂箱后起模。

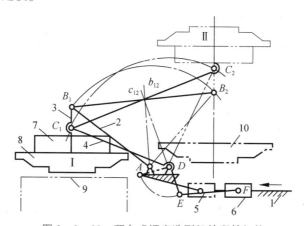

图 3-2-33　翻台式振实造型机的翻转机构
1—机架；2，4—摇杆；3，5—连杆；6—活塞；7—砂箱；8—翻台；9—振台；10—托台

设与翻台固连的连杆 3 的长度 l_3 及两个位置 $B_1 C_1$ 和 $B_2 C_2$ 已根据结构及工艺确定，则设计上述铰链四杆机构的实质是确定两连架杆与机架组成的固定铰链中心 A 和 D 的位置，并随之确定其余三杆的长度。由于连杆 3 上 B，C 两点的运动轨迹是分别以 A，D 为圆心的两段圆弧，所以 A，D 势必分别位于 $B_1 B_2$，$C_1 C_2$ 的垂直平分线 b_{12}，c_{12} 上，故按下列步骤设计。

（1）根据已知条件，按适当的比例尺 μ_l 绘出连杆 3 的两个位置 $B_1 C_1$ 和 $B_2 C_2$。

（2）连接 B_1，B_2 和 C_1，C_2，分别作 B_1B_2，C_1C_2 的垂直平分线 b_{12}，c_{12}。

（3）分别在 b_{12}，c_{12}上任取 A，D 两点作固定铰链中心，连接 AB_1C_1D 即得到铰链四杆机构。

由步骤（3）可知，若仅满足运动条件，则 A，D 两点分别在 b_{12}，c_{12}上任意选取有无穷多个解。实际上，还应考虑几何、动力等辅助条件，如各杆所允许的尺寸范围、最小传动角或其他结构上的要求（如本例中要求 A，D 两点在同一水平线上，且 $AD = BC$），从而在 b_{12}，c_{12}上合理选定 A，D 两点的位置以得到确定的解。

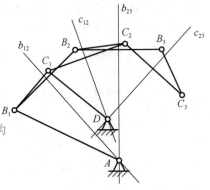

2. 已知连杆长度和给定的三个位置，设计铰链四杆机构

该设计思路与上述设计思路相同，如图 3 - 2 - 34 所示，分别作 B_1B_2 和 B_2B_3 的垂直平分线 b_{12} 和 b_{23}，其交点即铰链中心 A 的位置；同理，分别作 C_1C_2 和 C_2C_3 的垂直平分线 c_{12} 和 c_{23}，其交点即铰链中心 D 的位置。A，D 均为确定的点，因此设计只有唯一的解。

图 3 - 2 - 34　给定连杆长度和三个位置设计铰链四杆机构

 任务评价

任务评价表见表 3 - 2 - 1。

表 3 - 2 - 1　任务评价表

评价类型	权重	具体指标	分值	得分		
				自评	组评	师评
职业能力	65%	会判定平面连杆机构的类型	25			
		能分析平面四杆机构的特性及应用	25			
		能用图解法设计平面四杆机构	15			
职业素养	20%	坚持出勤，遵守纪律	5			
		协作互助，解决难点	5			
		按照规范设计	5			
		持续改进优化	5			
劳动素养	15%	按时完成任务	5			
		工作岗位 6S 管理	5			
		小组分工合理	5			
综合评价	总分					
	教师点评					

任务小结

通过对本任务的学习，应掌握铰链四杆机构的类型及其应用、平面四杆机构类型的判定及其演化机构、平面四杆机构的传动特性及设计，并能够对实际生产中机器的组成作出正确判定，同时掌握其特点。

任务拓展训练

1. 平面连杆机构的主要优缺点是什么？

2. 平面连杆机构的基本类型有哪些？试举例说明。

3. 什么叫压力角和传动角？它对机构的传力性能有何影响？

4. 什么是机构的死点位置？使机构顺利通过死点位置的措施有哪些？举例说明死点位置的应用。

5. 什么是机构的急回特性？双摇杆机构和偏置曲柄滑块机构是否具有急回特性？

6. 试根据图 3-2-35 所注尺寸判断各铰链四杆机构的类型。

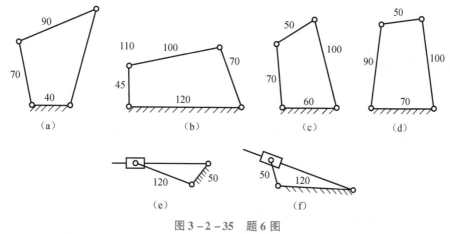

图 3-2-35　题 6 图

7. 试用图解法设计脚踏轧棉花机的曲柄摇杆机构，求曲柄 AB 和连杆 CD 的长度。已知 AD 在铅垂线上，要求踏板 CD 在水平位置上下各摆动 $10°$，且 $l_{CD}=500$ mm，$l_{AD}=1\,000$ mm。

8. 已知摇杆长度 $l_4=100$ mm，摆角 $\psi=45°$，行程速比系数 $K=1.25$，设计一曲柄摇杆机构。

9. 已知机架长度 $l_1=100$ mm，行程速比系数 $K=1.4$，试用图解法设计一导杆机构，求曲柄的长度。

10. 设计一铰链四杆机构作为加热炉炉门的启闭机构，已知炉门上两活动铰链 B，C 的中心距为 50 mm。要求炉门打开后呈水平位置，且热面朝下（见双点画线）。如果规定铰链 A，D 安装在炉体的 $y-y$ 竖直线上，其相关尺寸如图 3-2-36 所示。用图解法求此铰链四杆机构其余三杆的尺寸。

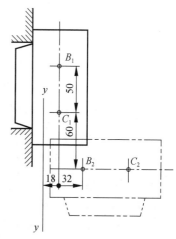

图 3-2-36　题 10 图

任务三 设计凸轮机构

参考学时：4学时

内容简介

凸轮机构是平面机构中的常用机构之一，广泛应用于各种机械和自动控制装置中。本任务主要介绍凸轮机构的类型、从动件的常用运动规律及凸轮轮廓的设计方法。

学习目标

（1）掌握凸轮机构的基本概念。
（2）掌握凸轮机构的组成。
（3）了解常用的从动件运动规律。
（4）掌握常用凸轮机构的设计方法。

能力目标

能进行简单的凸轮机构设计。

素质目标

通过凸轮机构的设计，培养学生严谨的思维习惯和一丝不苟的工作态度。

任务导入

图3-3-1所示为一台家用缝纫机，试分析缝纫机是由哪些机构组成的。

图3-3-1 家用缝纫机

步骤一 认识凸轮机构

一、凸轮机构的组成、特点及应用

1. 凸轮机构的组成

如图 3-3-2 所示，凸轮机构由凸轮 1、从动件 2、机架 3 三个基本构件及锁合装置组成，是一种高副机构。凸轮是一个具有曲线轮廓或凹槽的构件，通常做连续等速转动。从动件在凸轮轮廓的控制下按预定的运动规律做往复移动或摆动。

2. 凸轮机构的特点及应用

图 3-3-3 所示为自动机床走刀机构，当带有凹槽的凸轮 1 转动时，通过槽中的滚子驱使从动件 2 做往复移动。凸轮每回转一周，从动件运动一个来回，完成一次走刀。

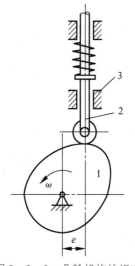

图 3-3-2 凸轮机构的组成
1—凸轮；2—从动件；3—机架

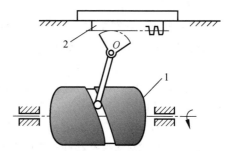

图 3-3-3 自动机床走刀机构
1—凸轮；2—从动件

图 3-3-4 所示为手柄专用加工机床走刀机构，凸轮 1 以等角速度移动，它的轮廓驱使从动件 2 按预期的运动规律带动刀具移动，加工出图示手柄。

图 3-3-5 所示为一配气机构，在同步带的带动下，凸轮轴 1 回转，其上凸轮随着轴同时回转，从而实现配气的目的。

含有凸轮的机构称为凸轮机构。凸轮机构主要由凸轮、从动件和机架 3 个基本构件组成。

凸轮机构的特点包括以下几点。

（1）只需设计适当的凸轮轮廓，便可使从动件得到所需的运动规律。

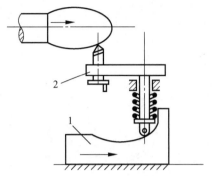

图 3-3-4　手柄专用加工机床走刀机构
1—凸轮；2—从动件

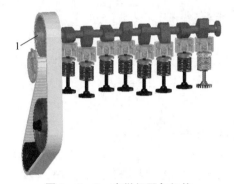

图 3-3-5　内燃机配气机构
1—凸轮轴

（2）结构简单、紧凑，工作可靠，容易设计。

（3）高副接触，易磨损，因此适用于传力不大的控制机构和调节机构。

二、凸轮机构的分类

1. 按凸轮的形状分类

（1）盘形凸轮。绕固定轴转动且径向变化的凸轮称为盘形凸轮。盘形凸轮是凸轮的基本形式，如图 3-3-6 和图 3-3-7 所示。

（2）移动凸轮。当盘形凸轮的回转中心趋于无穷远时，凸轮就做往复直线移动，这种凸轮称为移动凸轮，如图 3-3-4 所示。

（3）圆柱凸轮。圆柱凸轮是圆柱面上开有凹槽的圆柱体，可看成是绕卷在圆柱体上的移动凸轮，利用它可使从动件得到较大的行程，如图 3-3-3 所示。

2. 按从动件的形状分类

（1）尖顶从动件。如图 3-3-6 所示，尖顶能与复杂的凸轮轮廓保持接触，从而实现任意预期的运动规律，但尖顶易磨损，因此这种从动件只适用于传力不大的低速凸轮机构中。

（2）滚子从动件。为了克服尖顶从动件的缺点，在从动件的尖顶处安装一个滚子，即成为滚子从动件，如图 3-3-7 所示。这种从动件与凸轮之间是滚动摩擦，耐磨损，可承受较大载荷，是从动件中最常用的一种形式。

（3）平底从动件。如图 3-3-8 所示，平底从动件与凸轮轮廓表面接触的端面为一平面。在不考虑摩擦时，凸轮对这种从动件的作用力始终垂直于平底，传动效率最高，另外，凸轮与平底之间易形成楔形油膜，便于润滑和减少磨损。平底从动件常用于高速凸轮机构中，但是这种从动件的缺点是不能用于具有内凹曲线轮廓的凸轮机构。

除以上两种分类方式外，凸轮机构按从动件的运动形式还可分为移动从动件（见图 3-3-2、图 3-3-3）和摆动从动件（见图 3-3-9）的凸轮机构；按从动件与凸轮保持接触的方式分为力封闭凸轮机构（依靠弹性力或重力使从动件保持接触，如图 3-3-2 所示）和形封闭凸轮机构（依靠凸轮或从动件的几何形状使凸轮与从动件保持接触，如图 3-3-10 和图 3-3-11 所示）。

图 3 - 3 - 6　盘形凸轮与尖顶从动件

图 3 - 3 - 7　盘形凸轮与滚子从动件

图 3 - 3 - 8　盘形凸轮与平底从动件

图 3 - 3 - 9　盘形凸轮与摆动从动件

图 3 - 3 - 10　沟槽凸轮

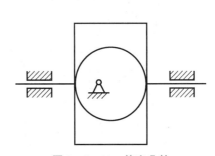

图 3 - 3 - 11　等宽凸轮

步骤二　分析从动件常用运动规律

知识链接

在设计凸轮机构时，首先应根据工作要求确定从动件的运动规律，然后按照此运动规律设计凸轮轮廓曲线。下面以移动尖顶从动件盘形凸轮机构为例，说明从动件的运动规律与凸轮轮廓曲线之间的关系。以凸轮轮廓的最小向径 r_0 为半径所绘的圆称为基圆。如图 3 - 3 - 12（a）所示，当尖顶与凸轮轮廓上的点 A（基

凸轮机构
几个基本概念

圆与轮廓 AB 的连接点）相接触时，从动件处于上升的起始位置。当凸轮以等角速度 ω 逆时针方向回转 δ_0 时，从动件尖顶被凸轮轮廓推动，以一定运动规律由离回转中心最近位置 A 到达位置 B'，这个过程称为推程，这时它所走过的距离 h 称为从动件的升程，而与推程对应的凸轮转角 δ_0 称为推程角；当凸轮继续回转 δ_{01} 时，以点 O 为中心的圆弧 BC 与尖顶相作用，从动件在最远位置停留不动，这一过程称为远休止，δ_{01} 称为远休止角；凸轮继续转动，当凸轮轮廓上向径逐渐变小的 CD 段曲线与尖顶接触时，从动件又回到离凸轮轴心最近处，这一过程称为回程，对应的凸轮转角 δ_0' 称为回程运动角；凸轮继续转动，当凸轮轮廓上与基圆重合的一段圆弧 DA 与尖顶接触时，从动件在最近处停止不动，这一过程称为近休止，对应的转角 δ_{02} 称为近休止角。当凸轮继续转动时，从动件将重复上述的"升—停—降—停"的运动循环。

如果以直角坐标系的纵坐标代表从运件位移 s，横坐标代表凸轮转角 δ（因凸轮等角速度转动，故横坐标也代表时间 t），则可以画出从动件位移 s 与凸轮转角 δ 之间的关系曲线，称为从动件位移线图，如图 3 – 3 – 12（b）所示。

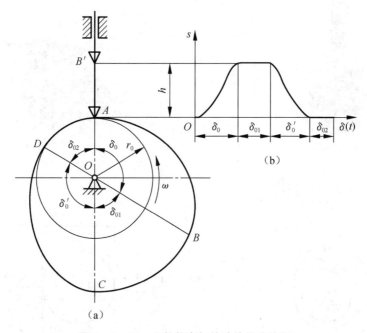

图 3 – 3 – 12　凸轮轮廓与从动件位移线图

由以上分析可知，从动件位移线图取决于凸轮轮廓曲线的形状。也就是说，从动件的不同运动规律要求凸轮具有不同的轮廓曲线。

从动件的运动规律有很多种，常用的运动规律有等速运动规律、等加速等减速运动规律、余弦加速度运动规律、正弦加速度运动规律等。

如图 3 – 3 – 13（a）所示，从动件做等速运动时，在运动开始和终止的两个位置，速度发生突变，因此，在理论上有无穷大的加速度，从而产生无穷大的惯性力，使机构产生强烈的"刚性冲击"现象，故等速运动规律只用于低速轻载的场合；如图 3 – 3 – 13（b）所示，从动件做等加速等减速运动时，在加速度线图上的 O，A，B 三点发生加速度的有限突变，使机构产生有限的"柔性冲击"，因此，这种运动规律可用于中速轻载场合；如图 3 – 3 – 13（c）所示，从动件按余弦加速度规律运动时，在行程开始和终止的两个位置，加速度也发生有限突变，导致机构产生"柔性冲击"，故这种运动规律可用于中速场合；如图 3 – 3 – 13（d）所示，从动件按正弦加速度规律运动时，在整个行程中无速度和加速度的突变，不会使机构产生冲击，故这种运动规律适用于高速场合。

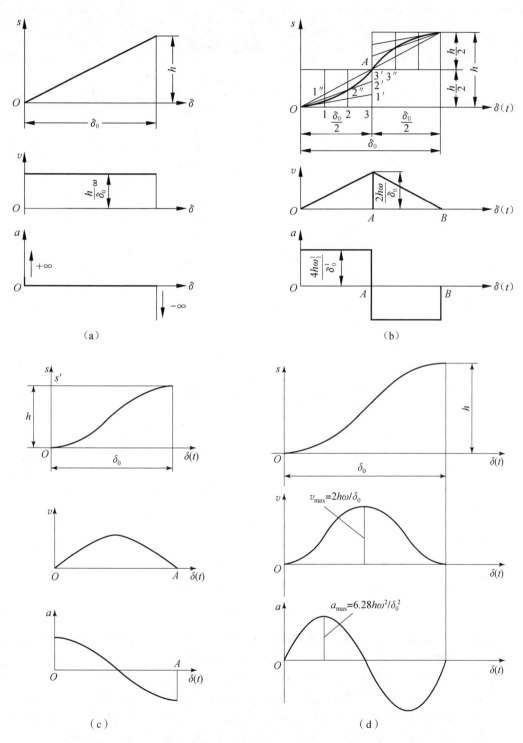

图 3 – 3 – 13　常用的从动件运动规律

（a）等速运动；（b）等加速等减速运动；（c）余弦加速度运动；（d）正弦加速度运动

常用的从动件运动规律、运动方程及运动特性见表 3 - 3 - 1。

表 3 - 3 - 1　常用的从动件运动规律、运动方程及运动特性

运动规律	运动方程		冲击性质	适用范围
	推程 $0° \leqslant \delta \leqslant \delta_0$	回程 $0° \leqslant \delta' \leqslant \delta_0'$		
等速运动规律	$s = \dfrac{h}{\delta_0} \delta$ $v = \dfrac{h}{\delta_0} \omega$ $a = 0$	$s = h - \dfrac{h}{\delta_0'} \delta'$ $v = -\dfrac{h}{\delta_0'} \omega$ $a = 0$	刚性冲击	低速轻载
等加速等减速运动规律	$0° \leqslant \delta \leqslant \dfrac{\delta_0}{2}$ $s = \dfrac{2h}{\delta_0^2} \delta^2$ $v = \dfrac{4h\omega}{\delta_0^2} \delta$ $a = \dfrac{4h\omega^2}{\delta_0^2}$ $\dfrac{\delta_0}{2} < \delta \leqslant \delta_0$ $s = h - \dfrac{2h(\delta_0 - \delta)^2}{\delta_0^2}$ $v = \dfrac{4h\omega}{\delta_0^2}(\delta_0 - \delta)$ $a = -\dfrac{4h\omega^2}{\delta_0^2}$	$0° \leqslant \delta' \leqslant \dfrac{\delta_0'}{2}$ $s = h - \dfrac{2h}{\delta_0'^2} \delta'^2$ $v = -\dfrac{4h\omega}{\delta_0'^2} \delta'$ $a = -\dfrac{4h\omega^2}{\delta_0'^2}$ $\dfrac{\delta_0'}{2} < \delta' \leqslant \delta_0'$ $s = \dfrac{2h(\delta_0' - \delta')^2}{\delta_0'^2}$ $v = -\dfrac{4h\omega}{\delta_0'^2}(\delta_0' - \delta')$ $a = \dfrac{4h\omega^2}{\delta_0'^2}$	柔性冲击	中速轻载
余弦加速度运动规律（简谐运动规律）	$s = \dfrac{h}{2}\left[1 - \cos\left(\dfrac{\delta}{\delta_0}\pi\right)\right]$ $v = \dfrac{\pi h\omega}{2\delta_0}\sin\left(\dfrac{\delta}{\delta_0}\pi\right)$ $a = \dfrac{\pi^2 h\omega^2}{2\delta_0^2}\cos\left(\dfrac{\delta}{\delta_0}\pi\right)$	$s = \dfrac{h}{2}\left[1 + \cos\left(\dfrac{\delta'}{\delta_0'}\pi\right)\right]$ $v = -\dfrac{\pi h\omega}{2\delta_0'}\sin\left(\dfrac{\delta'}{\delta_0'}\pi\right)$ $a = -\dfrac{\pi^2 h\omega^2}{2\delta_0'^2}\cos\left(\dfrac{\delta'}{\delta_0'}\pi\right)$	柔性冲击	中速中载或重载
正弦加速度运动规律（摆线运动规律）	$s = h\left[\dfrac{\delta}{\delta_0} - \dfrac{1}{2\pi}\sin\left(\dfrac{2\delta}{\delta_0}\pi\right)\right]$ $v = \dfrac{h\omega}{\delta_0}\left[1 - \cos\left(\dfrac{2\delta}{\delta_0}\pi\right)\right]$ $a = \dfrac{2\pi h\omega^2}{\delta_0^2}\sin\left(\dfrac{2\delta}{\delta_0}\pi\right)$	$s = h\left[1 - \dfrac{\delta'}{\delta_0'} + \dfrac{1}{2\pi}\sin\left(\dfrac{2\delta'}{\delta_0'}\pi\right)\right]$ $v = -\dfrac{h\omega}{\delta_0'}\left[1 - \cos\left(\dfrac{2\delta'}{\delta_0'}\pi\right)\right]$ $a = -\dfrac{2\pi h\omega^2}{\delta_0'^2} - \sin\left(\dfrac{2\delta'}{\delta_0'}\pi\right)$	无冲击	高速重载

应该指出，除了以上几种常用的从动件运动规律外，有时还要求从动件实现特定的运动规律，其动力性能的好坏及适用场合，仍可参考上述方法进行分析。

在选择从动件的运动规律时，应根据机器工作时的运动要求来确定。例如，机床中控制刀架进刀的凸轮机构，要求刀架进刀时做等速运动，因此应选择从动件做等速运动的运动规律，至于行程始末端，可以通过拼接其他运动规律的曲线来消除冲击。对无一定运动要求，只需要从动件有一定位移量的凸轮机构，如夹紧、送料等凸轮机构，可只考虑加工方便，采用圆弧、直线等组成的凸轮轮廓。对于高速机构，应减小惯性力所造成的冲击，多选择从动件做正弦加速度运动或其他改进型的运动。

步骤三 设计凸轮机构

知识链接

在确定从动件的运动规律后，就可以设计凸轮的轮廓。凸轮轮廓的设计方法有两种。

（1）图解法（又称作图法）。这种方法简单直观，可直接得出凸轮的轮廓，然而作图存在一定误差，设计精度不高，但如果细心作图，精确度还是能够满足一般工程要求的，因而在工程上应用图解法设计凸轮较多。

（2）解析法。这种方法精度较高，但设计计算量大，多用于设计精密的场合或高速凸轮机构。本步骤主要介绍图解法设计凸轮轮廓。

图解法设计凸轮轮廓的依据是反转法原理，即对整个凸轮机构加上一个绕凸轮转动中心 O 转动，且与凸轮角转速 ω 等值、反向的公共角速度 $-\omega$，此时，凸轮与从动件的相对运动并未改变，但凸轮却静止不动，而从动件一方面随导路一起以等角速度 $-\omega$ 绕点 O 转动，另一方面仍以原来的运动规律在导路中做相对移动。由于从动件的尖顶始终与凸轮轮廓接触，因此反转后从动件尖顶的运动轨迹就是凸轮的轮廓曲线，如图 3-3-14 所示。

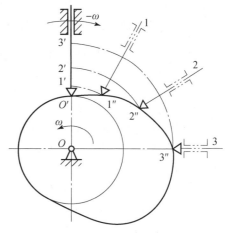

图 3-3-14 反转法原理

一、对心移动尖顶从动件盘形凸轮轮廓的设计

已知一基圆半径为 r_0 的对心移动尖顶从动件盘形凸轮机构，其从动件的位移线图如图 3-3-15（a）所示，凸轮以角速度 ω 顺时针转动。试设计该凸轮的轮廓曲线。

直动从动件盘形凸轮机构轮廓曲线设计

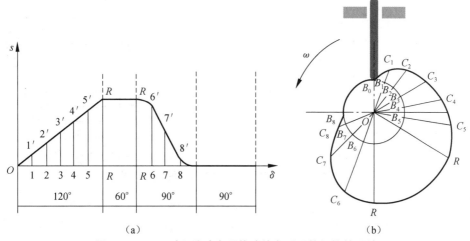

（a）

（b）

图 3-3-15 对心移动尖顶从动件盘形凸轮机构的设计

设计步骤如下。

（1）根据已知从动件的运动规律（即位移线图），选定适当比例尺 μ_s 作出位移曲线，并将横坐标分段等分，通过各等分点作横坐标的垂线并与位移曲线相交，得到凸轮各转角所对应的从动件位移 $11'$，$22'$，$\cdots$，$88'$，如图 $3-3-15$（a）所示。

（2）以基圆半径 r_0 为半径按所选比例尺 μ_s 作出基圆。

（3）在基圆上，任取一点 B_0 作为从动件升程的起始点，由 B_0 开始，沿 ω 的相反方向将基圆分成与位移线图相同的等份，得到等分点 B_1，B_2，$\cdots$，B_8，连接 OB_1，OB_2，$\cdots$，OB_8，得各径向线并将其延长，则这些径向线即从动件导路在反转过程中所依次占据的位置。

（4）在各条径向线上自 B_1，B_2，$\cdots$，B_8 各点分别截取 $B_1C_1 = 11'$，$B_2C_2 = 22'$，$B_3C_3 = 33'$，$\cdots$，$B_8C_8 = 88'$，得 C_1，C_2，$\cdots$，C_8 各点。将 B_0，C_1，C_2，$\cdots$，C_8 各点连成光滑曲线，该曲线即所要设计的对心移动尖顶从动件盘形凸轮轮廓曲线。

二、移动滚子从动件盘形凸轮轮廓的设计

已知一基圆半径为 r_0 的移动滚子从动件盘形凸轮机构，其从动件的位移线图如图 $3-3-16$（a）所示，凸轮以角速度 ω 顺时针转动。试设计该凸轮的轮廓曲线。

移动滚子从动件凸轮轮廓曲线的设计步骤与对心移动尖顶从动件凸轮轮廓曲线的设计步骤基本相同，如图 $3-3-16$（b）所示。其不同点就是将滚子中心看作尖顶从动件的尖顶，按上述方法先设计出其轮廓曲线 β_0。再以 β_0 上各点为中心、以滚子半径为半径作一系列滚子圆，作这些滚子圆的内包络线 β，则曲线 β 就是与从动件直接接触的凸轮轮廓，称为凸轮工作轮廓，也是移动滚子从动件盘形凸轮机构的实际轮廓曲线。曲线 β_0 称为凸轮的理论轮廓曲线。在设计理论轮廓曲线 β_0 时，半径为 r_0 的基圆称为凸轮理论轮廓基圆，而以凸轮实际轮廓曲线最小向径值为半径所作的圆，称为凸轮实际轮廓基圆。

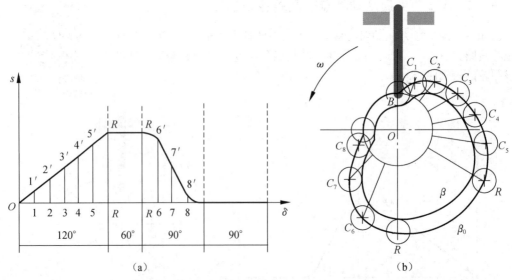

图 $3-3-16$　移动滚子从动件盘形凸轮机构的设计

步骤四　分析影响凸轮机构工作的参数

设计凸轮机构时，不仅要满足从动件的运动规律，还要满足结构紧凑和传力性能良好的特点。这些要求与凸轮机构的压力角、基圆半径和滚子半径等有关。

一、凸轮机构的压力角和自锁

如图 3 - 3 - 17 所示，对心移动尖顶从动件盘形凸轮机构在推程任意位置的受力情况，均为从动件所受的载荷（包括工作阻力、重力、弹簧力和惯性力等），若不计摩擦，则凸轮对从动件的作用力 F 沿接触点的法线方向。力 F 可分解为两个分力：沿从动件运动方向的有用分力 F_2 和使从动件压紧导路的有害分力 F_1。由图 3 - 3 - 17 可得

$$\begin{cases} F_2 = F\cos\alpha \\ F_1 = F\sin\alpha \end{cases} \tag{3 - 3 - 1}$$

式中，α 为压力角，是从动件在接触点所受的力的方向与该点速度方向所夹的锐角。

显然，有用分力 F_2 随压力角的增大而减小，有害分力 F_1 随压力角的增大而增大。当压力角 α 增大到一定值时，有害分力 F_1 引起的摩擦阻力将超过有用分力 F_2。此时，无论凸轮给从动件的力 F 有多大，都不能使从动件运动，这种现象称为自锁。在设计凸轮机构时，绝对不允许出现自锁现象。

可见，压力角的大小是衡量凸轮机构传力性能好坏的一个重要指标。为提高传动效率，改善从动件受力情况，凸轮机构的压力角越小越好。

但是，压力角的大小不只与从动件的受力情况有关。根据运动学知识，有

$$r_0 = \frac{v}{\omega\tan\alpha} - s \tag{3 - 3 - 2}$$

由式（3 - 3 - 2）可知，压力角 α 与基圆半径 r_0 成反比，当压力角 α 越小时，基圆半径 r_0 就越大，凸轮尺寸也随之变大。为避免凸轮尺寸过大，使机构尺寸更加紧凑，凸轮机构的压力角越大越好。

综合上述两方面的因素，既能使凸轮机构传力性能良好，又能使凸轮机构尺寸尽可能紧凑，则压力角既不能过大，也不能过小。因此，压力角应有许用值，以 $[\alpha]$ 表示。在设计凸轮机构时，应使凸轮机构的实际最大压力角 $\alpha_{max} \leq [\alpha]$。根据工程实践经验，对压力角的许用值 $[\alpha]$ 推荐如下。

推程（工作行程）：移动从动件　$[\alpha]=30°$，摆动从动件　$[\alpha]=45°$。

回程（空回行程）：因受力较小且无自锁问题，所以 $[\alpha]$ 可取大些，通常取 $[\alpha]=70°\sim80°$。

凸轮轮廓曲线上各点的压力角是变化的，在绘出凸轮轮廓曲线后，必须对理论轮廓曲线，特别是对推程段理论轮廓曲线上各点压力角进行检验，以防超过许用压力角。常用的简便检验方法如图 3 - 3 - 18 所示，在理论轮廓曲线上最陡的地方取几点，作这几点的法线，再用量角器检验各点法线与该点径向之间的夹角是否超过许用压力角，若超过，则要修改设计，通常采用增大凸轮基圆半径的方法使 α_{max} 减小。

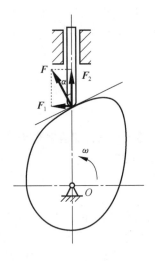

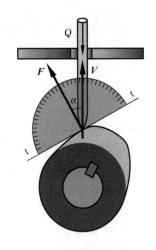

图 3 – 3 – 17　凸轮机构的压力角　　　　　图 3 – 3 – 18　凸轮机构的压力角检验

二、基圆半径的确定

由于基圆半径 r_0 与凸轮机构压力角 α 的大小有关，所以，在确定基圆半径时，主要考虑的是使机构的最大压力角 α_{max} 小于或等于许用压力角 $[\alpha]$ 这一要求。具体确定方法是根据式 (3 – 3 – 2) 求出凸轮的许用基圆半径 $[r_0]$，再按结构条件取基圆半径 $r_0 \leqslant [r_0]$。

由于按这一方法确定的基圆半径比较小，且方法烦琐，因此在实际设计时，通常都是由结构条件初步定出基圆半径，并进行凸轮轮廓设计和检验压力角至满足 $\alpha_{max} \leqslant [\alpha]$ 为止。

在实际工程中，还可按经验来确定基圆半径 r_0。当凸轮与轴制成一体时，可取凸轮半径 r_0 略大于轴的半径；当凸轮与轴分开制造时，r_0 由式 (3 – 3 – 3) 确定，即

$$r_0 = (1.6 \sim 2)r \tag{3 – 3 – 3}$$

式中，r 为安装凸轮处轴颈的半径。

三、滚子半径的确定

一般来说，滚子半径增大，对提高接触强度和耐磨性都有利，但是滚子半径的增大受到凸轮轮廓曲线曲率半径的限制。如图 3 – 3 – 19 所示，设凸轮理论轮廓曲线的最小曲率半径为 ρ_{min}，滚子半径为 r_r，实际轮廓曲线最小曲率半径为 ρ_a。对于轮廓曲线的内凹部分，有 $\rho_a = \rho_{min} + r_r$，不论滚子半径 r_r 多大，ρ_a 总大于零，因此，总能作出凸轮实际轮廓曲线 [见图 3 – 3 – 19 (a)]。对于轮廓曲线的外凸部分，有 $\rho_a = \rho_{min} - r_r$，若 $\rho_{min} > r_r$ [见图 3 – 3 – 19 (b)]，同样可作出凸轮实际轮廓曲线；若 $\rho_{min} = r_r$ [见图 3 – 3 – 19 (c)]，则实际轮廓曲线出现尖点，极易磨损；若 $\rho_{min} < r_r$ [见图 3 – 3 – 19 (d)]，则实际轮廓曲线发生交叉，在加工凸轮时，轮廓上的交叉部分 [图 3 – 3 – 19 (d) 中阴影部分] 将被切去。凸轮实际轮廓上的尖点被磨损或交叉部分被切去后，都将使滚子中心不在理论轮廓曲线上，这就会造成从动件的失真现象。

根据上述分析可知，滚子半径 r_r 必须小于凸轮理论轮廓曲线外凸部分的最小曲率半径 ρ_{min}，从结构上考虑，r_r 还必须小于基圆半径 r_0。因此在实际设计时，r_r 应满足经验公式

$$\begin{cases} r_r \leqslant 0.8\rho_{min} \\ r_r \leqslant 0.4r_0 \end{cases} \tag{3 – 3 – 4}$$

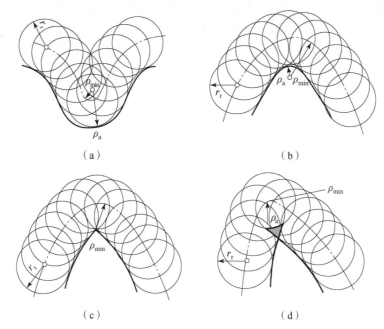

图 3 - 3 - 19　滚子半径与凸轮轮廓曲线曲率半径的关系

（a）内凹；（b）外凸；（c）出现尖点；（d）出现交叉

知识拓展　凸轮机构的材料

一、凸轮机构的材料

当凸轮机构工作时，往往需要承受动载荷的作用，同时凸轮表面会承受强烈磨损，因此，要求凸轮和滚子的工作表面硬度高，具有良好的耐磨性，芯部具有良好的韧性。当载荷较小且低速时，可以选用铸铁作为凸轮的材料，如 HT250、HT300、QT800 - 2 等。当中速、中载时，可以选用优质碳素结构钢、合金钢作为凸轮的材料，常用材料有 45 钢、40Cr、20Cr、20CrMn 等，并经表面淬火或渗碳淬火，使硬度达到 55～62HRC。当高速、重载时，凸轮可以用 40Cr、38CrMoAl 等材料，并经表面淬火或渗氮处理。滚子材料可以用 20Cr，经渗碳淬火，使表面硬度达到 55～62HRC。

二、凸轮机构的结构

（1）基圆较小的凸轮，常与轴制成一体，称为凸轮轴，如图 3 - 3 - 20 （a）所示。

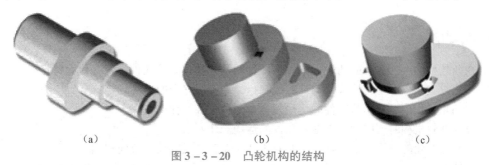

（a）　　　　　　　　　　（b）　　　　　　　　　　（c）

图 3 - 3 - 20　凸轮机构的结构

（2）基圆较大的凸轮，制成组合式结构，即凸轮与轴分开制造，然后用平键或销连接，如图3-3-20（b）所示，或采用弹性开口锥套螺母连接，如图3-3-20（c）所示，再将凸轮装在轴上。

任务评价

任务评价表见表3-3-2。

表3-3-2　任务评价表

评价类型	权重	具体指标	分值	得分		
				自评	组评	师评
职业能力	70%	清楚凸轮机构的类型及应用场合	10			
		能分清不同类型的凸轮机构	25			
		能完成盘形凸轮机构的设计	25			
		会正确选择凸轮机构的主要参数	10			
职业素养	20%	坚持出勤，遵守纪律	5			
		协作互助，解决难点	5			
		按照流程规范简化	5			
		持续改进优化	5			
劳动素养	10%	按时完成任务	5			
		设计规范流程	5			
综合评价	总分					
	教师点评					

任务小结

通过对本任务的学习，应掌握凸轮机构的运动特点、常见凸轮机构的类型、从动件常用运动规律，并能够根据从动件运动规律设计盘形凸轮机构。

任务拓展训练

1. 在凸轮机构中，常见的凸轮形状和从动件的结构形式有哪几种？各有什么特点？
2. 试比较尖顶、滚子、平底从动件的优缺点，并说明它们的适用场合。
3. 在凸轮机构中，常用从动件的运动规律有几种？各有什么特点？
4. 设计凸轮机构时，应如何选择从动件的运动规律？
5. 什么是凸轮轮廓设计的反转法？它对于凸轮轮廓曲线的设计有何作用？
6. 简述绘制凸轮轮廓曲线的过程。在绘制尖顶和滚子从动件盘形凸轮的轮廓曲线时，有哪些相同和不同之处？

7. 什么是凸轮机构的压力角？设计凸轮机构时，为什么要控制压力角的最大值 α_{max}？

8. 凸轮基圆半径的选择与哪些因素有关？

9. 在设计滚子从动件盘形凸轮机构时，如何确定滚子半径？

10. 凸轮转角与从动件的运动规律对照表见表 3 - 3 - 3，凸轮等角速回转，行程 $h = 50$ mm，试绘制从动件的位移曲线。

表 3 - 3 - 3　凸轮转角与从动件的运动规律对照表

凸轮转角 δ	$\delta_t = 120°$	$\delta_s = 60°$	$\delta_h = 120°$	$\delta'_s = 60°$
从动件的运动规律	余弦加速度运动规律	停止	等加速等减速运动规律	停止

11. 设计一移动滚子从动件盘形凸轮机构，已知凸轮基圆半径 $r_0 = 40$ mm，滚子半径 $r_r = 10$ mm；凸轮逆时针等角速度回转，从动件在推程中按等加速等减速规律运动，回程中按余弦加速度规律运动，从动件行程 $h = 32$ mm；凸轮在一个循环中的转角为 $\delta_t = 150°$，$\delta_s = 30°$，$\delta_h = 120°$，$\delta'_s = 60°$。试绘制凸轮廓曲线，并校核推程压力角。

任务四　分析间歇运动机构

参考学时：2学时

内容简介 NEWS

在实际工作中，常常要求原动件连续运动，而从动件做周期性的间歇运动。实现间歇运动的机构，称为**间歇运动机构**。随着机械自动化程度的提高，间歇运动机构应用日益广泛，如数控机床的进给机构、送料机构、刀架的转位机构等。

棘轮机构和槽轮机构是实现这种间歇运动的最常用的两种机构。本任务主要介绍这两种机构的工作原理、特点及应用。

知识目标

（1）掌握间歇运动机构的基本概念。

（2）掌握间歇运动机构的组成。

（3）了解间歇运动机构的工作原理和类型。

（4）了解常用间歇运动机构的特点及应用。

能力目标

（1）理解棘轮机构和槽轮机构的工作原理。

（2）了解不完全齿轮机构和凸轮式间歇运动机构。

通过了解间歇运动机构的运动特点，培养学生的创新意识。

任务导入

如图3-4-1所示为电影放映机中的卷片机构，想一想，其工作原理是什么？

图3-4-1　电影放映机中的卷片机构

任务实施

步骤一　分析棘轮机构

知识链接

棘轮机构

一、棘轮机构的工作原理

棘轮机构有两大类型，即齿式棘轮机构和摩擦式棘轮机构。不同类型棘轮机构的工作原理不同。

图3-4-2所示为齿式棘轮机构，其工作原理是做往复摆动的摇杆在逆时针摆动时，使其上的棘爪插入棘轮的齿槽中，刚性推动棘轮使其转动；而摇杆顺时针摆动时，棘爪在棘轮的齿上滑过不产生刚性推动，因此棘轮不动。摇杆连续往复摆动时，棘轮做单向间歇运动。

图3-4-3所示为摩擦式棘轮机构，其工作原理是当往复摆动的摇杆逆时针摆动时，其上向径逐渐增大的楔块与摩擦轮的表面楔紧成一体以实现摩擦轮的转动；摇杆顺时针摆动时，楔块在摩擦轮的表面滑过，摩擦轮静止不动。

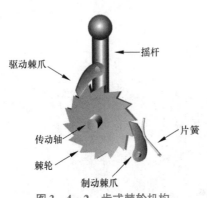

图3-4-2　齿式棘轮机构

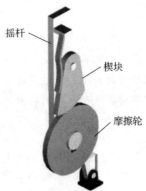

图3-4-3　摩擦式棘轮机构

二、棘轮机构的类型

除按工作原理可将棘轮机构分为齿式棘轮机构和摩擦式棘轮机构两大类外,按结构和功能,还可将棘轮机构分为如下几种。

1. 外啮合和内啮合棘轮机构

如图3-4-2和图3-4-3所示,棘爪或楔块装在从动轮外面的棘轮机构,称为外啮合棘轮机构。

如图3-4-4所示,棘爪装在从动轮内部的棘轮机构称为内啮合棘轮机构。例如,自行车后轴上的"飞轮",就是典型的内啮合棘轮机构。

2. 单动式和双动式棘轮机构

如图3-4-2、图3-4-3和图3-4-4所示,当原动件按某一方向摆动才能推动棘轮转动的棘轮机构称为单动式棘轮机构。图3-4-5所示为双动式棘轮机构,它具有两个棘爪,摇杆往复摆动时都可以推动棘轮机构转动,故称为双动式棘轮机构。

图3-4-4 内啮合棘轮机构

图3-4-5 双动式棘轮机构

3. 可变向棘轮机构

以上所介绍的棘轮机构,棘轮都只能按一个方向做单向间歇运动,而图3-4-6所示的可变向棘轮机构,可根据工作需要使棘轮做双向间歇运动。图3-4-6(a)所示机构采用的是翻转棘爪,当棘爪位于实线位置时,棘轮做逆时针转动;当棘爪位于双点画线位置时,棘轮做顺时针转动。图3-4-6(b)所示机构采用的是回转棘爪,当棘爪按图示位置放置时,棘轮做逆时针间歇转动;若将棘爪提起并绕本身轴线转180°后再插入棘轮齿槽时,棘轮将做顺时针间歇转动;若将棘爪提起后绕本身轴线转90°,棘爪将被架在壳体顶部并与棘轮齿槽分开,此时棘轮静止不动。

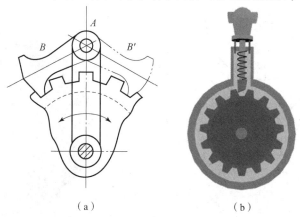

(a)   (b)

图3-4-6 可变向棘轮机构

(a)翻转棘爪棘轮机构;(b)回转棘爪棘轮机构

三、棘轮机构的特点与应用

棘轮机构结构简单、易于制造、应用广泛，改变棘轮转角方便（如改变摇杆的摆角），可实现"超越运动"（原动件不动而从动件继续运动的现象称为超越运动，如自行车下坡情况）。但棘轮机构工作时存在较大的冲击与噪声，运动精度不高，所以常用在传力不大、转速不高的场合，以实现步进运动、分度、超越运动和制动等要求。

步骤二 分析槽轮机构

槽轮机构应用

槽轮是带有若干个径向槽的构件，含有槽轮的机构称为槽轮机构，又称马耳他机构，是另一种主要的单向间歇运动机构。

一、槽轮机构的工作原理

图 3 – 4 – 7 所示为外啮合槽轮机构，它由带有圆柱销 A 的原动件拨盘 1、从动件槽轮 2 及机架组成，拨盘 1 以等角速度 ω_1 转动时，槽轮 2 做间歇运动。当拨盘上的圆柱销 A 未进入槽轮的径向槽时，槽轮上的内凹锁止弧 β 被拨盘上的外凸锁止弧 α 卡住，槽轮静止不动；当拨盘上的圆柱销 A 进入槽轮的径向槽时，内凹锁止弧 β 刚好被松开，槽轮在圆柱销 A 的驱动下转动；当圆柱销 A 离开槽轮的径向槽时，槽轮上的下一个内凹锁止弧 β 又被拨盘上的外凸锁止弧 α 卡住，使槽轮静止不动。依次下去，槽轮重复着以上的运动循环，即做间歇运动。

二、槽轮机构的类型

槽轮机构有两种类型：外啮合槽轮机构（见图 3 – 4 – 7）和内啮合槽轮机构（见图 3 – 4 – 8）。前者拨盘与槽轮的转向相反，后者拨盘与槽轮的转向相同。

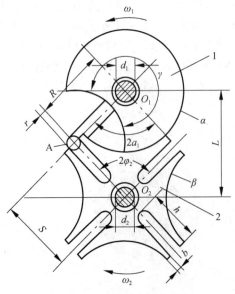

图 3 – 4 – 7　外啮合槽轮机构

1—拨盘；2—槽轮

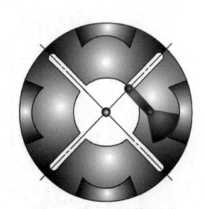

图 3 – 4 – 8　内啮合槽轮机构

三、槽轮机构的特点与应用

对槽轮机构，其拨盘上的圆柱销数及槽轮的径向槽数是主要参数，这两个参数要根据具体的运动参数来确定。

槽轮机构结构简单、尺寸紧凑、工作可靠、平稳性高、机械效率高，但在圆柱销进入和脱离径向槽时存在冲击，而且加工精度要求高、槽轮转角不可调，因此，槽轮机构主要在各种仪器和精密机械中起间歇运动作用。图3-4-9所示为空间槽轮机构，图3-4-10所示为转塔车床刀架转位槽轮机构。

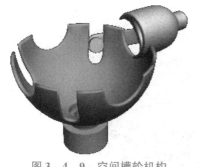 

图3-4-9 空间槽轮机构　　　　图3-4-10 转塔车床刀架转位槽轮机构

步骤三　分析其他间歇运动机构

 知识链接

除了棘轮机构和槽轮机构外，还有不完全齿轮机构和凸轮式间歇运动机构能实现间歇运动。

一、不完全齿轮机构

不完全齿轮机构是由普通渐开线齿轮机构演化而成，其基本结构形式分为外啮合和内啮合两种，如图3-4-11所示。不完全齿轮机构的主齿轮只有一个或几个齿，从动轮上具有若干个正常齿轮及锁止弧。当主动轮连续转动时，从动轮做间歇运动。

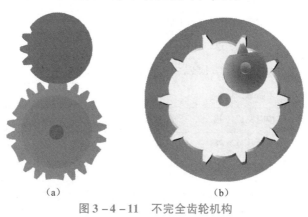

(a)　　　　　　　　　(b)

图3-4-11 不完全齿轮机构

(a) 外啮合；(b) 内啮合

不完全齿轮机构结构简单、制造方便，从动轮转动和停歇的时间比例关系不受机构结构的限制。但因为从动轮在转动开始和终止时速度有突变，冲击较大，所以一般多用于低速轻载场合，如自动机、半自动机工作台的间歇转位等。

二、凸轮式间歇运动机构

凸轮式间歇运动机构是利用凸轮的轮廓曲线，通过对转盘上均匀分布的滚子（或柱销）的推动，将凸轮的连续转动变为从动转盘的间歇转动。凸轮式间歇运动机构主要用于垂直交错轴间的传动。图 3 - 4 - 12 所示为凸轮式间歇运动机构。

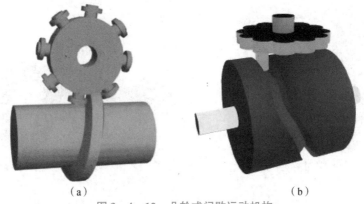

（a）　　　　　　　　　　（b）

图 3 - 4 - 12　凸轮式间歇运动机构

 任务评价

任务评价表见表 3 - 4 - 1。

表 3 - 4 - 1　任务评价表

评价类型	权重	具体指标	分值	得分		
				自评	组评	师评
职业能力	60%	掌握间歇运动机构的类型及应用场合	20			
		能分清不同类型的间歇运动机构	25			
		了解棘轮机构、槽轮机构的主要参数	15			
职业素养	25%	坚持出勤，遵守纪律	10			
		协作互助，解决难点	10			
		创新意识培养	5			
劳动素养	15%	按时完成任务	5			
		设计规范流程	5			
		小组分工合理	5			
综合评价	总分					
	教师点评					

任务小结

通过对本任务的学习，应掌握间歇运动机构的结构、运动特点、适用场合、类型，了解棘轮机构、槽轮机构的相关参数。

任务拓展训练

1. 棘轮机构是如何实现间歇运动的？棘轮机构有哪些？
2. 棘轮的转角可调吗？采用什么方法可以改变棘轮的转角范围？
3. 槽轮机构如何实现间歇运动？

项目四 常用机械传动

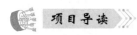
项目导读

传动机构是各种机械的重要组成部分，在机械中起着传递能量、分配能量、改变转速及改变运动形式等作用。传动的种类有机械传动和电传动。按传动原理可将机械传动分为啮合传动和摩擦传动。本项目将以常用啮合传动中的齿轮传动和齿轮系及常用摩擦传动中的带传动为研究对象，从承载能力出发，考虑结构工艺性和维护等因素，研究这些常用机械传动的组成、工作原理、运动特性、零件结构特点、受力分析、运动分析、失效分析及设计的基本方法等内容。

通过对本项目的学习，应使学生掌握常用机械传动的工作原理、特点、选用、维护及设计计算方法，初步了解机械设计的一般知识，具有运用与常用机械传动有关的标准、规范手册、图册等技术资料的能力。

任务一 设计齿轮传动

参考学时：10学时

内容简介

齿轮传动用于传递任意两轴间的运动和转矩，它是现代机械中应用最广的传动机构之一。本任务以渐开线标准直齿圆柱齿轮为重点，研究齿轮传动的基本参数、几何尺寸计算、啮合传动条件及设计思路和设计方法。

知识目标

（1）掌握渐开线的性质。
（2）掌握齿轮正确啮合及连续传动的条件。
（3）掌握直齿圆柱齿轮的几何尺寸计算。
（4）掌握渐开线直齿圆柱齿轮的传动设计。
（5）了解齿轮加工方法和变位齿轮。
（6）了解斜齿轮、圆锥齿轮及蜗杆传动。

在实际工作中掌握齿轮传动的工作原理，并能进行相应的计算。

（1）通过齿轮的相关参数计算，培养学生执行标准的规范意识。

（2）通过齿轮结构设计，培养学生创新思辨的科学思维及严谨的职业规范。

（3）通过齿轮强度校核计算，培养学生的安全意识。

图4-1-1所示为减速器。试分析该减速器的组成及作用。

图4-1-1　减速器

步骤一　认识齿轮传动

一、齿轮传动的特点及应用

齿轮传动主要用于传递任意两轴之间的运动和转矩，并可以用来变速和变换运动方式。齿轮传动的主要优点如下。

（1）适用的圆周速度和功率范围广。

（2）传动效率高、传动比稳定。

（3）工作可靠性较高、寿命较长。

（4）可实现平行轴、任意角相交轴和任意角交错轴之间的传动。

（5）结构紧凑。

缺点主要是以下两点。

（1）要求较高的制造和安装精度，成本较高。

（2）不适宜于远距离两轴之间的传动。

二、齿轮传动的类型

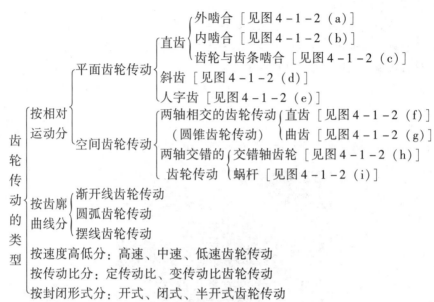

$$
\text{齿轮传动的类型}\begin{cases}
\text{按相对运动分}\begin{cases}
\text{平面齿轮传动}\begin{cases}
\text{直齿}\begin{cases}
\text{外啮合 ［见图 } 4-1-2\text{（a）］}\\
\text{内啮合 ［见图 } 4-1-2\text{（b）］}\\
\text{齿轮与齿条啮合 ［见图 } 4-1-2\text{（c）］}
\end{cases}\\
\text{斜齿 ［见图 } 4-1-2\text{（d）］}\\
\text{人字齿 ［见图 } 4-1-2\text{（e）］}
\end{cases}\\
\text{空间齿轮传动}\begin{cases}
\text{两轴相交的齿轮传动（圆锥齿轮传动）}\begin{cases}
\text{直齿 ［见图 } 4-1-2\text{（f）］}\\
\text{曲齿 ［见图 } 4-1-2\text{（g）］}
\end{cases}\\
\text{两轴交错的齿轮传动}\begin{cases}
\text{交错轴齿轮 ［见图 } 4-1-2\text{（h）］}\\
\text{蜗杆 ［见图 } 4-1-2\text{（i）］}
\end{cases}
\end{cases}
\end{cases}\\
\text{按齿廓曲线分}\begin{cases}
\text{渐开线齿轮传动}\\
\text{圆弧齿轮传动}\\
\text{摆线齿轮传动}
\end{cases}\\
\text{按速度高低分：高速、中速、低速齿轮传动}\\
\text{按传动比分：定传动比、变传动比齿轮传动}\\
\text{按封闭形式分：开式、闭式、半开式齿轮传动}
\end{cases}
$$

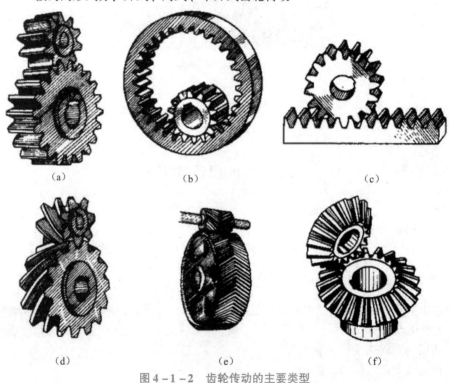

（a）　　　　　　　　（b）　　　　　　　　（c）

（d）　　　　　　　　（e）　　　　　　　　（f）

图 4-1-2　齿轮传动的主要类型

（a）直齿圆柱齿轮外啮合传动；（b）直齿圆柱齿轮内啮合传动；（c）直齿圆柱齿轮与齿条啮合传动；
（d）斜齿圆柱齿轮外啮合传动；（e）人字齿圆柱齿轮外啮合传动；（f）直齿圆锥齿轮传动

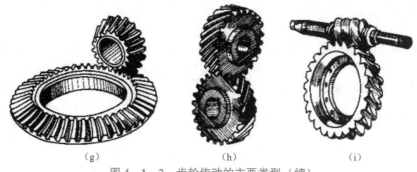

图 4 - 1 - 2　齿轮传动的主要类型（续）

（g）曲齿圆锥齿轮传动；（h）交错轴齿轮传动；（i）蜗杆传动

三、齿廓啮合基本定律

齿轮传动的基本要求之一是其瞬时传动比保持恒定不变，齿廓啮合基本定律就是研究齿廓满足这一基本要求的条件。

齿轮传动是依靠主动轮的轮齿依次拨动从动轮的轮齿来实现的。若两轮的齿数分别为 z_1 和 z_2，则两轮的伟动比 i 为

$$i = \frac{\omega_1}{\omega_2} = \frac{n_1}{n_2} = \frac{z_2}{z_1} \tag{4 - 1 - 1}$$

如图 4 - 1 - 3 所示，相互啮合的一对齿廓在点 K 接触，过接触点 K 作两齿廓公法线 N_1N_2 与两轮心的连线 O_1O_2 相交于点 C。假设两齿廓为刚体，则两齿廓在啮合过程中不应相互压入或分离，所以速度 $\boldsymbol{v}_{K_1}$ 和 $\boldsymbol{v}_{K_2}$ 在过点 K 所作两齿廓的公法线 N_1N_2 上的分速度应相等。即

$$v_{K_1} \cos \alpha_{K_1} = v_{K_2} \cos \alpha_{K_2}$$

又由于

$$v_{K_1} = \omega_1 \overline{O_1K}, \quad v_{K_2} = \omega_2 \overline{O_2K}$$

那么

$$\frac{\omega_1}{\omega_2} = \frac{\overline{O_2K}\cos \alpha_{K_2}}{\overline{O_1K}\cos \alpha_{K_1}}$$

故两轮的瞬时传动比为

$$i_{12} = \frac{\omega_1}{\omega_2} = \frac{\overline{O_2N_2}}{\overline{O_1N_1}} = \frac{\overline{O_2C}}{\overline{O_1C}} \tag{4 - 1 - 2}$$

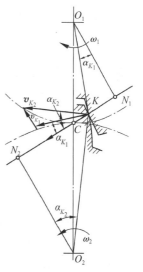

图 4 - 1 - 3　齿廓啮合基本定律

式（4 - 1 - 2）表明：相互啮合传动的一对齿轮，在任意瞬时的传动比与该瞬时两轮连心线被其啮合齿廓在接触点处的公法线所分成的两线段长度成反比。

由式（4 - 1 - 2）可知，若要求两齿轮传动比为常数，则 $\overline{O_2C}/\overline{O_1C}$ 必须为常数。因为两齿轮中心距 $\overline{O_1O_2}$ 为定长，故要求点 C 为连心线上一定点，因而可以得到以下结论：欲使齿轮传动得到定传动比，则相互啮合的一对齿廓的形状必须符合不论两齿廓在哪一点接触，其接触点的公法线皆与连心线交于一定点，这就是齿廓啮合基本定律。

定点 C 称为节点，以两齿轮轮心 O_1，O_2 为圆心，过节点 C 所做的两个相切的圆称为节圆。由式（4 - 1 - 2）可知，一对节圆在节点 C 处的线速度相等，这表明定传动比的一对齿轮在啮合时，一对节圆做纯滚动。以 r_1'，r_2' 分别表示两节圆半径，则传动比 i_{12} 与两节圆半径成反比。两齿

轮的中心距为

$$a = r'_1 + r'_2$$

凡满足齿廓啮合基本定律的一对齿廓称为共轭齿廓。共轭齿廓曲线很多，机械中传动齿轮常用的共轭齿廓有渐开线齿廓、摆线齿廓和圆弧齿廓等，其中以渐开线齿廓应用最为广泛。本任务主要介绍渐开线齿轮传动。

四、渐开线齿轮性质

1. 渐开线的形成

如图 4-1-4 所示，当一直线沿着一半径为 r_b 的圆周做纯滚动时，直线上任意一点 K 的轨迹 AK 称为该圆的**渐开线**。这个圆称为渐开线的**基圆**，半径 r_b 称为基圆半径；直线 NK 称为渐开线的**发生线**；角 θ_K 称为渐开线 AK 段的**展角**。

2. 渐开线的性质

由渐开线的形成可知，渐开线具有以下性质。

（1）发生线在基圆上滚过的长度 $\overline{KN}$，等于基圆上被滚过的弧长 $\overparen{NA}$，即 $\overline{KN} = \overparen{NA}$。

（2）发生线 KN 是渐开线在任意一点 K 的法线，因此，渐开线上任意一点的法线必与基圆相切。

（3）渐开线齿廓上各点的压力角是变化的。如图 4-1-4 所示，渐开线齿廓上任意一点 K 的法线（即法向压力 $\boldsymbol{F}_n$ 方向线）与该点的速度 $\boldsymbol{v}_K$ 方向线所夹的锐角 α_K 称为渐开线齿廓在点 K 的压力角。设点 K 的向径为 r_K，则由 $\triangle ONK$ 可求得

$$\cos \alpha_K = \frac{\overline{ON}}{\overline{OK}} = \frac{r_b}{r_K} \tag{4-1-3}$$

式（4-1-3）表明，基圆半径 r_b 一定时，其渐开线上各点的压力角随向径 r_K 的增大而增大，基圆上压力角等于零。

（4）渐开线的形状取决于基圆的大小。基圆半径相等，则渐开线的形状完全相同。如图 4-1-5 所示，基圆半径越小，则渐开线越弯曲；基圆半径越大，则渐开线越平直；当基圆半径趋于无穷大时，渐开线就变成直线。

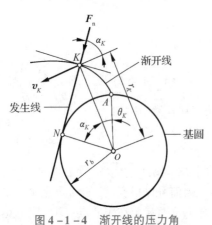

图 4-1-4 渐开线的压力角

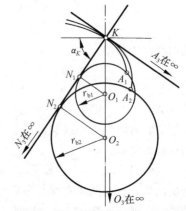

图 4-1-5 不同基圆的渐开线

（5）基圆以内无渐开线。

3. 渐开线齿廓的特点

（1）渐开线齿廓满足恒定角速度比要求。如图 4-1-6 所示，根据渐开线的性质，该公法

线 N_1N_2 必与两基圆相切，又因两轮的基圆为定圆，在其同一方向的内公切线只有一条，其与两轮连心线的交点 C 必是一定点，因此，渐开线齿廓满足恒定角速度比的要求。由图 4-1-6 知，两轮的传动比为

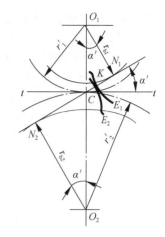

$$i_{12} = \frac{\omega_1}{\omega_2} = \frac{\overline{O_2C}}{\overline{O_1C}} = \frac{r_{b2}}{r_{b1}} \qquad (4-1-4)$$

（2）啮合线、啮合角、压力作用线。一对齿轮啮合传动时，齿廓啮合点（接触点）的轨迹称为啮合线。对于渐开线齿轮，齿轮啮合时，齿廓接触点都在公法线 N_1N_2（见图 4-1-6）上，因此，该公法线 N_1N_2 即渐开线齿廓的啮合线。

图 4-1-6　渐开线齿廓满足恒角速比

过节点 C 作两节圆的公切线 t—t，它与啮合线 N_1N_2 间的夹角称为啮合角 α'。由于渐开线齿廓的啮合线是一条定直线，所以啮合角的大小始终保持不变，且渐开线齿轮在传动过程中，齿廓之间的正压力方向始终不变。这对齿轮传动的平稳性是很有利的。

（3）中心距具有可分性。当一对渐开线齿廓制成后，其基圆半径是不会改变的，由式（4-1-4）可知，即使两轮的中心距稍有变化，其传动比仍保持原值不变。这种传动比不因中心距的变化而改变的性质称为中心距的可分性。由于渐开线齿轮传动具有这一性质，因此在生产中因制造、安装误差和轴承磨损等所致中心距的改变并不影响齿轮传动的定传动比性能。

渐开线齿轮除具有上述的主要优点外，还有工艺性能好、互换性好等优点，因此，在近代的齿轮传动中广泛采用渐开线作为齿轮的齿廓曲线。

五、渐开线标准直齿圆柱齿轮的基本参数和几何尺寸

1. 齿轮的各部分名称及主要参数

图 4-1-7 所示为渐开线标准直齿圆柱齿轮的一部分。

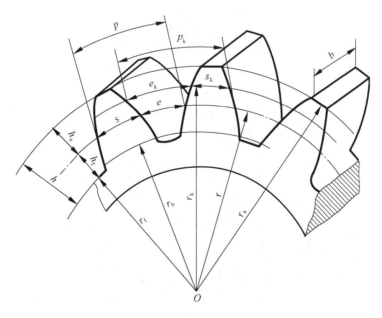

图 4-1-7　渐开线标准直齿圆柱齿轮的一部分

渐开线标准直齿圆柱齿轮的各部分名称介绍如下。

（1）齿数 z：齿轮整个圆周上轮齿的总数。

（2）齿顶圆（d_a 和 r_a）：过齿轮各轮齿顶端所作的圆，d_a 为齿顶圆直径，r_a 为齿顶圆半径。

（3）齿根圆（d_f 和 r_f）：齿轮相邻两齿之间的空间称为齿槽，过齿槽底部所作的圆，d_f 为齿根圆直径，r_f 为齿根圆半径。

（4）齿厚（s_k）：在任意半径 r_k 的圆周上，一个轮齿两侧齿廓之间的弧长称为该圆上的齿厚。

（5）齿槽宽（e_k）：在任意半径 r_k 的圆周上，一个齿槽两侧齿廓之间的弧长称为该圆上的齿槽宽。

（6）齿距（p_k）：相邻两齿同侧齿廓之间的弧长称为该圆上的齿距。由图 4-1-7 知，$p_k = s_k + e_k$。

（7）分度圆：为了便于设计和制造，在齿顶圆和齿根圆之间选择一个直径为 d（半径为 r）的圆作为基准圆，这个圆称为分度圆，分度圆上所有参数不带下标。

分度圆上的齿厚、齿槽宽和齿距分别用 s，e 和 p 表示，则 $p = s + e$。分度圆的大小显然是由齿距 p 和齿数 z 决定的，因分度圆的周长 $= \pi d = zp$，则有

$$d = z \frac{p}{\pi} \tag{4-1-5}$$

式中，π 为一个无理数，使齿轮的计算、制造和检验等颇为不便利，为此，工程上把 p/π 的比值规定为一些简单的有理数，并将其称为模数，用 m 表示，即

$$m = \frac{p}{\pi} \tag{4-1-6}$$

模数的单位以 mm 表示，于是得

$$d = mz \tag{4-1-7}$$

模数 m 是确定齿轮尺寸的一个重要参数。齿数相同的齿轮，模数大，则其尺寸也大，如图 4-1-8 所示。

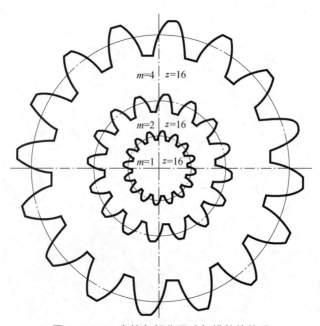

图 4-1-8　齿轮各部分尺寸与模数的关系

我国通用机械和重型机械用圆柱齿轮模数国家标准（GB/T 1357—2008）见表 4 - 1 - 1。

表 4 - 1 - 1　我国通用机械和重型机械用圆柱齿轮模数国家标准（GB/T 1357—2008）

第一系列	1　1.25　1.5　2　2.5　3　4　5　6　8　10　12　16　20　25　32　40　50
第二系列	1.125　1.375　1.75　2.25　2.75　3.5　4.5　5.5　(6.5)　7　9　11　14　18　22　28　36　45

注：1. 本标准规定了通用机械和重型机械用直齿和斜齿渐开线圆柱齿轮的法向模数。
　　2. 优先采用第一系列，括号内模数尽可能不用。

（8）齿顶高（h_a）：介于分度圆和齿顶圆之间的部分称为齿顶，其径向高度称为齿顶高。

（9）齿根高（h_f）：介于分度圆和齿根圆之间的部分称为齿根，其径向高度称为齿根高。

（10）齿全高（h）：齿顶高与齿根高之和。国标标准 ISO R53—1974 中规定

$$\left.\begin{array}{ll} \text{齿顶高} & h_a = h_a^* m \\ \text{齿根高} & h_f = (h_a^* + c^*)m \\ \text{齿全高} & h = h_a + h_f = (2h_a^* + c^*)m \end{array}\right\} \quad (4-1-8)$$

式中，h_a^* 为齿顶高系数；c^* 为顶隙系数。

我国标准规定：正常齿制的 $h_a^* = 1$，$c^* = 0.25$；短齿制的 $h_a^* = 0.8$，$c^* = 0.3$。

2. 基本参数

齿轮的基本参数是齿数 z、模数 m、压力角 α、齿顶高系数 h_a^* 和顶隙系数 c^*，且我国规定标准压力角 $\alpha = 20°$。标准齿轮是指 m，α，h_a^* 和 c^* 均为标准值，且 $s = e$ 的齿轮。

3. 几何尺寸计算

渐开线标准直齿圆柱齿轮几何尺寸的计算公式见表 4 - 1 - 2。

表 4 - 1 - 2　渐开线标准直齿圆柱齿轮几何尺寸的计算公式

名称	符号	公式
模数	m	根据轮齿受载情况、结构条件选用标准值
压力角	α	选用标准值
分度圆直径	d	$d = zm$
齿顶高	h_a	$h_a = h_a^* m$
齿根高	h_f	$h_f = (h_a^* + c^*)m$
齿全高	h	$h = h_a + h_f = (2h_a^* + c^*)m$
齿顶圆直径	d_a	$d_a = d + 2h_a = (z + 2h_a^*)m$
齿根圆直径	d_f	$d_f = d - 2h_f = (z - 2h_a^* - 2c^*)m$
基圆直径	d_b	$d_b = d\cos\alpha$
齿距	p	$p = \pi m$
齿厚	s	$s = \pi m/2$
齿槽宽	e	$e = \pi m/2$
基圆齿距	p_b	$p_b = p\cos\alpha$
法向齿距	p_n	$p_n = p\cos\alpha$
顶隙	c	$c = c^* m$
标准中心距	a	$a = \dfrac{1}{2}(d_2 \pm d_1) = \dfrac{1}{2}m(z_2 \pm z_1)$

4. 内齿轮

图4-1-9所示为内齿圆柱齿轮的一部分。由于内齿轮的轮齿是分布在空心圆柱体的内表面上，所以它与外齿轮比较有下列不同点。

（1）内齿轮的齿廓是内凹的，而外齿轮的齿廓是外凸的。

（2）内齿轮的分度圆大于齿顶圆，而齿根圆又大于分度圆，即齿根圆大于齿顶圆。

（3）为了使内齿轮齿顶的齿廓全部为渐开线，其齿顶圆必须大于基圆。

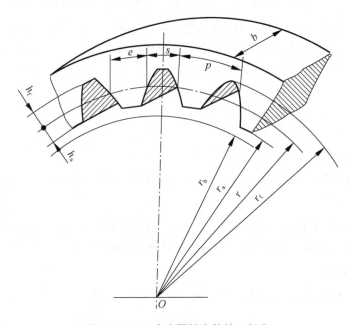

图4-1-9 内齿圆柱齿轮的一部分

如图4-1-10所示，齿条可看作是齿轮的一种特殊形式，其渐开线齿廓变成直线齿廓。齿条与齿轮相比有下列两个特点。

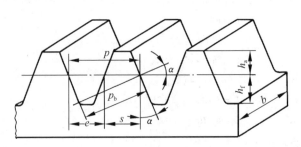

图4-1-10 齿条各部分尺寸

（1）由于齿条的齿廓是直线，所以齿廓上各点的法线是平行的。传动时齿条沿直线移动，故齿廓上各点速度的大小和方向都一致，因此齿条齿廓上各点的压力角都相等，其大小等于齿廓的倾斜角（取标准值20°）。

（2）由于齿条上各齿同侧的齿廓是平行的，因此不论是在中线上还是与其平行的其他直线上，其齿距都相等。

步骤二　分析渐开线标准直齿圆柱齿轮的啮合传动

一、正确啮合的条件

当齿轮传动时，它的每对轮齿仅啮合一段时间便要分离，再由后一对轮齿接替，如图 4-1-11 所示。当前一对轮齿在啮合线上点 K 啮合时，后一对轮齿必须已在啮合线上另一点 K' 啮合。为了保证前后两对轮齿能在啮合线上同时接触而又不产生干涉，就必须使轮 1 的相邻两齿同侧齿廓沿啮合线（公法线）上的距离 $\overline{K_1K_1'}$ 与轮 2 的相邻两齿同侧齿廓沿啮合线上的距离 $\overline{K_2K_2'}$ 相等，即

$$\overline{K_1K_1'} = \overline{K_2K_2'}$$

根据渐开线的性质可知，线段 $\overline{K_1K_1'}$ 和 $\overline{K_2K_2'}$ 分别等于轮 1 和轮 2 的基圆齿距 p_{b1} 和 p_{b2}。所以欲使一对齿轮能够正确啮合，则两轮的基圆齿距必须相等，即

$$p_{b1} = p_{b2} \qquad (4-1-9)$$

根据齿距定义可推知

$$p_{b1} = \pi m_1 \cos\alpha_1, \quad p_{b2} = \pi m_2 \cos\alpha_2$$

将 p_{b1}，p_{b2} 代入式（4-1-9）后，可得两齿轮正确啮合的条件为

$$m_1 \cos\alpha_1 = m_2 \cos\alpha_2$$

式中，m_1，m_2 及 α_1，α_2 分别为两轮的模数和压力角。如前所述，由于模数和压力角都已标准化，所以要满足上述条件，则应使

$$\left.\begin{array}{l} m_1 = m_2 \\ \alpha_1 = \alpha_2 \end{array}\right\} \qquad (4-1-10)$$

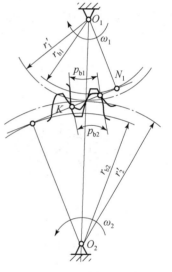

即一对渐开线标准直齿圆柱齿轮的正确啮合条件是两齿轮的模数和压力角分别相等。这样，一对齿轮的传动比可表示为

$$i_{12} = \frac{\omega_1}{\omega_2} = \frac{n_1}{n_2} = \frac{r_2'}{r_1'} = \frac{r_{b2}}{r_{b1}} = \frac{r_2}{r_1} = \frac{z_2}{z_1} \qquad (4-1-11)$$

图 4-1-11　渐开线标准直齿圆柱齿轮的正确啮合条件

顶隙

二、标准中心距

一对齿轮传动时，一齿轮节圆上的齿槽宽与另一齿轮节圆上的齿厚之差称为齿侧间隙。为了消除反向传动空程和减小冲击、噪声，理论上齿轮传动齿侧间隙应为零。如前所述，一对相互啮合的标准齿轮，其模数相等，故两轮分度圆上的齿厚和齿槽宽相等，即 $s_1 = e_1 = s_2 = e_2 = \pi m/2$，因此，当分度圆与节圆重合（即两轮分度圆相切）时，可满足齿侧无间隙的条件。

如图 4-1-12 所示，这种安装称为标准安装，标准安装时的中心距称为标准中心距，以 a 表示。

$$a = r'_1 + r'_2 = r_1 + r_2 = \frac{1}{2}m(z_1 + z_2)$$

标准安装时，两齿轮留有的径向间隙，即顶隙 c 为

$$c = (h_a^* + c^*)m - h_a^*m = c^*m$$

三、连续传动的条件

1. 渐开线齿轮的啮合过程

一对渐开线齿轮的啮合传动，是依靠主动齿轮的齿廓推动从动齿轮的齿廓来实现的。如图 4-1-13 所示，在齿轮传动中，设齿轮 1 为主动轮，齿轮 2 为从动轮，N_1N_2 为啮合线。开始进入啮合时，是主动轮的齿根部分推动从动轮的齿顶，因此，从动轮齿顶圆与线 N_1N_2 的交点 B_2 为啮合的起始点。随着啮合传动的进行，两齿廓的啮合点将沿着啮合线 N_1N_2 方向移动。啮合点将分别沿着主动轮的齿廓由齿根向齿顶移动，并沿着从动轮的齿廓由齿顶逐渐移向齿根。当啮合点移动到主动轮的齿顶圆与啮合线的交点 B_1 时，两轮齿即将脱离接触，故点 B_1 称为两齿廓的啮合终止点。线段 $\overline{B_2B_1}$ 称为实际啮合线段。由于基圆内无渐开线，因此线段 $\overline{N_1N_2}$ 是理论上最长的啮合线段，称为理论啮合线段。N_1，N_2 称为极限啮合点。

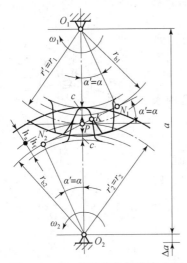

图4-1-12 标准齿轮标准中心距

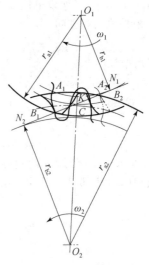

图4-1-13 轮齿啮合过程

2. 连续传动的条件

要使齿轮连续传动，必须在前一对轮齿还未脱离啮合时，后一对轮齿已经进入啮合。如图 4-1-13 所示，在齿轮在啮合过程中，前一对轮齿齿廓到达啮合终点 B_1 时，后一对轮齿齿廓已在 B_2B_1 之间的某一点 K 啮合（如图 4-1-13 所示，$\overline{B_2B_1} > \overline{B_1K}$），但作为极限情况，为能满足连续传动的要求，后一对轮齿至少必须已开始在点 B_2 啮合，这样才能顺利地完成前后齿交接，达到定传动比连续传动。

线段 $\overline{B_1K}$ 就是两轮基圆的齿距 p_b，因此，连续传动条件是 $\overline{B_2B_1} \geqslant p_b$。连续传动的条件可表示为

$$\varepsilon = \frac{B_1B_2}{p_b} \geqslant 1 \qquad (4-1-12)$$

式中，ε 为重合度，它表明同时参与啮合轮齿的对数。

当 $\varepsilon = 1$ 时，表明前一对轮齿正要脱离啮合时，后一对轮齿刚好进入啮合，从理论上讲此时能保证连续传动。但考虑到齿轮制造和安装误差等因素的影响，实际中要求 $\varepsilon > 1$。在一般机械制造中常取 $\varepsilon = 1.1 \sim 1.4$。

重合度越大，表示同时啮合的轮齿的对数越多，不仅传动平稳，而且可以提高齿轮传动的承载能力。

步骤三　分析渐开线齿轮的切齿原理

一、渐开线齿轮的加工方法

齿轮的加工方法很多，有铸造法、模锻法、热轧法、粉末冶金法和切削法等。生产中常用的是切削法。切削法加工齿轮的工艺有多种，但就其原理来说可概括为仿形法和范成法两种。

1. 仿形法

仿形法又称成形法，其特点是所采用的刀具在其轴剖面内，刀刃的形状和被切齿槽的形状相同。常用的铣刀有盘形铣刀（见图 4 – 1 – 14）和指状铣刀（见图 4 – 1 – 15），指状铣刀一般用来切制大模数（$m \geqslant 8$ mm）的齿轮。在加工时，铣刀绕刀具本身轴线转动，同时轮坯沿自身的轴线方向进给，铣完一个齿槽后，将轮坯退回原位并转过 $360°/z$，再铣第二个齿槽，继续这样进行就可切出齿轮的所有轮齿。

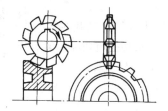
图 4 – 1 – 14　盘形铣刀加工齿轮

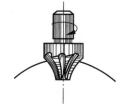
图 4 – 1 – 15　指状铣刀加工齿轮

由于渐开线的形状取决于基圆的大小，而基圆的半径 $r_b = r\cos\alpha = (mz\cos\alpha)/2$，故当模数 m 一定时，渐开线的形状将随齿轮的齿数 z 变化。要想切出完全准确的渐开线齿廓，则在加工 m，α 相同而 z 不同的齿轮时，每种齿数的齿轮就需要单独一把刀具，这是不经济的。因此，工程上在加工相同 m，α 的齿轮时，一般只备有 $1 \sim 8$ 号 8 种齿轮铣刀，根据被铣切齿轮的齿数，选择铣刀号码。铣刀号码与切削齿数范围见表 4 – 1 – 3。

表 4 – 1 – 3　铣刀号码与切削齿数范围

铣刀号码	1	2	3	4	5	6	7	8
切削齿数范围	12 ~ 13	14 ~ 16	17 ~ 20	21 ~ 25	26 ~ 34	35 ~ 54	55 ~ 134	≥135

由于铣刀号码有限，分度也有误差，故加工精度较低。同时由于加工不连续而造成生产率低，不宜用于大批量生产。但它可以在普通铣床上加工，不需专用机床。因此，这种方法适用于精度要求不高及单件生产的齿轮加工。

2. 范成法

范成法又称展成法或包络法，是利用一对齿轮（或齿轮与齿条）相互啮合时，其共轭齿廓互为包络线的原理来切齿的。范成法是目前齿轮加工中最常用的一种方法，如插齿、滚齿、剃齿和磨齿都是范成法加工，其中剃齿和磨齿属于精加工。

如图 4-1-16 和图 4-1-17 所示，在加工时，刀具与轮坯相当于一对齿轮（或齿轮与齿条）的无侧隙啮合传动。范成法加工齿轮常用的刀具有齿轮插刀、齿条插刀和齿轮滚刀。

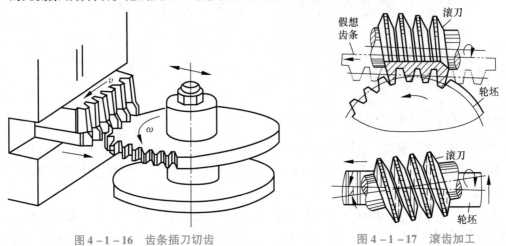

图 4-1-16　齿条插刀切齿　　　　　　　图 4-1-17　滚齿加工

二、轮齿根切及最少齿数

1. 根切现象

用范成法加工齿轮，如图 4-1-18 所示，当刀具的齿顶线（或齿顶圆）与啮合线的交点超过被切齿轮的极限啮合点 N 时，刀具的齿顶将把被切齿轮的渐开线齿廓根部切去一部分，如图 4-1-19 所示，这种现象称为根切现象。

齿轮不跟切的最少齿数

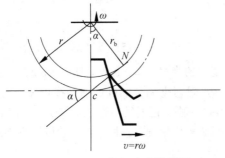

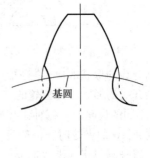

图 4-1-18　根切产生的原因　　　　　图 4-1-19　根切现象

根切不仅使轮齿的抗弯强度削弱，还影响轮齿的承载能力，并且使一对轮齿的啮合过程缩短，重合度下降，传动平稳性变差，因此应避免产生根切。

根切现象

2. 最少齿数

图 4-1-20 所示为齿条插刀加工标准齿轮，此时，刀具的分度线必与被切齿轮的分度圆相切。要使被切齿轮不产生根切，刀具的齿顶线不能超过啮合极限点 N_1，即应使

$$CN_1 \geq CB$$

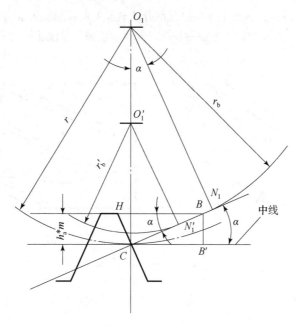

图4-1-20 齿条插刀加工标准齿轮

而由 $\triangle CN_1O_1$ 知

$$CN_1 = r\sin\alpha = \frac{mz}{2}\sin\alpha$$

又由 $\triangle CBB'$ 知

$$CB = \frac{h_a^* m}{\sin\alpha}$$

经整理得

$$z \geqslant \frac{2h_a^*}{\sin^2\alpha}$$

因此，切削标准齿轮时，为了保证无根切现象，则被切齿轮的最少齿数应为

$$z_{min} = \frac{2h_a^*}{\sin^2\alpha} \qquad\qquad (4-1-13)$$

当 $\alpha = 20°$，$h_a^* = 1.0$ 时，$z_{min} = 17$；当 $\alpha = 20°$，$h_a^* = 0.8$ 时，$z_{min} = 14$。

步骤四　设计渐开线标准直齿圆柱齿轮传动

一、齿轮传动的失效形式及设计准则

1. 失效形式

机械零件由于某些原因不能正常工作，称为失效。一般来说，齿轮传动的失效主要是轮齿部分的失效，主要失效形式有轮齿折断、齿面磨损、齿面点蚀、齿面胶合及齿面塑性变形等。至于齿轮的其他部分（如轮辐、轮毂等），除大型齿轮外，通常是按经验设计，所定的尺寸对强度及刚度来说均比较富余，实际使用中极少失效。

（1）轮齿折断。轮齿折断通常有两种情况：一种是齿根弯曲疲劳折断。由于在轮齿受载时，齿根处产生的弯曲应力最大，再加上齿根过渡部分的截面突变及加工刀痕等引起的应力集中作用，因此当轮齿重复受载后，齿根处会产生疲劳裂纹，并逐步扩展，致使轮齿疲劳折断，如图4-1-21（a）所示。

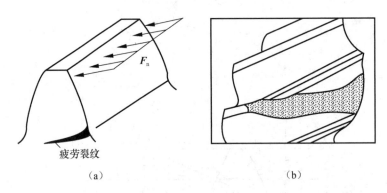

疲劳裂纹

（a）　　　　　　　　　　　（b）

图 4-1-21　轮齿折断

另一种是轮齿过载折断或剪断。在轮齿受到突然过载时，可能出现过载折断或剪断，如图4-1-21（b）所示。

为防止轮齿折断，应适当增大齿根过渡圆角半径，降低表面粗糙度值以减小应力集中，以及对齿根处进行强化处理（如喷丸）等，这些措施都可提高轮齿的抗折断能力。

（2）齿面磨损。齿面磨损主要发生在开式齿轮传动中，它是指外界的灰尘、砂粒、金属屑等杂质落入齿槽内后，在齿轮传动时，在载荷的作用下，齿面间相对滑动引起的齿面磨粒磨损，如图4-1-22所示。齿面逐渐磨损后将失去原有的正确齿形，传动中就会产生冲击和噪声，严重时会导致轮齿过薄而折断。

为了减少齿面磨损，重要的齿轮传动应采用闭式齿轮传动，并注意润滑油的清洁和换新。

（3）齿面点蚀。润滑良好的闭式齿轮传动，常见的齿面失效形式为齿面点蚀。所谓齿面点蚀就是齿面材料在变化的接触应力作用下，由于疲劳而产生的麻点状剥蚀损伤现象，如图4-1-23所示。

图 4-1-22　齿面磨损

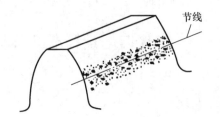

图 4-1-23　齿面点蚀

在轮齿的啮合过程中，齿面间的相对滑动起着形成润滑油膜的作用，相对滑动速度越高，齿面间形成润滑油膜的作用就越显著，润滑效果也就越好。当轮齿在节线处啮合时，由于相对滑动速度低，形成油膜的条件差，润滑不良，摩擦力较大，特别是直齿轮传动，这时通常只有一对轮齿啮合，轮齿受力也最大。因此，齿面点蚀首先出现在靠近节线的齿根表面上，然后向其他部位扩展。

提高齿面硬度和降低表面粗糙度值、增大润滑油黏度、采用合理的变位都有助于提高齿面接触疲劳强度，以防止齿面点蚀的发生。

（4）齿面胶合。在高速重载的齿轮传动中，齿面间的压力大，瞬时温度高，润滑效果差，当瞬时温度过高时，相啮合的两齿面就会发生黏结在一起的现象。当两齿面做相对运动时，黏住的地方被撕破，从而在齿面上沿相对滑动方向形成带状或大面积的伤痕，称为齿面胶合，如图 4 - 1 - 24 所示。

提高表面硬度、采用抗胶合能力强的润滑油（如硫化油）等均可防止或减轻齿面胶合。

（5）齿面塑性变形。在载荷和摩擦力都很大时，齿面较软的轮齿在啮合过程中，齿面表层的材料就容易沿着摩擦力的方向产生塑性变形，如图 4 - 1 - 25 所示。由于主动轮轮齿齿面上所受的摩擦力背离节线，分别朝向齿顶和齿根作用，故在齿面产生塑性变形后，主动轮轮齿齿面节线附近下凹；相反，从动轮轮齿齿面节线附近上凸。

图 4 - 1 - 24　齿面胶合

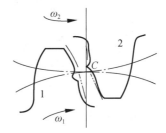
图 4 - 1 - 25　齿面塑性变形

适当提高齿面硬度及采用高黏度润滑油都有助于提高齿面的抗塑性变形能力。

2. 设计准则

在进行齿轮传动设计时，应根据具体的工作条件，判断可能发生的失效形式，以确定相应的设计准则。

闭式齿轮传动中软齿面（硬度≤350 HBS）齿轮的主要失效形式是齿面点蚀，故通常按齿面接触疲劳强度进行设计，然后校核其齿根弯曲疲劳强度；而闭式齿轮传动中硬齿面（硬度＞350 HBS）齿轮的主要失效形式是轮齿折断，故可按齿根弯曲疲劳强度进行设计，然后校核其齿面接触疲劳强度。

对于开式（半开式）齿轮传动，其主要失效形式是齿面磨损和轮齿折断，对磨损尚无成熟的计算方法，故通常只按轮齿折断进行齿根弯曲疲劳强度设计，并通过适当增大模数的方法来考虑磨损的影响。

二、齿轮材料及传动精度等级选择

1. 齿轮材料的基本要求

根据工作条件和材料的特性来选择齿轮材料及热处理方法，可保证齿轮工作的可靠性，提高其使用寿命。由齿轮传动的失效形式可知，在设计齿轮传动时，应使齿面具有足够的硬度，以抵抗齿面磨损、点蚀、胶合和塑性变形；齿芯具有足够的强度和较好的韧性，可以抵抗轮齿折断和承受冲击载荷。因此，对齿轮材料的基本要求为齿面硬、齿芯韧。

常用的齿轮材料是优质碳素钢和合金结构钢，其次是铸钢、铸铁。常用的齿轮材料及其热处理方法、力学性能见表 4 - 1 - 4。

表 4 – 1 – 4　常用的齿轮材料及其热处理方法、力学性能

材料牌号	热处理方法	强度极限 σ_b/MPa	屈服极限 σ_s/MPa	齿面硬度	许用接触应力 $[\sigma_H]$/MPa	许用弯曲应力 $[\sigma_F]$/MPa
HT300		300		187 ~ 255 HBS	290 ~ 347	80 ~ 105
QT600 – 3	正火	600		190 ~ 270 HBS	436 ~ 535	262 ~ 315
ZG310 – 570		580	320	163 ~ 197 HBS	270 ~ 301	171 ~ 189
ZG340 – 640		650	350	179 ~ 207 HBS	288 ~ 306	182 ~ 196
45		580	290	162 ~ 217 HBS	468 ~ 513	280 ~ 301
ZG340 – 640	调质	700	380	241 ~ 269 HBS	468 ~ 490	248 ~ 259
45		650	360	217 ~ 255 HBS	513 ~ 545	301 ~ 315
35SiMn		750	450	217 ~ 269 HBS	585 ~ 648	388 ~ 420
40Cr		700	500	241 ~ 286 HBS	612 ~ 675	399 ~ 427
45	调质后表面淬火			40 ~ 50 HRC	972 ~ 1 053	427 ~ 504
40Cr				48 ~ 55 HRC	1 035 ~ 1 098	483 ~ 518
20Cr	渗碳后淬火	650	400	56 ~ 62 HRC	1 350	645
20CrMnTi		1 100	850		1 350	645

注：表中 $[\sigma_F]$ 为轮齿在单向受载的试验条件下得到的，若轮齿的工作条件为双向受载，则应将表中数值乘以 0.7。

在选择齿轮材料时，对于大多数齿轮，特别是重要齿轮，都用锻件或轧制钢材。当齿轮较大（直径 $d_a \geqslant 500$ mm）或结构复杂不易锻造时，可采用铸钢，高强度球墨铸铁可代替铸钢制造大齿轮。灰铸铁适合制造传递功率不大、无冲击、低速、开式传动中的齿轮。对于高速、轻载及精度要求不高的齿轮传动，为了降低噪声，常用夹布塑料、尼龙等非金属材料做小齿轮，大齿轮仍选用钢或铸铁。

钢制齿轮按照齿面硬度不同可分为软齿面齿轮和硬齿面齿轮两类。对于软齿面齿轮传动，一般应使小齿轮的齿面硬度比大齿轮的齿面硬度高出 30 ~ 50 HBS，传动比大时，还可以更高。这是因为小齿轮齿根强度较弱，同样工作时间内小齿轮齿面承载次数多，当材料和热处理方法相同时，其损坏概率高于大齿轮。另外，大、小齿轮存在一定的硬度差，有利于啮合、改善接触情况。

在设计时，应根据齿轮的工作条件、尺寸大小、毛坯制造及热处理方法等因素综合考虑，然后再选用合适的材料。

2. 齿轮传动精度等级选择

国家标准《圆柱齿轮 ISO 齿面公差分级制 第 1 部分：齿面偏差的定义和允许值》（GB/T 10095.1—2022）中规定，渐开线圆柱齿轮和圆锥齿轮有 13 个精度等级，其中 0 级最高，12 级最低，常用的是 6 ~ 9 级精度。

在齿轮传动的设计时，应根据齿轮的用途、使用条件和圆周速度等选择齿轮的精度等级。各精度等级对应的各项公差值，可查 GB/T 10095.1—2022 或有关设计手册。

常用齿轮传动精度等级及其应用见表4-1-5，可供设计时参考。

表4-1-5 常用齿轮传动精度等级及其应用

精度等级	圆周速度 $v/(\text{m}\cdot\text{s}^{-1})$			应用举例
	直齿圆柱齿轮	斜齿圆柱齿轮	直齿圆锥齿轮	
6级（高精度）	≤15	≤30	≤9	在高速、重载下工作的齿轮传动，如机床、汽车和飞机中的重要齿轮，分度机构的齿轮，高速减速器的齿轮
7级（精密）	≤10	≤20	≤6	在高速、中载或中速、重载下工作的齿轮传动，如标准系列减速器的齿轮，机床和汽车变速箱中的齿轮
8级（中等精度）	≤5	≤9	≤3	一般机械中的齿轮传动，如机床、汽车和拖拉机中的一般齿轮，起重机械中的齿轮，农业机械中的重要齿轮
9级（低精度）	≤3	≤6	≤2.5	在低速、重载下工作的齿轮，粗糙工作机械中的齿轮

三、渐开线标准直齿圆柱齿轮传动设计

1. 齿轮受力分析及计算载荷

（1）齿轮受力分析。如图4-1-26所示，略去齿面间的摩擦力，则沿啮合线作用在齿面上的法向力 F_n 垂直于齿面，F_n 在节点 C 处可分解为与分度圆相切的圆周力 F_t 和通过齿轮轴心的径向力 F_r。

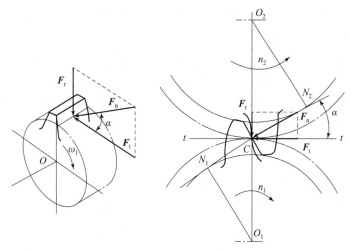

图4-1-26 直齿圆柱齿轮受力分析

由图4-1-26可得

$$\begin{cases} F_t = \dfrac{2T_1}{d_1} \\[2mm] F_r = F_t \tan\alpha \\[2mm] F_n = \dfrac{F_t}{\cos\alpha} \\[2mm] T_1 = 9.55\times10^6\dfrac{P_1}{n_1} \end{cases} \qquad (4-1-14)$$

式中，T_1 为小齿轮传递的转矩，N·mm；P_1 为小齿轮传递的功率，kW；n_1 为小齿轮的转速，r/min；d_1 为小齿轮的分度圆直径，mm；α 为分度圆压力角，(°)。

主动轮上的圆周力 $\pmb{F}_{t1}$ 方向与其转动方向相反；从动轮上的圆周力 $\pmb{F}_{t2}$ 方向与其转动方向相同。两轮的径向力 $\pmb{F}_{r1}$ 和 $\pmb{F}_{r2}$ 分别指向各自的轮心。

（2）计算载荷。根据传递的功率求得的法向力 $\pmb{F}_n$ 称为名义载荷。在实际传动中，由于原动机和工作机固有载荷特性的不同，以及齿轮的制造误差、安装误差和弹性变形等因素的影响，所以齿轮轮齿所受的实际载荷要比名义载荷大，因此，在进行齿轮强度计算时，应按计算载荷 $\pmb{F}_{nc}$ 进行计算。计算载荷为

$$F_{nc} = KF_n \qquad (4-1-15)$$

式中，K 为载荷系数。

载荷系数 K 见表 4-1-6。

表 4-1-6　载荷系数 K

原动机	工作机械的载荷特性		
	平稳和比较平稳	中等冲击	大的冲击
电动机、汽轮机	1.0 ~ 1.2	1.2 ~ 1.6	1.6 ~ 1.8
多缸内燃机	1.2 ~ 1.6	1.6 ~ 1.8	1.9 ~ 2.1
单缸内燃机	1.6 ~ 1.8	1.8 ~ 2.0	2.2 ~ 2.4
注：斜齿、圆周速度低、精度高、齿宽小时取小值；直齿、圆周速度高、精度低、齿宽大时取大值。齿轮在两轴承间并对称布置时取小值；齿轮在两轴承间不对称布置及悬臂布置时取大值。			

2. 齿面接触疲劳强度计算

齿面接触疲劳强度计算的目的是防止轮齿齿面产生疲劳点蚀失效，其计算准则是限制两齿面在节线处接触时产生的最大接触应力 σ_H 不超过其许用接触应力 $[\sigma_H]$。

一对齿轮的啮合可看作两个圆柱体接触，因此，轮齿表面最大接触应力可近似用弹性力学的有关理论并结合渐开线标准直齿圆柱齿轮传动的特点计算，可得齿面接触疲劳强度的校核公式为

$$\sigma_H = 3.52 Z_E \sqrt{\frac{(u \pm 1)}{u} \cdot \frac{KT_1}{bd_1^2}} \leqslant [\sigma_H] \qquad (4-1-16)$$

引入齿宽系数 $\psi_d = b/d_1$，代入式（4-1-16），可得齿面接触疲劳强度的设计公式为

$$d_1 \geqslant \sqrt[3]{\frac{KT_1}{\psi_d} \cdot \frac{u \pm 1}{u} \left(\frac{3.52 Z_E}{[\sigma_H]} \right)^2} \qquad (4-1-17)$$

式中，Z_E 为弹性系数，$\sqrt{\text{MPa}}$，它反映配对齿轮材料的弹性模量和泊松比对接触应力的影响；"+"用于外啮合，"－"用于内啮合；T_1 为小齿轮转矩，N·mm；K 为载荷系数；d_1 为小齿轮分度圆直径，mm；b 为轮齿接触宽度，mm；$[\sigma_H]$ 为轮齿的许用接触应力，MPa；u 为大、小齿轮的齿数比，$u = z_2/z_1$。

对于一对钢制齿轮传动，$Z_E = 189.8 \sqrt{\text{MPa}}$，将其代入式（4-1-17），得到一对钢制齿轮的齿面接触疲劳强度的设计公式为

$$d_1 \geqslant 76.43 \sqrt[3]{\frac{KT_1}{\psi_d [\sigma_H]^2} \cdot \frac{u \pm 1}{u}} \qquad (4-1-18)$$

将式（4 – 1 – 18）代入式（4 – 1 – 16），得到一对钢制齿轮的齿面接触疲劳强度的校核公式为

$$\sigma_H = 668 \sqrt{\frac{KT_1}{bd_1^2} \cdot \frac{u \pm 1}{u}} \leqslant [\sigma_H] \qquad (4 – 1 – 19)$$

注意：两齿轮啮合时产生的接触应力相等，但两齿轮的许用接触应力不一定相等，故在进行接触强度计算时，应取较小的许用应力值代入计算公式。

3. 齿根弯曲疲劳强度计算

齿根弯曲疲劳强度计算的目的是防止轮齿根部的疲劳折断，其计算准则是限制齿根弯曲应力 σ_F 不超过许用弯曲应力 $[\sigma_F]$。

由齿轮传动受力分析及实践证明，轮齿可看作一悬臂梁，故在进行齿根弯曲疲劳强度计算时，应以齿根处危险截面拉伸侧的弯曲应力作为计算依据。根据材料力学的相关理论并结合渐开线标准圆柱齿轮传动的受力特点，可得齿根弯曲疲劳强度的校核公式为

$$\sigma_{F1} = \frac{2KT_1 Y_{FS1}}{bm^2 z_1} \leqslant [\sigma_{F1}] \qquad (4 – 1 – 20)$$

$$\sigma_{F2} = \sigma_{F1} \frac{Y_{FS2}}{Y_{FS1}} \leqslant [\sigma_{F2}] \qquad (4 – 1 – 21)$$

引入齿宽系数 $\psi_d = b/d_1$，代入式（4 – 1 – 21），可得齿根弯曲疲劳强度的设计公式为

$$m \geqslant \sqrt[3]{\frac{2KT_1}{\psi_d z_1^2} \left(\frac{Y_{FS}}{[\sigma_F]} \right)} \qquad (4 – 1 – 22)$$

式中，σ_F 为齿根弯曲应力，MPa；T_1 为小齿轮转矩，N·mm；K 为载荷系数；d_1 为小齿轮分度圆直径，mm；z_1 为小齿轮齿数；m 为齿轮模数，mm；b 为轮齿接触宽度，mm；Y_{FS} 为复合齿形系数。

复合齿形系数见表 4 – 1 – 7，它只与轮齿的齿廓形状有关，而与轮齿的大小（模数 m）无关。

表 4 – 1 – 7　复合齿形系数 Y_{FS}

$z(z_V)$	17	18	19	20	21	22	23	24	25	26	27	28	29
Y_{FS}	4.51	4.45	4.41	4.36	4.33	4.30	4.27	4.24	4.21	4.19	4.17	4.15	4.13
$z(z_V)$	30	35	40	45	50	60	70	80	90	100	150	200	∞
Y_{FS}	4.12	4.06	4.04	4.02	4.01	4.00	3.99	3.98	3.97	3.96	4.00	4.03	4.06

注：斜齿轮按当量齿数 z_V 查表。

在设计齿轮模数 m 时，$Y_{FS}/[\sigma_F]$ 是指相啮合的两个齿轮的 $Y_{FS1}/[\sigma_{F1}]$ 和 $Y_{FS2}/[\sigma_{F2}]$ 中的较大值。计算所得的模数应按表 4 – 1 – 1 圆整为标准值。

4. 设计步骤和参数选择

一般情况下，应已知齿轮传动的功率、转速、传动比、工作机和原动机的特性，以及齿轮的外形尺寸、寿命、可靠性等。

设计内容：确定齿轮传动的主要参数、几何尺寸、结构和精度，并绘制齿轮的工作图等。

（1）设计步骤。

①选择齿轮材料、热处理方式、精度等级及计算许用应力。

②合理选择齿轮参数，按齿面接触疲劳强度的设计公式算出小齿轮分度圆直径 d_1。

③计算齿轮的主要尺寸。

④校核所设计的齿轮传动的齿根弯曲疲劳强度。

⑤确定齿轮的结构尺寸。

⑥绘制齿轮的工作图。

（2）参数选择。在齿轮设计过程中，参数选择是非常重要的内容。合理的齿轮参数是保证正常传动、降低成本、提高强度的前提。现将几个主要参数的选择简述如下。

①齿数和模数。对软齿面的闭式齿轮传动，传动尺寸主要取决于齿面接触强度，而齿根弯曲强度比较富余，通常取小齿轮齿数 $z_1 = 20 \sim 40$。对硬齿面的闭式齿轮传动和开式（半开式）齿轮传动，承载能力常取决于齿根弯曲强度，这时模数不宜过小，可将齿数选小一些，通常取 $z_1 = 17 \sim 20$。

对于传递动力的齿轮，应保证模数 $m \geqslant 2$ mm。

②齿数比 u。单级传动齿数比 u 不宜过大，否则两轮齿数相差悬殊，小齿轮相对大齿轮磨损严重。为了结构紧凑，通常取 $u \leqslant 7$。当 $u > 7$ 时，可采用二级或多级传动。

③齿宽系数 ψ_d。在其他条件相同时，增大齿宽系数 ψ_d，可以减小小齿轮直径和传动中心距。但若 ψ_d 取得过大，则齿轮宽度过宽，会加剧载荷沿齿宽分布的不均匀性，故齿宽系数 ψ_d 应合理选取。为了便于安装和调整，在齿轮设计中，一般将小齿轮齿宽取得比大齿轮齿宽大 $5 \sim 10$ mm，即将 $b = \psi_d d_1$ 算得的齿宽加以圆整后作为 b_2，$b_1 = b_2 + (5 \sim 10)$ mm，但在强度计算时，仍按大齿轮齿宽 b_2 计算。

齿宽系数 ψ_d 见表 4 - 1 - 8，可供选择时参考。

表 4 - 1 - 8　齿宽系数 ψ_d

齿轮相对轴承的位置	软齿面（大轮或大、小轮硬度 ≤ 350 HBS）	硬齿面（大、小轮硬度 > 350 HBS）
对称布置	0.8 ~ 1.4	0.4 ~ 0.9
非对称布置	0.6 ~ 1.2	0.3 ~ 0.6
悬臂布置	0.3 ~ 0.4	0.2 ~ 0.5
注：直齿圆柱齿轮宜取较小值，斜齿可取较大值；载荷平稳、轴刚度大时取较大值；变载荷、轴刚度较小时取较小值。		

5. 结构设计

在对齿轮进行结构设计时，首先是确定齿轮的结构形式，然后根据结构形式相应地确定结构尺寸。圆柱齿轮常用的结构形式有以下几种。

（1）齿轮轴。若齿根圆到键槽底部的径向距离 $e \leqslant (2 \sim 2.5)m$ 时，可将齿轮和轴制成一体，称为齿轮轴，如图 4 - 1 - 27 所示。

（2）实体式齿轮。当齿轮的齿顶圆直径 $d_a \leqslant 200$ mm 时，可采用实体式结构，这种结构形式的齿轮常用锻钢制造，如图 4 - 1 - 28 所示。

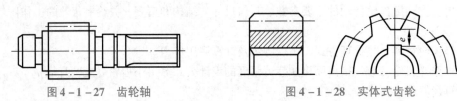

图 4 - 1 - 27　齿轮轴　　　　　　图 4 - 1 - 28　实体式齿轮

（3）腹板式齿轮。当 200 mm $< d_a \leqslant 500$ mm 时，为了减小齿轮质量和节约材料，常做成腹板式结构，如图 4 – 1 – 29 所示，腹板上开孔的数目及孔的直径按结构尺寸的大小而定。

（4）轮辐式齿轮。当齿顶圆直径 $d_a > 500$ mm 时，齿轮的毛坯制造因受锻压设备的限制，往往改为铸铁或铸钢浇铸而成。铸造齿轮常做成轮辐结构，如图 4 – 1 – 30 所示。

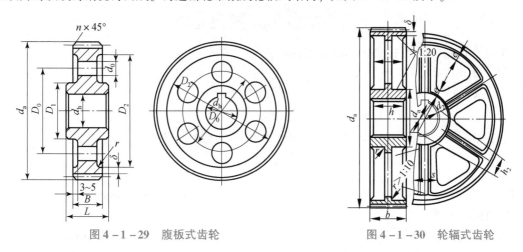

图 4 – 1 – 29　腹板式齿轮　　　　　　　　　图 4 – 1 – 30　轮辐式齿轮

四、应用举例

设计一级直齿圆柱齿轮减速器中的齿轮传动。已知电动机型号为 Y100L2 – 4，额定功率 $P_m = 3$ kW，满载转速 $n_m = 1\,420$ r/min，效率为 0.93；总传动比 $i_{总} = 10.5$，V 带传动的传动比 $i_{带} = 2.5$，直齿圆柱齿轮传动比 $i_{齿} = 4.2$；带传动的效率为 0.96；工作寿命 5 年，每年 300 个工作日，每日工作 16 小时，工作载荷平稳，单向运转。

解：（1）选择齿轮材料、热处理方式及精度等级。

①该齿轮传动无特殊要求，为了便于制造，采用软齿面齿轮。查表 4 – 1 – 4，大小齿轮均选用 45 钢，小齿轮调质处理，硬度为 217 ~ 255 HBS；大齿轮正火处理，硬度为 162 ~ 217 HBS。

②该传动转速不高，功率不大，根据表 4 – 1 – 5，初选齿轮精度为 8 级。

（2）按齿面接触疲劳强度设计。由式（4 – 1 – 18）进行计算，即

$$d_1 \geqslant 76.43 \sqrt[3]{\frac{KT_1}{\psi_d [\sigma_H]^2} \cdot \frac{u \pm 1}{u}}$$

①根据工况由表 4 – 1 – 6 选载荷系数，$K = 1.2$。

②计算小齿轮传递的转矩。

$$P_1 = 0.93 \times 0.96 P_m = 0.93 \times 0.96 \times 3 \text{ kW} = 2.68 \text{ kW}$$

$$n_1 = \frac{n_m}{i_{带}} = \frac{1\,420 \text{ r/min}}{2.5} = 568 \text{ r/min}$$

$$T_1 = 9.55 \times 10^6 \frac{P_1}{n_1} = 9.55 \times 10^6 \times \frac{2.68 \text{ kW}}{568 \text{ r/min}} = 45\,059 \text{ N·mm}$$

③选择小齿轮齿数 $z_1 = 27$；大齿轮齿数 $z_2 = i_{齿} z_1 = 4.2 \times 27 = 113.4$，取 $z_2 = 113$。

④根据表 4 – 1 – 8，取齿宽系数 $\psi_d = 0.8$。

⑤确定许用接触应力。

根据齿轮材料和齿面硬度，由表 4 – 1 – 4 查得：$[\sigma_{H1}] = 520$ MPa，$[\sigma_{H2}] = 470$ MPa。

所以取 $[\sigma_H] = [\sigma_{H2}] = 470$ MPa。

⑥计算小齿轮分度圆直径。

$$d_1 \geqslant 76.43 \sqrt[3]{\frac{1.2 \times 45\ 059\ \text{N} \cdot \text{mm} \times (4.2 + 1)}{0.8 \times 4.2 \times (470\ \text{MPa})^2}} = 55.3\ \text{mm}$$

⑦计算模数。

$$m = \frac{d_1}{z_1} = 55.3\ \text{mm}/27 = 2.05\ \text{mm}$$

由表 4 – 1 – 1，取模数为标准值，$m = 2.5\ \text{mm}$。

（3）计算主要尺寸。

①分度圆直径。

$$d_1 = mz_1 = 2.5\ \text{mm} \times 27 = 67.5\ \text{mm}$$

$$d_2 = mz_2 = 2.5\ \text{mm} \times 113 = 282.5\ \text{mm}$$

②齿顶圆直径。

$$d_{a1} = (z_1 + 2h_a^*)m = (27 + 2 \times 1) \times 2.5\ \text{mm} = 72.5\ \text{mm}$$

$$d_{a2} = (z_2 + 2h_a^*)m = (113 + 2 \times 1) \times 2.5\ \text{mm} = 287.5\ \text{mm}$$

③齿根圆直径。

$$d_{f1} = (z_1 - 2h_a^* - 2c^*)m = (27 - 2 \times 1 - 2 \times 0.25) \times 2.5\ \text{mm} = 61.25\ \text{mm}$$

$$d_{f2} = (z_2 - 2h_a^* - 2c^*)m = (113 - 2 \times 1 - 2 \times 0.25) \times 2.5\ \text{mm} = 276.25\ \text{mm}$$

④基圆直径。

$$d_{b1} = mz_1 \cos\alpha = 2.5\ \text{mm} \times 27 \times \cos 20° = 63.43\ \text{mm}$$

$$d_{b2} = mz_2 \cos\alpha = 2.5\ \text{mm} \times 113 \times \cos 20° = 265.46\ \text{mm}$$

⑤齿高和顶隙。

$$h = (2h_a^* + c^*)m = (2 \times 1 + 0.25) \times 2.5\ \text{mm} = 5.625\ \text{mm}$$

$$c = c^*m = 0.25 \times 2.5\ \text{mm} = 0.625\ \text{mm}$$

⑥齿厚和齿槽宽。

$$s = e = \frac{\pi m}{2} = \frac{3.14 \times 2.5\ \text{mm}}{2} = 3.925\ \text{mm}$$

⑦中心距。

$$a = \frac{1}{2}(d_1 + d_2) = \frac{1}{2} \times (67.5\ \text{mm} + 282.5\ \text{mm}) = 175\ \text{mm}$$

⑧齿宽。

$$b = \psi_d d_1 = 0.8 \times 67.5\ \text{mm} = 54\ \text{mm}$$

取 $b_2 = 55\ \text{mm}$，$b_1 = b_2 + (5 \sim 10) = 60\ \text{mm}$。

⑨计算圆周速度。

$$v = \frac{\pi d_1 n_1}{60 \times 1\ 000} = \frac{\pi \times 67.5\ \text{mm} \times 568\ \text{r/min}}{60 \times 1\ 000} = 2.01\ \text{m/s}$$

由表 4 – 1 – 5 知，当 $v < 5\ \text{m/s}$ 时，取 8 级精度合适。

（4）校核齿根弯曲疲劳强度。由式（4 – 1 – 20）、式（4 – 1 – 21），校核公式为

$$\sigma_{F1} = \frac{2KT_1 Y_{FS1}}{bm^2 z_1} \leqslant [\sigma_{F1}], \quad \sigma_{F2} = \sigma_{F1} \frac{Y_{FS2}}{Y_{FS1}} \leqslant [\sigma_{F2}]$$

①复合齿形系数。根据 z_1，z_2，由表 4 – 1 – 7 查得：$Y_{FS1} = 4.17$，$Y_{FS2} = 3.97$。

②确定许用弯曲应力。

根据齿轮材料和齿面硬度，由表 4 – 1 – 4 查得：$[\sigma_{F1}] = 301\ \text{MPa}$，$[\sigma_{F2}] = 280\ \text{MPa}$。

③校核计算：

$$\sigma_{F1} = \frac{2KT_1 Y_{FS1}}{bm^2 z_1} = \frac{2 \times 1.2 \times 45\ 059\ \text{N} \cdot \text{mm} \times 4.17}{55\ \text{mm} \times (2.5\ \text{mm})^2 \times 27} = 48.59\ \text{MPa} < [\sigma_{F1}]$$

$$\sigma_{F2} = \sigma_{F1} \frac{Y_{FS2}}{Y_{FS1}} = 48.59\ \text{MPa} \times \frac{3.97}{4.17} = 46.26\ \text{MPa} < [\sigma_{F2}]$$

故安全。

（5）齿轮结构设计及绘制齿轮零件工作图。

在完成了强度计算、几何尺寸计算之后，还需进行齿轮结构设计并进一步绘制齿轮零件图。齿轮零件工作图是齿轮制造、检验的技术依据。以下以从动轮为例简述绘制过程。

由于 $d_{a2} = 287.5\ \text{mm}$，即 $200\ \text{mm} < d_{a2} \leqslant 500\ \text{mm}$，故从动轮选用腹板式结构，如图 4 - 1 - 29 所示。其结构尺寸为

$$d_h = 48\ \text{mm}; \qquad L = b_2 = 55\ \text{mm}$$
$$D_1 = 1.6 d_h = 1.6 \times 48\ \text{mm} = 76.8\ \text{mm}, \qquad 取\ D_1 = 80\ \text{mm}$$
$$\delta = 3m = 3 \times 2.5\ \text{mm} = 7.5\ \text{mm}, \qquad 取\ \delta = 8\ \text{mm}$$
$$D_2 = d_{f2} - 2\delta = 276.25\ \text{mm} - 2 \times 8\ \text{mm} = 260\ \text{mm}$$
$$n = 0.5m = 0.5 \times 2.5\ \text{mm} = 1.25\ \text{mm}, \qquad 取\ n = 1.5\ \text{mm}$$
$$B = 0.25 b_2 = 0.25 \times 55\ \text{mm} = 13.75\ \text{mm}, \qquad 取\ B = 15\ \text{mm}$$
$$r = 0.5B = 0.5 \times 15\ \text{mm} = 7.5\ \text{mm}, \qquad 取\ r = 5\ \text{mm}$$
$$D_0 = 0.5 \times (D_1 + D_2) = 0.5 \times (80\ \text{mm} + 260\ \text{mm}) = 170\ \text{mm}$$
$$d_0 = 0.25 \times (D_2 - D_1) = 0.25 \times (260\ \text{mm} - 80\ \text{mm}) = 45\ \text{mm}$$

根据所计算的几何尺寸及结构尺寸，并参考机械设计手册中有关齿轮类零件工作图的要求，可绘得从动齿轮零件工作图，如图 4 - 1 - 29 所示。

知识拓展 1　斜齿圆柱齿轮传动

斜齿轮
渐开线形成

一、斜齿圆柱齿轮齿廓曲面的形成、啮合特点及应用

1. 斜齿圆柱齿轮齿廓曲面的形成

直齿圆柱齿轮的齿廓是由发生线在基圆上做纯滚动时，其上任意一点 K 所形成的渐开线。由于轮齿具有一定的宽度，因此，直齿圆柱齿轮的齿廓曲面实际上是发生面在基圆柱上做纯滚动时，发生面上某一条与基圆柱轴线平行的直线 KK 在空间形成的渐开面，如图 4 - 1 - 31（a）所示。

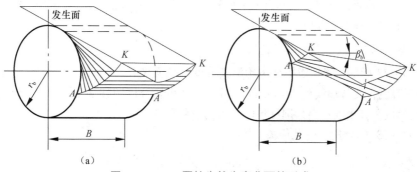

图 4 - 1 - 31　圆柱齿轮齿廓曲面的形成

（a）直齿圆柱齿轮；（b）斜齿圆柱齿轮

斜齿圆柱齿轮齿廓曲面形成的原理与直齿圆柱齿轮基本相同，也是发生面绕基圆柱做纯滚动，所不同的是形成渐开面的直线 KK 不再与轴线平行，而是与其轴线方向有一个夹角 β_b，如图 4-1-31（b）所示。直线 KK 上各点所展成的渐开线就形成了斜齿圆柱齿轮的渐开螺旋齿面。

2. 啮合特点

两斜齿圆柱齿轮传动时，两啮合齿面上的接触线不与两轮轴线平行，而是与轴线的方向呈角 β_b 的斜线。如图 4-1-32 所示，从动轮齿由齿顶开始进入啮合，齿面上的接触线先由短变长，然后由长变短，直到脱离啮合为止。因此，当斜齿圆柱齿轮传动时，两轮轮齿的啮合过程是一种逐渐啮合的过程，减少了传动时的冲击、振动和噪声，从而提高了传动的平稳性。与直齿圆柱齿轮传动相比较，具有啮合性能好、重合度大、结构紧凑等特点。

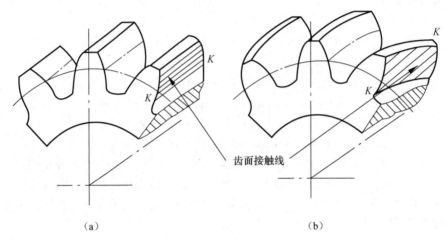

图 4-1-32　齿面接触线比较

（a）直齿圆柱齿轮；（b）斜齿圆柱齿轮

3. 应用

由于斜齿圆柱齿轮传动具有以上特点，因此斜齿圆柱齿轮传动广泛应用于高速、重载传动中。斜齿圆柱齿轮的主要缺点是运转时会产生轴向力，可以用人字齿轮来克服轴向力。

二、斜齿圆柱齿轮的基本参数

由于斜齿圆柱齿轮的轮齿是螺旋形的，因此斜齿圆柱齿轮的参数有端面和法面之分。与轴线垂直的平面称为端面，与螺旋线垂直的平面称为法面。端面参数和法面参数分别加下标 t 和 n 表示，且取法面参数作为标准值。

1. 螺旋角

如图 4-1-33 所示，将斜齿圆柱齿轮沿其分度圆柱面展开，这时分度圆柱上轮齿的螺旋线便展成一条斜直线，其与轴线的夹角 β 称为斜齿圆柱齿轮分度圆柱面上的螺旋角 β（简称螺旋角）。通常用螺旋角 β 来表示斜齿圆柱齿轮轮齿的倾斜程度。

由图 4-1-33（a）所示的几何关系可得

$$\tan \beta = \frac{\pi d}{S} \qquad (4-1-23)$$

式中，S 为螺旋线的导程。

2. 模数

由图 4 – 1 – 33（a）所示的几何关系，可得

$$p_n = p_t \cos \beta$$

两边同除以 π，得端面模数和法面模数的关系为

$$m_n = m_t \cos \beta \qquad (4 - 1 - 24)$$

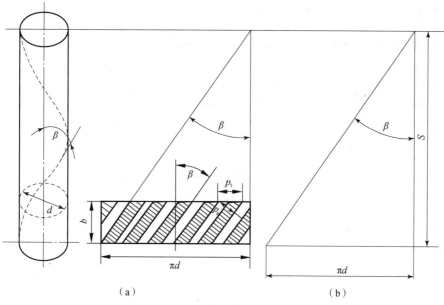

（a）　　　　　　　　　　　　（b）

图 4 – 1 – 33　斜齿圆柱齿轮螺旋角

3. 压力角

如图 4 – 1 – 34 所示，用斜齿条来分析，可得出斜齿圆柱齿轮的法面压力角 α_n 和端面压力角 α_t 之间的关系为

$$\tan \alpha_n = \tan \alpha_t \cos \beta \qquad (4 - 1 - 25)$$

我国规定法面压力角为标准值为 $\alpha_n = 20°$。

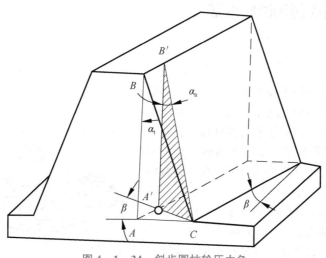

图 4 – 1 – 34　斜齿圆柱轮压力角

4. 正确啮合条件

除应满足两齿轮模数和压力角对应相等外，斜齿圆柱齿轮的正确啮合条件还需考虑到轮齿呈螺旋形，因此应保证一对斜齿圆柱齿轮的螺旋角相匹配，即两斜齿圆柱齿轮的螺旋角大小相等、旋向相反（内啮合时旋向相同），即斜齿轮的正确啮合条件为：$m_{n1} = m_{n2} = m_n$，$\alpha_{n1} = \alpha_{n2} = \alpha_n$，$\beta_1 = \pm\beta_2$。

三、标准斜齿圆柱齿轮的几何尺寸计算

标准斜齿圆柱齿轮的几何尺寸计算公式见表 4 – 1 – 9。

表 4 – 1 – 9　标准斜齿圆柱齿轮的几何尺寸计算公式（$h_{an}^* = 1.0$，$c_n^* = 0.25$）

名称	符号	公式
端面模数	m_t	$m_t = m_n/\cos\beta$，m_n 为标准值
螺旋角	β	一般 $\beta = 8° \sim 20°$
端面压力角	α_t	$\alpha_t = \arctan(\tan\alpha_n/\cos\beta)$，$\alpha_n$ 为标准值
分度圆直径	d	$d = zm_t = zm_n/\cos\beta$
齿顶高	h_a	$h_a = m_n$
齿根高	h_f	$h_f = 1.25m_n$
全齿高	h	$h = 2.25m_n$
顶隙	c	$c = h_f - h_a = 0.25m_n$
齿顶圆直径	d_a	$d_a = d + 2h_a$
齿根圆直径	d_f	$d_f = d - 2h_f$
中心距	a	$a = (d_1 + d_2)/2 = m_n(z_1 + z_2)/(2\cos\beta)$

知识拓展 2　直齿圆锥齿轮传动

一、直齿圆锥齿轮传动的特点及应用

直齿圆锥齿轮传动用于传递两相交轴之间的运动和动力。如图 4 – 1 – 35 所示，轮齿的尺寸从大端到小端逐渐变小，所以相对于直齿圆柱齿轮，各有关圆柱的概念都变为圆锥，如齿顶圆锥、分度圆锥、齿根圆锥等。为了计算和测量的方便，通常取圆锥齿轮大端的参数为标准值。

一对圆锥齿轮两轴之间的交角 Σ 可根据传动的需要来确定。在一般机械中，多采用 $\Sigma = 90°$。

圆锥齿轮的轮齿有直齿、斜齿和曲齿等多种形式，由于直齿圆锥齿轮的设计、制造和安装都比较

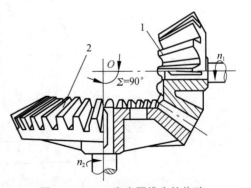

图 4 – 1 – 35　直齿圆锥齿轮传动

简便，所以应用最为广泛。

二、直齿圆锥齿轮的基本参数

直齿圆锥齿轮的轮齿有大、小端，其基本参数取大端为标准值。

（1）模数 m。参见国家标准《锥齿轮模数》（GB/T 12368—1990），为加工、检验方便，一般取 $m \geqslant 2$ mm。

（2）齿数 z。一对直齿圆锥齿轮传动中，常取小轮齿数 $z_1 \geqslant 20$。

（3）压力角 α。国家标准规定压力角 $\alpha = 20°$。

（4）齿顶高系数 h_a^* 与顶隙系数 c^*。正常齿制：$h_a^* = 1$；$c^* = 0.2$。

直齿圆锥齿轮的正确啮合条件是两齿轮大端的模数和压力角对应相等。

三、标准直齿圆锥齿轮的几何尺寸计算

直齿圆锥齿轮通常以大端几何尺寸为准，以便确定传动的外形尺寸，如图 4-1-36 所示。标准直齿圆锥齿轮传动的几何尺寸计算，见表 4-1-10。

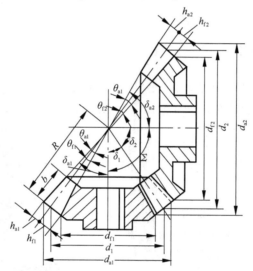

图 4-1-36　标准直齿圆锥齿轮几何参数计算

表 4-1-10　标准直齿圆锥齿轮传动的几何尺寸计算（$\Sigma = 90°$，等顶隙齿）

名称	符号	计算公式及参数选择
大端模数	m	按国标取标准值
传动比	i_{12}	$i_{12} = z_2/z_1 = \tan\delta_2 = \cot\delta_1$，单级 $i < 6 \sim 7$
分度圆锥角	δ_1，δ_2	$\delta_1 = 90° - \delta_2$，$\delta_2 = \arctan(z_2/z_1)$
分度圆直径	d	$d = zm$
齿顶高	h_a	$h_a = m$
齿根高	h_f	$h_f = 1.2m$
齿全高	h	$h = 2.2m$
齿顶圆直径	d_a	$d_a = d + 2m\cos\delta$

名称	符号	计算公式及参数选择
齿根圆直径	d_f	$d_f = d - 2.4m\cos\delta$
外锥距	R	$R = \sqrt{r_1^2 + r_2^2} = \dfrac{m}{2}\sqrt{z_1^2 + z_2^2}$
齿宽	b	$b \leqslant R/3$，$b_{min} \geqslant 4m$
齿根角	θ_f	$\theta_f = \arctan\dfrac{h_f}{R}$
齿顶角	θ_a	$\theta_a = \theta_f$
根锥角	δ_f	$\delta_f = \delta - \theta_f$
顶锥角	δ_a	$\delta_a = \delta + \theta_a$
顶隙	c	$c = 0.2m$
分度圆齿厚	s	$s = \pi m/2$

知识拓展3 蜗杆传动

蜗杆传动是由蜗杆和蜗轮组成的，如图 4-1-37 所示。它用于传递空间两交错轴之间的运动和动力，其两轴之间的交错角可为任意值，常用的为 90°，一般蜗杆是主动件。

一、蜗杆传动的类型、特点及应用

1. 蜗杆传动的类型

根据蜗杆形状的不同，蜗杆传动可分为圆柱蜗杆传动和环面蜗杆传动。圆柱蜗杆按加工方法的不同，又分为渐开线蜗杆和阿基米德蜗杆，其中阿基米德蜗杆应用最广。

2. 蜗杆传动的特点及应用

蜗杆传动主要具有以下特点。

（1）能实现大的传动比。蜗杆传动在动力传动中，传动比 $i = 8 \sim 80$；在分度机构及传递运动中，传动比可达 1 000。由于蜗杆传动传动比大，零件数目又少，因此结构紧凑。

（2）由于蜗杆传动具有螺旋传动的特点，同时啮合的齿对又较多，故冲击载荷小，传动平稳、噪声小。

（3）当蜗杆的螺旋升角小于当量摩擦角时，可以实现自锁。

（4）传动效率低，易磨损、发热。具有自锁性的蜗杆传动，效率仅为 0.4 左右，一般传动效率为 0.7 ~ 0.8。

（5）由于蜗杆传动在啮合处有较大的滑动速度，为了减摩耐磨，蜗轮齿圈常用青铜等有色金属制造，成本较高。

由于蜗杆传动具有上述特点，故常用于传动比较大，且要求结构紧凑的场合；或为了安全保护作用，需要传动具有自锁功能的场合。

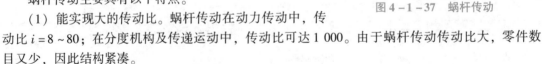

图 4-1-37 蜗杆传动

（蜗轮、蜗杆）

二、蜗杆传动的基本参数

如图 4-1-38 所示，通过蜗杆轴线并垂直于蜗轮轴线的平面称为中间平面。在中间平面内，普通圆柱蜗杆传动相当于齿轮与齿条的啮合传动，蜗杆传动的设计计算都以中间平面的参数和几何关系为准，并沿用齿轮传动的计算关系。

中间平面

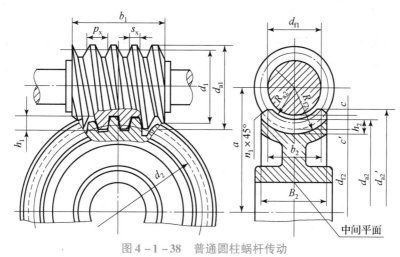

图 4-1-38　普通圆柱蜗杆传动

1. 模数 m 和压力角 α

与齿轮传动一样，蜗杆传动的几何尺寸也以模数和压力角为主要计算参数。规定蜗杆、蜗轮在中间平面的模数和压力角为标准值。圆柱蜗杆的基本尺寸和参数见表 4-1-11，压力角 α 规定为 20°。

表 4-1-11　圆柱蜗杆的基本尺寸和参数

m/mm	1	1.25		1.6		2			
d_1/mm	18	20	22.4	20	28	(18)	22.4	(28)	35.5
$m^2 d_1$/mm³	18	31.25	35	51.2	71.68	72	89.6	112	142
m/mm	2.5				3.15			4		
d_1/mm	(22.4)	28	(35.5)	45	(28)	35.5	(45)	56	(31.5)	40	(50)	71
$m^2 d_1$/mm³	140	175	221.9	281	277.8	352.2	446.2	556	504	640	800	1 136
m/mm	5				6.3			8		
d_1/mm	(40)	50	(63)	90	(50)	63	(80)	112	(63)	80	(100)	140
$m^2 d_1$/mm³	1 000	1 250	1 575	2 250	1 985	2 500	3 175	4 445	4 032	5 376	6 400	8 960
m/mm	10				12.5			16		
d_1/mm	(71)	90	(112)	160	(90)	112	(140)	200	(112)	140	(180)	250
$m^2 d_1$/mm³	7 100	9 000	11 200	16 000	14 062	17 500	21 875	31 250	28 672	35 850	46 080	64 000

注：1. 本表所列 d_1 值为国家标准《圆柱蜗杆传动基本参数》（GB/T 10085—2018）规定的优先使用值。

2. 若同一模数有两个 d_1 值，当选取其中较大的 d_1 值时，蜗杆导程角 γ 小于 3°30′，有较好的自锁性。

2. 蜗杆的分度圆直径 d_1

由于加工蜗轮的滚刀其直径和齿形参数必须与相应的蜗杆相同，这就是说，只要有一种分度圆直径的蜗杆，就得有一种对应的蜗轮滚刀，这样刀具的品种势必太多。为了限制蜗轮滚刀的数目及便于滚刀的标准化，对于每个标准模数都规定了一定数量的蜗杆分度圆直径 d_1，而把比值 $q = d_1/m$ 称为蜗杆的直径系数。d_1 与 m 为标准值，见表 4 – 1 – 11。

3. 蜗杆导程角 γ

当蜗杆的头数为 z_1，轴向模数为 m 时，蜗杆在分度圆柱面上的轴向齿距等于蜗轮的端面齿距，即 $p_{A1} = p_{t2} = \pi m$，由图 4 – 1 – 39 得

$$\tan \gamma = \frac{z_1 p_{X1}}{\pi d_1} = \frac{z_1 m}{d_1} = \frac{z_1}{q} \tag{4 – 1 – 26}$$

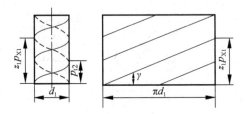

图 4 – 1 – 39　蜗杆的导成角

4. 传动比 i_{12}、蜗杆头数 z_1 和蜗轮齿数 z_2

蜗杆传动的传动比为

$$i_{12} = \frac{n_1}{n_2} = \frac{z_2}{z_1} \tag{4 – 1 – 27}$$

蜗杆头数 z_1 可根据传动比的大小和效率来确定。单头蜗杆可在传动比较大时选用，但效率低，如要提高效率，则应增加蜗杆头数，但头数过多又会给加工带来困难，故常取 z_1 为 1，2，4，6。

蜗轮齿数 z_2 主要根据传动比来确定。蜗轮齿数取值过少会产生根切，应大于 28，但不宜大于 80。若 z_2 过多，会使结构尺寸过大，蜗杆刚度下降。z_1，z_2 的荐用值见表 4 – 1 – 12。

表 4 – 1 – 12　z_1，z_2 的荐用值

i_{12}	5 ~ 6	7 ~ 15	14 ~ 30	29 ~ 82
z_1	6	4	2	1
z_2	29 ~ 36	29 ~ 61	29 ~ 61	29 ~ 82

蜗杆传动的正确啮合条件是在中间平面内蜗杆与蜗轮的模数和压力角对应相等，且蜗杆的导程角等于蜗轮的螺旋角，即 $m_1 = m_{t2} = m$，$\alpha_1 = \alpha_{t2} = \alpha$，$\gamma = \beta$（旋向相同）。

三、蜗杆传动的几何尺寸计算

除蜗杆分度圆直径 d_1 和中心距 a 以外，蜗杆传动的几何尺寸均可参照直齿圆柱齿轮的公式计算，但需注意，其顶隙系数 $c^* = 0.2$。标准阿基米德蜗杆传动的几何尺寸计算公式见表 4 – 1 – 13。

蜗杆传动
受力分析

表4-1-13　标准阿基米德蜗杆传动的几何尺寸计算公式

名称	符号	蜗杆	蜗轮
齿顶高	h_a	$h_a = h_a^* m$	
齿根高	h_f	$h_f = (h_a^* + c^*)m$	
全齿高	h	$h = (2h_a^* + c^*)m$	
分度圆直径	d	$d_1 = mq$	$d_2 = mz_2$
齿顶圆直径	d_a	$d_{a1} = d_1 + 2h_{a1}$	$d_{a2} = d_2 + 2h_{a2}$
齿根圆直径	d_f	$d_{f1} = d_1 - 2h_{f1}$	$d_{f2} = d_2 - 2h_{f2}$
蜗杆导程角	γ	$\gamma = \arctan(z_1/q)$	
蜗轮螺旋角	β		$\beta = \gamma$
径向间隙	c	$c = c^* m = 0.2m$	
中心距	a	$a = m(q + z_2)/2$	

任务评价

任务评价表见表4-1-14。

表4-1-14　任务评价表

评价类型	权重	具体指标	分值	得分		
				自评	组评	师评
职业能力	75%	明确齿轮的传动特点	10			
		能够计算齿轮的传动比	10			
		能够对齿轮的主要参数进行设计及校核	20			
		清楚齿轮正确啮合及连续传动的条件	15			
		能够分析直齿圆锥齿轮和蜗杆传动比计算及特点	10			
		明确齿轮的加工方法及原理	10			
职业素养	15%	坚持出勤，遵守纪律	5			
		协作互助，解决难点	5			
		小组合作，绘制零件图	5			
劳动素养	10%	按时完成任务	5			
		小组分工合理	5			
综合评价	总分					
	教师点评					

本任务主要以直齿圆柱齿轮为主，介绍了齿轮的传动特点、一对齿廓要实现恒角速比传动的条件、渐开线齿廓的特点、齿轮正确啮合和连续传动的条件、齿轮的相关参数及尺寸计算、齿轮的加工方法和变位齿轮、齿轮的失效形式及其设计准则，以及渐开线标准直齿圆柱齿轮的设计及齿轮的结构和润滑。本任务还介绍了斜齿圆柱齿轮传动、直齿圆锥齿轮传动和蜗杆传动的相关知识。

任务拓展训练

1. 要使一对齿轮的传动比保持不变，其齿廓应满足什么条件？

2. 渐开线是怎样形成的？渐开线有哪些性质？

3. 一对渐开线齿轮的正确啮合条件是什么？

4. 什么是标准安装？什么是标准中心距？在什么情况下节圆和分度圆重合？

5. 什么是重合度？为什么必须使重合度大于或等于1？

6. 斜齿圆柱齿轮的标准参数指的是法面参数还是端面参数？

7. 直齿圆锥齿轮的标准参数指的是大端参数还是小端参数？

8. 齿轮的主要失效形式有哪些？相应的计算准则是什么？

9. 对齿轮材料的总体要求是什么？常用齿轮材料有哪些？

10. 在计算齿轮强度时，为什么要使用计算载荷？

11. 齿宽系数的大小对齿轮传动有什么影响？

12. 齿轮的结构形式有哪些？设计时应如何确定其结构形式？

13. 有一渐开线正常齿制的标准直齿圆柱齿轮，已知 $z = 40$，$m = 5$ mm，$\alpha = 20°$，求其齿廓在分度圆、基圆及齿顶圆上的压力角和曲率半径。

14. 有一对外啮合正常齿制的标准直齿圆柱齿轮，已知 $m = 2.5$ mm，$i_{12} = 3$，$z_1 = 20$，试计算这对齿轮的分度圆直径、齿顶圆直径、齿根圆直径、基圆直径、中心距、齿距、齿厚和齿槽宽。

15. 有一直齿圆柱齿轮传动，其参数为 $m = 10$ mm，$\alpha = 20°$，$z_1 = 19$，$z_2 = 27$，求当啮合角 $\alpha' = 20°30'$ 时的中心距 a'。

16. 有一直齿圆柱齿轮传动，原设计传递功率为 P，主动轴转速为 n_1。若其他条件不变，轮齿的工作应力也不变，当主动轴转速提高一倍，即 $n_1' = 2n_1$ 时，该齿轮传动能传递的功率 P' 应为多少？

17. 已知传递功率 $P = 7.5$ kW，小齿轮转速 $n_1 = 1\,450$ r/min，传动比 $i = 2.08$。试设计一铣床中的标准直齿圆柱齿轮传动。

18. 有一单级直齿圆柱齿轮减速器，已知其中心距 $a = 200$ mm，传动比 $i = 4$，小齿轮齿数 $z_1 = 20$，转速 $n_1 = 970$ r/min，齿宽 $b_1 = 85$ mm，$b_2 = 80$ mm；小齿轮材料为45钢调质，大齿轮为45钢正火，载荷平稳。试计算该齿轮传动所能传递的功率。

19. 有一斜齿圆柱齿轮传动，已知 $z_1 = 27$，$z_2 = 60$，$m_n = 3$ mm，$\alpha_n = 20°$，$\beta = 15°$。试计算两轮分度圆直径、齿顶圆直径及中心距。

20. 有一直齿圆锥齿轮传动，已知 $m = 4$ mm，$z_1 = 26$，$z_2 = 46$，$h_a^* = 1$，$\Sigma = 90°$。试计算其主要几何尺寸。

任务二　轮系传动计算

参考学时：6学时

内容简介 NEWS

　　齿轮机构是应用最广的传动机构之一。机械中常采用一系列互相啮合的齿轮组成传动系统来完成传动功能，这种齿轮系统称为齿轮系，简称轮系。本任务主要研究轮系的类型、传动比计算及功用。

知识目标

　　（1）掌握轮系的类型。
　　（2）掌握轮系的传动比计算。
　　（3）掌握轮系的功用。

能力目标

　　能够在机器的传动机构中区分轮系并计算其传动比。

素质目标

　　通过轮系传动比计算，培养学生严谨细致的分析能力。

任务导入

　　图4-2-1所示为普通车床。试分析该车床传动系统的组成，并考虑轮系在整个传动系统中的作用。

图4-2-1　普通车床

步骤一　认识轮系

知识链接

一、轮系的类型

根据轮系运动时各齿轮轴线的相对位置是否固定，可将轮系分为 3 种类型：定轴轮系、周转轮系和混合轮系。

1. 定轴轮系

当轮系运转时，所有齿轮几何轴线的位置都固定不变的轮系称为定轴轮系，如图 4-2-2 所示。在定轴轮系中，若各齿轮的几何轴线相互平行，则该定轴轮系称为平面定轴轮系，如图 4-2-2（a）所示；否则称为空间定轴轮系，如图 4-2-2（b）所示。

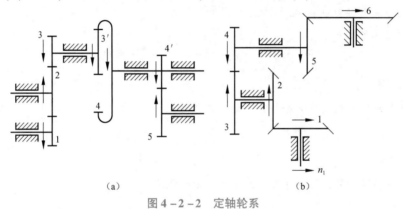

（a）　　　　　　　　　　（b）

图 4-2-2　定轴轮系

（a）平面定轴轮系；（b）空间定轴轮系

2. 周转轮系

当轮系运转时，至少有一个齿轮几何轴线的位置相对机架不固定，而是绕着其他齿轮的固定几何轴线回转，此轮系称为周转轮系。如图 4-2-3 所示的轮系中，齿轮 2 的几何轴线的 O_2 位置不固定，当杆 H 转动时，齿轮 2 一方面将绕齿轮 1 的几何轴线 O_1 转动，另一方面又绕自身轴线 O_2 自转，该轮系即周转轮系。

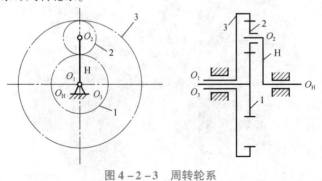

图 4-2-3　周转轮系

1，3—太阳轮；2—行星轮；H—行星架

3. 混合轮系

在实际工程中，除了采用单一的定轴轮系和单一的周转轮系外，还经常采用既含定轴轮系部分又含周转轮系部分或由几部分周转轮系所组成的复杂轮系，这样的轮系称为混合轮系或复合轮系，如图4-2-4所示。

此外，按组成轮系的齿轮（或构件）的轴线是否相互平行，可将轮系分为平面轮系和空间轮系。由轴线相互平行的圆柱齿轮组成的轮系，称为**平面轮系**，如图4-2-2（a）、图4-2-3、图4-2-4所示。包含轴线不相互平行的圆锥齿轮或蜗杆传动等在内的轮系，称为**空间轮系**，如图4-2-2（b）所示。

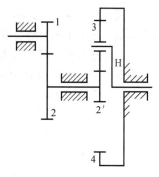

图4-2-4　混合轮系

二、轮系传动比的概念

所谓轮系的传动比，是指轮系中输入轴（主动轮）的角速度（或转速）与输出轴（从动轮）的角速度（或转速）之比，用 i 表示，即

$$i_{1k} = \frac{\omega_1}{\omega_k} = \frac{n_1}{n_k}$$

式中，下角标 1 和 k 分别表示输入和输出。

轮系的传动比计算主要包括两个内容：计算其传动比的大小和确定输出轴的转向。

步骤二　计算定轴轮系传动比

定轴轮系
传动比计算

一、平面定轴轮系传动比计算

1. 传动比大小的计算

现以图4-2-2（a）所示的平面定轴轮系为例，讨论其传动比大小的计算方法。设齿轮 1 为主动轮，齿轮 5 为末端从动轮，则轮系的传动比 i_{15} 应当是

$$i_{15} = \frac{\omega_1}{\omega_5} = \frac{n_1}{n_5}$$

通过计算轮系中各对啮合齿轮的传动比，可求得轮系的传动比。设轮系中各齿轮齿数分别为 z_1，z_2，z_3，z_3'，z_4，z_4' 及 z_5；各齿轮的转速分别为 n_1，n_2，n_3，$n_3'(n_3' = n_3)$，n_4，$n_4'(n_4' = n_4)$ 及 n_5，则轮系中各对啮合齿轮传动比的大小为

$$i_{12} = \frac{n_1}{n_2} = \frac{z_2}{z_1}, \quad i_{23} = \frac{n_2}{n_3} = \frac{z_3}{z_2}, \quad i_{3'4} = \frac{n_3'}{n_4} = \frac{z_4}{z_3'}, \quad i_{4'5} = \frac{n_4'}{n_5} = \frac{z_5}{z_4'}$$

将各式等号两边分别连乘，可得

$$i_{12}i_{23}i_{3'4}i_{4'5} = \frac{n_1 n_2 n_3' n_4'}{n_2 n_3 n_4 n_5} = \frac{z_2 z_3 z_4 z_5}{z_1 z_2 z_3' z_4'}$$

$$i_{15} = \frac{n_1}{n_5} = i_{12}i_{23}i_{3'4}i_{4'5} = \frac{n_1 n_2 n_3' n_4'}{n_2 n_3 n_4 n_5} = \frac{z_2 z_3 z_4 z_5}{z_1 z_2 z_3' z_4'} \tag{4-2-1}$$

由式（4-2-1）表明：平面定轴轮系传动比的大小等于组成该轮系的各对啮合齿轮传动比的连乘积，也等于各对啮合齿轮中所有从动轮齿数的连乘积与所有主动轮齿数的连乘积之比。

以上结论可推广到一般情况，设轮 1 为始端主动轮，轮 k 为末端从动轮，m 为圆柱齿轮外啮合的对数，则平面定轴轮系的传动比的一般公式为

$$i_{1k} = \frac{n_1}{n_k} = (-1)^m \frac{\text{轮 1 至轮 } k \text{ 间所有从动轮齿数的连乘积}}{\text{轮 1 至轮 } k \text{ 间所有主动轮齿数的连乘积}} \qquad (4-2-2)$$

2. 从动轮转向的确定

由于平面定轴轮系中各个齿轮的轴线相互平行，所以任意两个齿轮的转向不是相同便是相反，因此，规定两轮转向相同时传动比取正号，两轮转向相反时传动比取负号。轮系中从动轮与主动轮的转向关系，可根据其传动比的正负号确定。若轮系中外啮合齿轮对数为奇数，则末轮与首轮转向相反，传动比取负；若轮系中外啮合齿轮对数为偶数，则末轮与首轮转向相同，传动比取正。

另外，平面定轴轮系从动轮的转向，也可以采用画箭头的方法确定，如图 4-2-2（a）所示。

在图 4-2-2（a）所示平面定轴轮系中，齿轮 2 同时和两个齿轮啮合，对齿轮 1 而言，齿轮 2 是从动轮，对于齿轮 3 而言，它又是主动轮。齿数 z_2 在式（4-2-1）的分子和分母上各出现一次，故不影响传动比的大小，但可改变从动轮的转向。这种不影响传动比数值大小，只起改变从动轮转向作用的齿轮称为惰轮。

二、空间定轴轮系传动比的计算

空间定轴轮系传动比的大小仍采用式（4-2-2）计算，但由于是包含圆锥齿轮或蜗杆传动的定轴轮系，各轮的轴线不平行，主动轮和从动轮之间不存在转向相同或相反问题，因此，不能用传动比的正负号来确定从动轮的转向，只能采用画箭头的方法确定从动轮的转向。

如图 4-2-2（b）所示，对于圆锥齿轮传动，表示齿轮副转向的箭头同时指向或同时背离节点。

对于蜗杆传动，从动蜗轮转向判定方法用蜗杆左、右手法则：对右旋蜗杆，用右手法则，即用右手握住蜗杆的轴线，使四指弯曲方向与蜗杆转动方向一致，则与拇指的指向相反的方向就是蜗轮在节点处圆周速度的方向；对左旋蜗杆，用左手法则，方法同上。

做一做 1

如图 4-2-5 所示，在此轮系中，已知 $z_1 = 15$，$z_2 = 25$，$z_2' = 15$，$z_3 = 30$，$z_3' = 15$，$z_4 = 30$，$z_4' = 2$（右旋），$z_5 = 60$，$z_5' = 20$，齿轮 z_5' 的模数 $m = 4$ mm，若 $n_1 = 500$ r/min，转向如图 4-2-5 所示。求齿条 6 线速度的大小和方向。

解： 此轮系为空间定轴轮系，从齿轮 2 开始，顺次标出各对啮合齿轮的转动方向。
由式（4-2-2）得

$$i_{15} = \frac{n_1}{n_5} = \frac{z_2 z_3 z_4 z_5}{z_1 z_2' z_3' z_4'} = \frac{25 \times 30 \times 30 \times 60}{15 \times 15 \times 15 \times 2} = 200$$

$$n_5 = \frac{n_1}{i_{15}} = \frac{500 \text{ r/min}}{200} = 2.5 \text{ r/min}$$

$$n_5' = n_5 = 2.5 \text{ r/min}$$

$$\omega_5' = \omega_5 = \frac{2\pi \times 2.5 \text{ r/min}}{60} = 0.262 \text{ rad/s}$$

$$v_6 = v_5' = \omega_5' r_5' = \frac{\omega_5' m z_5'}{2} = 0.262 \text{ rad/s} \times 4 \times 20/2 = 10.5 \text{ mm/s}$$

方向向右，如图 4 – 2 – 5 所示。

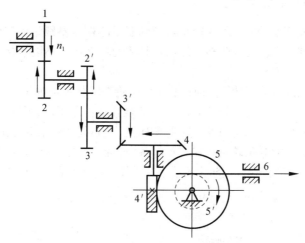

图 4 – 2 – 5　空间定轴轮系

步骤三　计算周转轮系传动比

周转轮系
传动比计算

一、周转轮系的组成

图 4 – 2 – 6 所示为周转轮系，齿轮 2 既自转又公转，称为**行星轮**；齿轮 1 和齿轮 3 的几何轴线位置固定不动，称为**太阳轮或中心轮**，它们分别与行星轮 2 相啮合；支持行星轮做自转和公转的构件 H 称为**行星架**或**系杆**。行星轮、太阳轮、行星架及机架组成周转轮系。一个周转轮系中，中心轮和行星架的几何轴线必须重合，否则周转轮系不能运动。

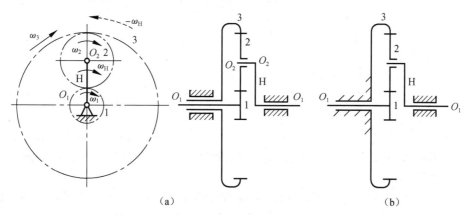

图 4 – 2 – 6　周转轮系

（a）差动轮系；（b）行星轮系

1，3—太阳轮；2—行星轮；H—行星架

若周转轮系中的两个太阳轮都能转动，则称为差动轮系，如图 4 - 2 - 6 （a） 所示；若周转轮系中有一个太阳轮是固定的，则称为行星轮系，如图 4 - 2 - 6 （b） 所示。

二、周转轮系的传动比计算

从周转轮系的组成可以看出，周转轮系与定轴轮系的根本差别是周转轮系中有转动着的行星架，使行星轮系既有自转，又有公转。故周转轮系的传动比就不能直接用定轴轮系的公式来计算。

为了解决周转轮系的传动比计算，应设法将周转轮系转化为定轴轮系。根据相对运动原理，假设给整个周转轮系加上一个公共转速 $-n_H$，行星架 H 便静止不动，但各构件间的相对运动关系并不改变，这时所有齿轮的几何轴线位置全部固定，于是周转轮系就转化为定轴轮系。该假想定轴轮系称为原周转轮系的**转化轮系**。在转化轮系中，各个构件对行星架 H 的相对转速分别用 n_1^H，n_2^H，n_3^H 及 n_H^H 表示，周转轮系及转化轮系中各构件的转速见表 4 - 2 - 1。

表 4 - 2 - 1　周转轮系及转化轮系中各构件的转速

构件代号	绝对转速	在转化轮系中的相对转速 （相对于行星架的转速）
1	n_1	$n_1^H = n_1 - n_H$
2	n_2	$n_2^H = n_2 - n_H$
3	n_3	$n_3^H = n_3 - n_H$
H	n_H	$n_H^H = n_H - n_H = 0$

利用定轴轮系的传动比计算公式，可列出转化轮系中任意两个齿轮的传动比。

图 4 - 2 - 6 所示的转化轮系中，齿轮 1、齿轮 3 的传动比为

$$i_{13}^H = \frac{n_1^H}{n_3^H} = \frac{n_1 - n_H}{n_3 - n_H} = (-1)^1 \frac{z_2 z_3}{z_1 z_2} = -\frac{z_3}{z_1} \tag{4-2-3}$$

以上结论可推广到周转轮系的转化轮系传动比计算的一般情况，即

$$i_{1k}^H = \frac{n_1 - n_H}{n_k - n_H} = (-1)^m \frac{\text{轮 1 至轮 } k \text{ 间所有从动轮齿数的连乘积}}{\text{轮 1 至轮 } k \text{ 间所有主动轮齿数的连乘积}} \tag{4-2-4}$$

式中，i_{1k}^H 为转化轮系中始端主动齿轮 1 至末端从动齿轮 k 之间的传动比；m 为转化轮系中从齿轮 1 至齿轮 k 之间的外啮合的次数。

应用式 （4 - 2 - 4） 时必须注意以下几个方面。

（1） 式 （4 - 2 - 4） 中 n_1，n_k 和 n_H 之间为代数相加减，所以构件 1 ~ k，H 的轴线必须平行。

（2） 将 n_1，n_k 和 n_H 的已知值代入式 （4 - 2 - 4） 时，必须带有表示该构件转向的正号或负号。当规定某构件的转向为正后，与其转向相反的构件的转速应取负号。未知构件的转向可根据计算所得转速的正负号确定。

（3） 式 （4 - 2 - 4） 右边的正负号表示在转化轮系中齿轮 1 和齿轮 k 的转向关系，必须代入公式一起运算，其确定方法与定轴轮系相同。对于平面轮系可用 $(-1)^m$ 法确定，也可用画箭头的方法确定，但此时箭头并不表示构件的实际转向，而只是为了确定在转化轮系中齿轮 1 和齿轮 k 的转向关系。对于包含圆锥齿轮或蜗杆传动的周转轮系，只能用画箭头的

方法确定。

（4）由于 $n_1^H \neq n_1$，$n_k^H \neq n_k$，$n_H^H \neq n_H$，所以 $i_{1k}^H \neq i_{1k}$。

做一做 2

图 4-2-7 所示为行星轮系，已知各轮齿数为 $z_1 = 100$，$z_2 = 101$，$z_2' = 100$，$z_3 = 99$。求输入件 H 对输出件 1 的传动比 i_{H1}。

解：齿轮 1，2-2′，3 和行星架 H 构成行星轮系，又由图 4-2-7 知 $n_3 = 0$，则由式（4-2-4）得

$$i_{13}^H = \frac{n_1 - n_H}{n_3 - n_H} = \frac{z_2 z_3}{z_1 z_2'} = \frac{101 \times 99}{100 \times 100} = \frac{9\,999}{10\,000}$$

$$i_{13}^H = \frac{n_1 - n_H}{n_3 - n_H} = \frac{n_1 - n_H}{0 - n_H} = 1 - i_{1H}$$

所以，$i_{H1} = \dfrac{1}{i_{1H}} = 10\,000$。

请结合本例思考一下怎样安排齿数来获得大传动比。

做一做 3

如图 4-2-8 所示，$z_1 = z_3 = 80$，$z_2 = 50$，$n_1 = 50$ r/min，$n_3 = 30$ r/min。求 n_H。

解：

$$i_{13}^H = \frac{n_1^H}{n_3^H} = \frac{n_1 - n_H}{n_3 - n_H} = -\frac{z_3}{z_1} = -\frac{80}{80} = -1$$

$$\frac{50 - n_H}{30 - n_H} = -1$$

得 $n_H = 40$ r/min。

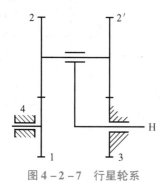

图 4-2-7　行星轮系

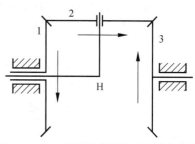

图 4-2-8　由圆锥齿轮组成的周转轮系

本例题中齿轮 2 的运动为空间运动，绝对运动的转速是方向变化的空间矢量，详尽的讨论可参阅理论力学中有关空间运动的内容。

步骤四　计算混合轮系传动比

由几个基本周转轮系或定轴轮系和周转轮系组成的混合轮系，在进行传动比计算时，必须先将混合轮系分解成基本周转轮系和定轴轮系，然后分别列出传动比计算式，最后联立求解。在分解轮系时，首先找出周转轮系，剩下的便是定轴轮系。周转轮系的特点是具有几何轴线不固定

的行星轮，与行星轮啮合的齿轮为太阳轮。行星轮、太阳轮与支持行星轮的行星架 H 组成基本周转轮系，一个基本周转轮系只有一个行星架 H。

做一做 4

图 4-2-4 所示为混合轮系，已知各轮齿数 $z_1 = 20$，$z_2 = 40$，$z_2' = 20$，$z_3 = 30$，$z_4 = 80$。试计算传动比 i_{1H}。

解：（1）分解轮系。齿轮 3 的几何轴线是绕齿轮 2′ 和齿轮 4 的轴线转动的，是行星轮，与齿轮 3 相啮合的齿轮 2′ 和齿轮 4 是太阳轮，它们与行星架 H 组成基本周转轮系。

剩下齿轮 2 和齿轮 1，其几何轴线位置都固定，组成定轴轮系。

由上述分析可知，本轮系是由一个定轴轮系和一个周转轮系组成的混合轮系。

（2）分别列出传动比计算式。

①周转轮系为平面轮系，齿轮 2′ 和齿轮 4 之间有一次外啮合。由式（4-2-3）得

$$i_{2'4}^{H} = \frac{n_{2'}^{H}}{n_4^{H}} = \frac{n_{2'} - n_H}{n_4 - n_H} = -\frac{z_4}{z_{2'}}$$

②定轴轮系为平面轮系，且为外啮合，由式（4-2-2）得

$$i_{12} = \frac{n_1}{n_2} = -\frac{z_2}{z_1}$$

（3）联立求解。周转轮系与定轴轮系的联系是 $n_2' = n_2$。将各轮齿数及 $n_4 = 0$ 代入，得

$$\frac{n_2' - n_H}{0 - n_H} = -\frac{80}{20}, \quad \frac{n_1}{n_2} = -\frac{40}{20}, \quad i_{1H} = \frac{n_1}{n_H} = -10$$

传动比 i_{1H} 为负，说明齿轮 1 与行星架 H 转向相反。

本例题中若还要求出与齿轮 3 有关的传动比，应当如何列方程呢？

做一做 5

图 4-2-9 所示为电动机卷扬机减速器，已知各齿轮的齿数为 $z_1 = 24$，$z_2 = 48$，$z_2' = 30$，$z_3 = 90$，$z_3' = 20$，$z_4 = 30$，$z_5 = 80$。求传动比 i_{15}。

解： 该轮系中，双联齿轮 2-2′ 是行星轮，支持行星轮的内齿轮 5 是行星架，与行星轮相啮合的齿轮 1 和 3 是太阳轮，则齿轮 1，2（2′），3，5（H）组成周转轮系。剩下的齿轮 3′，4，5 组成定轴轮系。

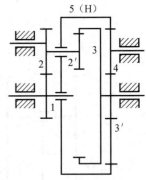

图 4-2-9 电动机卷扬机减速器

（1）对周转轮系，可写出

$$i_{13}^{H} = \frac{n_1 - n_H}{n_3 - n_H} = -\frac{z_2 z_3}{z_1 z_{2'}}$$

$$\frac{n_1 - n_H}{n_3 - n_H} = -\frac{z_2 z_3}{z_1 z_{2'}} = -\frac{48 \times 90}{24 \times 30} = -6 \qquad (4-2-5)$$

（2）对定轴轮系，可写出

$$i_{3'5} = \frac{n_{3'}}{n_5} = -\frac{z_5}{z_{3'}} = -\frac{80}{20} = -4$$

又由于 $n_5 = n_H$，所以，$n_3 = -4n_H$ \qquad (4-2-6)

（3）将式（4-2-6）代入式（4-2-5）式得

$$\frac{n_1 - n_H}{n_3 - n_H} = -\frac{n_1 - n_H}{(-4n_H) - n_H} = -6$$

化简得

$$i_{15} = i_{1H} = \frac{n_1}{n_5} = 31$$

步骤五　分析轮系的功能

知识链接

轮系广泛应用于各种机械和仪表中，其主要功能有以下几种。

1. 实现远距离两轴之间的传动

当主动轴和从动轴之间的距离较远时，如果仅用一对齿轮来传动，如图4-2-10中的齿轮1和齿轮2，齿轮的尺寸就很大，既占空间，又费材料，且制造安装都不方便。若改用图4-2-10中4个小齿轮3，4，5，6组成的轮系来传动，就可以缩小齿轮尺寸，便于齿轮的制造和安装。

2. 实现大传动比传动

使用一对齿轮传动，其传动比一般不大于8，否则小齿轮会因尺寸太小而寿命较低，大齿轮也会因尺寸较大而占用较大的空间。图4-2-7所示为行星轮系，H，1分别为主、从动件时，$i_{H1} = 10\ 000$，即当行星架转10 000圈时，齿轮1才转1圈，由此可见，其可以实现大的传动比。

3. 实现分路传动

图4-2-11所示为滚齿机上实现滚刀与轮坯范成运动的传动简图。该图中由轴Ⅰ带来的运动和动力经圆锥齿轮1，2传给滚刀，同时又由与圆锥齿轮1同轴的齿轮3经齿轮4，5，6，7传给蜗杆8，再传给蜗轮9而至轮坯。这样就实现了运动和动力的分路传动。

实现分路传动
某航空发动机附加系统

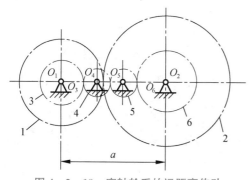

图4-2-10　定轴轮系的远距离传动

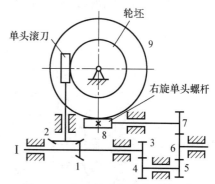

图4-2-11　滚齿机上实现滚刀与
轮坯范成运动的传动简图

4. 实现变向、变速传动

通过不同齿轮的啮合组合，可以实现变速及变向操作。图4-2-12所示为汽车上常用的三轴四速变速箱的传动简图。当改变各轴的轴向位置时，通过不同的齿轮啮合，使传动过程获得不同的变速比。

在图 4-2-12 中，轴 I 为输入轴，轴 III 为输出轴，轴 II 和 IV 为中间传动轴。当牙嵌离合器的 x 和 y 半轴接合、滑移齿轮 4，6 空套时，轴 III 得到与轴 I 同样的高转速；当离合器脱开，运动和动力由齿轮 1，2 传给轴 II，当移动滑移齿轮使 4 与 3 啮合，或 6 与 5 啮合时，轴 III 可得中速或低速挡；当移动齿轮 6 与轴 IV 上的齿轮 8 啮合，轴 III 转速反向，可得低速的倒车挡。

5. 实现运动的分解和合成

对于差动轮系，可以将一根轴的运动分解为两根轴的运动，也可以将两根轴的运动合成为一根轴的运动。图 4-2-13 所示为差动轮系，不难导出其转速关系为

$$n_H = \frac{n_1 + n_3}{2}$$

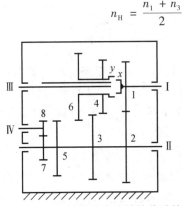

图 4-2-12　三轴四速变速箱的传动简图

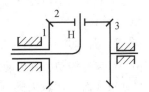

图 4-2-13　差动轮系

差动轮系可以实现运动的合成，将齿轮 1 和齿轮 3 的转速合称转臂 H 的转速；也可以相反地将转臂 H 的转速分解。图 4-2-14 所示的汽车后桥差速器就是利用该差动轮系的这一特性进行工作的。两车轮的转速相当于转速关系式中的 n_1 和 n_3，传动轴的转速相当于转速关系式中的 n_H，汽车转弯时内外车轮的转速应当是不同的，以避免车轮与地面之间发生剧烈摩擦。后桥中差动轮系的作用是使汽车在行进中能自然适应不同转弯过程和直线行进中内外车轮之间的速度差异。目前，各种轮式车辆的行驶系统几乎都采用了这一传动技术，这也是差动轮系最典型的应用。

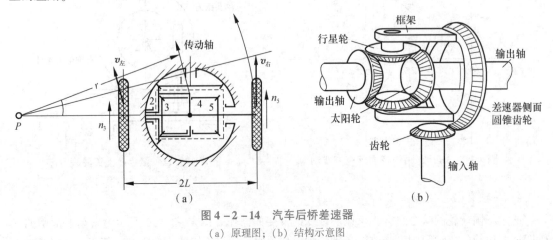

（a）

（b）

图 4-2-14　汽车后桥差速器

（a）原理图；（b）结构示意图

任务评价表见表4–2–2。

表4–2–2 任务评价表

评价类型	权重	具体指标	分值	得分		
				自评	组评	师评
职业能力	70%	会分析判定轮系的类型	20			
		能计算各轮系的传动比	30			
		清楚轮系的功能	20			
职业素养	20%	坚持出勤，遵守纪律	5			
		协作互助，解决难点	5			
		按照流程规范简化	5			
		持续改进优化	5			
劳动素养	10%	按时完成任务	5			
		小组分工合理	5			
综合评价	总分					
	教师点评					

任务小结

本任务主要围绕轮系的类型、传动比计算及轮系的功能展开讲述，通过对本任务的学习，应掌握实际机器（如机床、汽车等）的变速原理。

任务拓展训练

1. 什么是轮系？轮系可以分为哪几种基本类型？它们各有什么特点？

2. 什么是惰轮？它在轮系中的作用是什么？

3. 如何计算定轴轮系的传动比？定轴轮系中各轮的转向如何确定？

4. 轮系的主要功能有哪些？请举例说明。

5. 在计算混合轮系的传动比时，能否也采用转化轮系法？

6. 如图4–2–15所示，已知轮系中各轮的齿数分别为$z_1 = z_3 = 15$，$z_2 = 30$，$z_4 = 25$，$z_5 = 20$，$z_6 = 40$。求传动比i_{16}，并指出如何改变i_{16}的符号。

7. 图4–2–16所示为一手摇提升装置，其中各轮齿数均为已知。试求传动比i_{15}，并指出当提升重物时手柄的转向。

8. 如图4–2–17所示，在轮系中，已知$z_1 = 20$，$z_2 = 30$，$z_3 = 18$，$z_4 = 68$，齿轮1的转速$n_1 = 150$ r/min。求行星架H转速n_H的大小和方向。

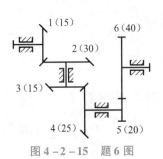

图 4 - 2 - 15　题 6 图

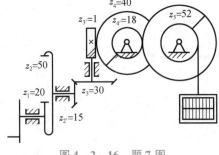

图 4 - 2 - 16　题 7 图

9. 图 4 - 2 - 18 所示为一装配用电动螺丝刀齿轮减速部分的传动简图，已知各轮齿数为 $z_1 = z_4 = 7$，$z_3 = z_6 = 39$。若 $n_1 = 3\ 000$ r/min，试求螺丝刀的转速。

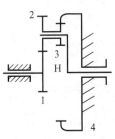

图 4 - 2 - 17　题 8 图

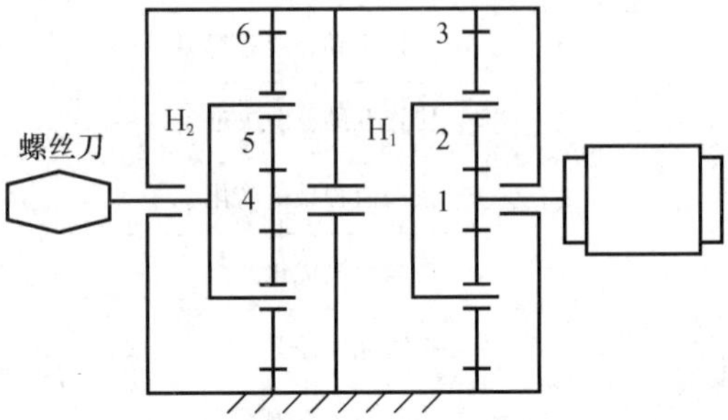

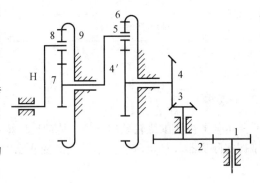

图 4 - 2 - 18　题 9 图

10. 如图 4 - 2 - 19 所示，在混合轮系中，已知 $n_1 = 3\ 549$ r/min，各轮齿数为 $z_1 = 36$，$z_2 = 60$，$z_3 = 23$，$z_4 = 49$，$z_{4'} = 69$，$z_5 = 31$，$z_6 = 131$，$z_7 = 94$，$z_8 = 36$，$z_9 = 167$。试求行星架 H 的转速 n_{H2}。

11. 如图 4 - 2 - 20 所示，在电动三爪卡盘传动轮系中，已知各轮齿数为 $z_1 = 6$，$z_2 = z_{2'} = 25$，$z_3 = 57$，$z_4 = 56$。试求传动比 i_{14}。

12. 如图 4 - 2 - 21 所示，在双螺旋桨飞机的减速器中，已知 $z_1 = z_4 = 30$，$z_2 = z_{2'} = 20$，$z_3 = z_6 = 60$，$z_5 = z_{5'} = 18$，齿轮 1 的转速 $n_1 = 15\ 000$ r/min，求螺旋桨 P 和 Q 的转速 n_P，n_Q 的大小和方向。

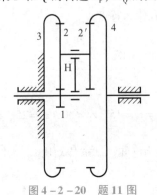

图 4 - 2 - 20　题 11 图

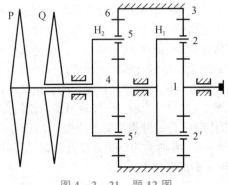

图 4 - 2 - 19　题 10 图

图 4 - 2 - 21　题 12 图

任务三　设计带传动

参考学时：6学时

内容简介

在金属切削机床、汽车、农机等各种机械传动系统中，广泛应用着带传动。本任务以普通V带为主，研究带传动的工作原理、特点、应用及相关标准，分析普通V带传动的失效形式与设计准则、设计的思路和方法，以及使用和维护方面应注意的问题。

知识目标

（1）掌握带传动的工作原理、特点。

（2）了解普通V带传动的设计思路和方法。

（3）了解带传动的使用和维护。

能力目标

能够根据工作要求，正确选用各种类型的带。

素质目标

通过带传动的设计计算，培养学生严谨认真的职业习惯和工作态度。

任务导入

图4-3-1所示为桑塔纳2000轿车的发动机。试分析带传动安装的位置及其作用。

图4-3-1　桑塔纳2000轿车的发动机

步骤一　认识带传动

带传动分析

一、带传动的组成

如图 4-3-2 所示，带传动由主动带轮 1、从动带轮 2 和传动带 3 组成，工作时依靠带与带轮之间的摩擦或啮合来传递运动和动力。

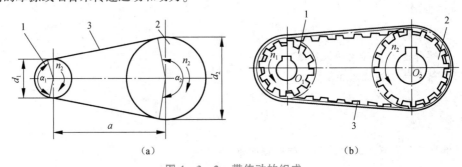

图 4-3-2　带传动的组成

(a) 原理图；(b) 结构示意图

1—主动带轮；2—从动带轮；3—传动带

二、带传动的主要类型

根据工作原理的不同，带传动分为以下两种。

(1) 摩擦式带传动：依靠带与带轮间的摩擦力传递运动和动力。

(2) 啮合式带传动：依靠带上的齿或孔与带轮上的齿或孔啮合传递运动和动力。

1. 摩擦式带传动

根据带的截面形状不同可分为平带传动（矩形截面）[见图 4-3-3 (a)]、V 带传动（梯形截面）[见图 4-3-3 (b)]、多楔带传动 [见图 4-3-3 (c)]、圆带传动（圆截面）[见图 4-3-3 (d)] 等类型。

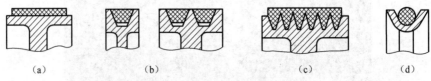

(a)　　　　　　(b)　　　　　　(c)　　　　　　(d)

图 4-3-3　摩擦式带传动的类型

(1) 平带传动。平带传动的结构最简单，其工作表面为内表面，平带挠曲性好，易于加工，在传动中心距较大场合应用较多。

(2) V 带传动。V 带俗称三角带，其工作表面为两侧面。V 带与平带相比，在相同的正压力作用下，V带的当量摩擦因数大，故能传递较大的功率，且V带结构紧凑，因此应用广泛。

（3）多楔带传动。多楔带是在平带基体上由多根V带组成的传动带，它兼有平带挠曲性好及V带传动能力强等优点，可以避免使用多根V带时长度不等、受力不均匀等缺点。

（4）圆带传动。圆带通常用棉绳或皮革制成。圆带传动能力小，适用于仪器和家用机械，如缝纫机等。

2. 啮合式带传动

啮合式带传动分为同步带传动［见图4-3-2（b）］和齿孔带传动两种，其兼有带传动和齿轮传动的特点，主要用于要求传动比准确、功率较大、线速度较高的场合。例如，数控机床和电影胶片运动的传动分别用了同步带传动和齿孔带传动。

三、带传动的特点和应用

带是弹性元件，因此，带传动有以下特点。

（1）能吸收振动，缓和冲击，传动平稳，噪声小。

（2）过载时，带会在带轮上打滑，可以防止其他机件损坏，起到过载保护的作用。

（3）结构简单，制造、安装和维护方便，成本低。

（4）带与带轮之间存在一定的弹性滑动，不能保证恒定的传动比，传动精度和传动效率较低。

（5）由于带工作时需要张紧，因此带对带轮轴有很大的压轴力。

（6）带传动装置外廓尺寸大，结构不够紧凑。

（7）带的寿命较短，需要经常更换。

（8）不适用于高温、易燃及有腐蚀介质的场合。

摩擦带传动适用于要求传动平稳、传动比要求不精确、中小功率的远距离传动。一般情况下，带传动的传递功率$P \leqslant 100 \text{ kW}$，带速$v = 5 \sim 25 \text{ m/s}$，传动比$i \leqslant 7$，传动效率$\eta = 0.90 \sim 0.95$。

步骤二　分析带传动的运动特性

一、带传动的受力分析

在带传动安装时，需要把带紧套在两个带轮的轮缘上，这时带没有工作，仅受到张紧力F_0的作用，传动带各处的张紧力相等，如图4-3-4（a）所示。当带传动工作时，主动带轮以转速n_1转动，主动带轮靠摩擦力带动传动带运动，传动带又靠摩擦力带动从动带轮以n_2的转速转动。此时，传动带在带轮两边的拉力就发生了变化，传动带绕入主动带轮的一边被拉得更紧，其拉力F_0增加到F_1；另一边则相应地被放松，带所受的拉力F_0减少到F_2。拉力增大的边称为紧边，拉力减少的边称为松边。两边拉力的差称为有效圆周力，也称有效拉力，以F表示，即$F = F_1 - F_2$。F也等于带与带轮之间的摩擦力的总和，即

$$F = F_1 - F_2 = \sum F_f \qquad (4-3-1)$$

假定带工作时的总长度不变，则紧边拉力的增量（$F_1 - F_0$）近似等于松边拉力的减少量（$F_0 - F_2$），即$F_1 - F_0 = F_0 - F_2$，于是得　$2F_0 = F_1 + F_2$ $\qquad (4-3-2)$

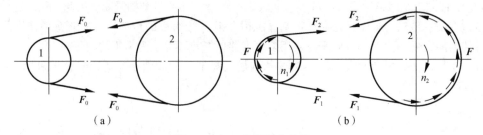

图 4 - 3 - 4　带的受力分析

(a) 不工作时；(b) 工作时

当传动带即将打滑时，紧边拉力 F_1 和松边拉力 F_2 之间的关系公式（即欧拉公式）为

$$F_1 = F_2 e^{f\alpha} \tag{4 - 3 - 3}$$

式中，e 为自然对数的底，即 $e = 2.718$；f 为摩擦因数，若为 V 带传动，f 应改为当量摩擦因数 f_V；α 为传动带在小带轮上的包角，rad。

由式（4 - 3 - 1）、式（4 - 3 - 2）和式（4 - 3 - 3），整理可得

$$F_{max} = 2F_0 \frac{e^{f\alpha} - 1}{e^{f\alpha} + 1} \tag{4 - 3 - 4}$$

从式（4 - 3 - 4）可以看出，带传动的最大有效拉力 F_{max} 随传动带的张紧力 F_0、传动带在小带轮上的包角 α 和传动带与带轮间的摩擦因数 f 的增大而增大。在一定的条件下，f 为一定值，要增加传动带的传动能力，就应增加张紧力 F_0 和包角 α。

二、带传动的应力分析

当传动带工作时，有 3 种应力作用。

1. 紧边拉力和松边拉力引起的应力

当传动带工作时，紧边拉力 F_1 和松边拉力 F_2 引起的应力 σ_1 和 σ_2 分别为

$$\sigma_1 = \frac{F_1}{A}, \quad \sigma_2 = \frac{F_2}{A} \tag{4 - 3 - 5}$$

式中，A 为传动带的截面面积，mm^2。

2. 离心力引起的应力

沿带轮轮缘弧面运动的传动带，由于具有一定的质量，就不可避免地受到离心力的作用。在带内会引起离心拉力 F_c 及相应的拉应力 σ_c。假设传动带以速度 v 绕带轮运动，带中的离心拉应力 σ_c 为

$$\sigma_c = \frac{qv^2}{A} \tag{4 - 3 - 6}$$

式中，q 为传动带每米长度的质量，kg/m；v 为传动带的速度，m/s。

从式（4 - 3 - 6）可以看出，传动带的速度 v 越高，由离心力产生的拉应力 σ_c 就越大。因此，应限制传动带的速度，一般取 $v = 5 \sim 30 \ m/s$。

3. 弯曲应力

当传动带在工作时，传动带绕上大、小带轮的部分会产生弯曲，由于弯曲所产生的弯曲应力分别为 σ_{b1}，σ_{b2}，则有

$$\sigma_{b1} = 2E \frac{y}{d_1}, \quad \sigma_{b2} = 2E \frac{y}{d_2} \tag{4 - 3 - 7}$$

式中，E 为传动带材料的弹性模量，MPa；y 为带截面到顶面的距离；d_1，d_2 为大、小带轮的基准直径。

由式（4-3-7）可见，带轮直径越小，带越厚，弯曲应力愈大。为了增大带的使用寿命，小带轮直径不能取得过小。一般应不小于该型号传动带规定的带轮最小直径 d_{min}。

传动带中各截面上的应力大小，用自该截面所作的径向线长短可画成图4-3-5所示的应力分布图。

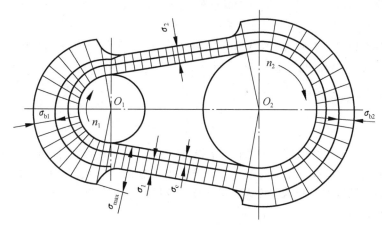

图 4-3-5 传动带的应力分布图

由图4-3-4可见，传动带在工作中所受的应力是变化的，最大应力在由紧边进入小带轮处。

$$\sigma_{max} = \sigma_1 + \sigma_c + \sigma_{b1} \qquad (4-3-8)$$

由于传动带在变应力的状态下工作，因此带传动容易产生疲劳破坏。

三、带传动的弹性滑动、打滑

1. 弹性滑动

带传动应力
分布规律

传动带是弹性体，受力后会产生弹性变形。传动带受力不同时，弹性变形量不同，因此，引起传动带与带轮之间在微小范围内的相对滑动，称为带传动的**弹性滑动**。弹性滑动使从动轮的圆周速度小于主动轮的圆周速度，因此带传动不能保证准确的传动比。弹性滑动在摩擦传动中是不可避免的。

弹性滑动引起从动轮圆周速度的降低率称为带传动的**滑动系数**，用 ε 表示，即

$$\varepsilon = \frac{v_1 - v_2}{v_1} = \frac{\pi d_{d1} n_1 - \pi d_{d2} n_2}{\pi d_{d1} n_1} = 1 - \frac{d_{d2} n_2}{d_{d1} n_1} \qquad (4-3-9)$$

考虑弹性滑动时的传动比为

$$i_{12} = \frac{n_1}{n_2} = \frac{d_{d2}}{d_{d1}(1-\varepsilon)} \qquad (4-3-10)$$

一般带传动的滑动系数 $\varepsilon = 0.01 \sim 0.02$，因 ε 值很小，故非精确计算时可以忽略不计。这时带传动的传动比为

$$i_{12} = \frac{n_1}{n_2} = \frac{d_{d2}}{d_{d1}} \qquad (4-3-11)$$

2. 打滑

在一定的条件下，带传动会产生一种极限摩擦力 $F_{f_{max}}$，当传动所需的圆周力大于极限摩擦

力时，过载传动带将在带轮轮缘上产生显著的相对滑动，这种现象称为打滑。打滑时，传动带的速度迅速下降，使传动失效。在带传动正常工作时不允许打滑，打滑现象可以避免。

步骤三　认识普通 V 带和 V 带轮

V 带分为普通 V 带、窄 V 带、宽 V 带、大楔角 V 带、汽车 V 带等多种类型，其中普通 V 带应用最为广泛。以下主要介绍普通 V 带。

一、普通 V 带的结构和标准

1. 普通 V 带的结构和参数

普通 V 带为无接头的环形带，由底胶、抗拉体、顶胶和包布层组成，如图 4-3-6 所示。包布层由胶帆布制成，抗拉体由几层胶帘布或一排胶线绳制成，前者为帘布结构 V 带，后者为绳芯结构 V 带。帘布结构 V 带抗拉强度大，承载能力较强；绳芯结构 V 带柔韧性好、抗弯强度高，但承载能力较差。

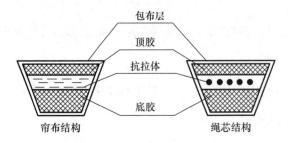

图 4-3-6　普通 V 带的结构

V 带绕在带轮上时产生弯曲，外层受拉伸长，内层受压缩短，内外层之间必有一长度不变的中性层，其宽度 b_p 称为**节宽**。V 带轮上与 b_p 相对应的带轮直径 d_d 称为**基准直径**。与带轮基准直径相对应的带的周线长度称为**基准长度**，用 L_d 表示。两带轮轴线间的距离 a 称为中心距，带与带轮接触弧所对应的中心角称为包角 α，如图 4-3-2（a）所示。

普通 V 带的长度系列和带长修正系数 K_L 见表 4-3-1。

表 4-3-1　普通 V 带的长度系列和带长修正系数 K_L

Y		Z		A		B		C		D		E	
基准长度 (L_d)	修正系数 (K_L)	基准长度 (L_d)	修正系数 (K_L)	基准长度 (L_d)	修正系数 (K_L)	基准长度 (L_d)	修正系数 (K)	基准长度 (L_d)	修正系数 (K_L)	基准长度 (L_d)	修正系数 (K_L)	基准长度 (L_d)	修正系数 (K_L)
200	0.81	405	0.87	630	0.81	930	0.83	1 565	0.82	2 740	0.82	4 660	0.91
224	0.82	475	0.90	700	0.83	1 000	0.84	1 760	0.85	3 100	0.86	5 040	0.92
250	0.84	530	0.93	790	0.85	1 100	0.86	1 950	0.87	3 330	0.87	5 420	0.94
280	0.87	625	0.96	890	0.87	1 210	0.87	2 195	0.90	3 730	0.90	6 100	0.96

Y		Z		A		B		C		D		E	
基准长度 (L_d)	修正系数 (K_L)	基准长度 (L_d)	修正系数 (K_L)	基准长度 (L_d)	修正系数 (K_L)	基准长度 (L_d)	修正系数 (K)	基准长度 (L_d)	修正系数 (K_L)	基准长度 (L_d)	修正系数 (K_L)	基准长度 (L_d)	修正系数 (K_L)
315	0.89	700	0.99	990	0.89	1 370	0.90	2 420	0.92	4 080	0.91	6 850	0.99
355	0.92	780	1.00	1 100	0.91	1 560	0.92	2 715	0.94	4 620	0.94	7 650	1.01
400	0.96	920	1.04	1 250	0.93	1 760	0.94	2 880	0.95	5 400	0.97	9 150	1.05
450	1.00	1 080	1.07	1 430	0.96	1 950	0.97	3 080	0.97	6 100	0.99	12 230	1.11
500	1.02	1 330	1.13	1 550	0.98	2 180	0.99	3 520	0.99	6 840	1.02	13 750	1.15
		1 420	1.14	1 640	0.99	2300	1.01	4. 060	1.02	7620	1.05	15 280	1.17
		1 540	1.54	1 750	1.00	2500	1.03	4600	1.05	9140	1.08	16 800	1.19
				1 940	1.02	2 700	1.04	5 380	1.08	10 700	1.13		
				2 050	1.04	2 870	1.05	6 100	1.11	12 200	1.16	—	
				2 200	1.06	3 200	1.07	6 815	1.14	13 700	1.19		
				2 300	1.07	3 600	1.09	7 600	1.17	15 200	1.21		
				2 480	1.09	4 060	1.13	9 100	1.21	—			
				2 700	1.10	4 430	1.15	10 700	1.24	—			
				—		4 820	1.17	—		—			
		—				5 370	1.20	—		—	—		
						6 070	1.24						

2. 普通 V 带的标记

普通 V 带的标记如图 4 – 3 – 7 所示。

二、V 带轮

1. V 带轮的设计要求

在设计 V 带轮时，应满足的要求有：质量小且质量分布均匀；足够的承载能力；良好的结构工艺性；轮槽工作面要精细加工，以减少对传动带的磨损；各槽的尺寸和角度应保持一定的精度，以使载荷分布较为均匀等。

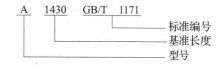

图 4 – 3 – 7　普通 V 带的标记

2. V 带轮的材料

主要采用铸铁作为带轮的制造材料，常用材料的牌号为 HT150 或 HT200，允许的最大圆周速度为 25 m/s；转速较高时宜采用铸钢（或用钢板冲压后焊接而成）；小功率时可用铸铝或塑料。

普通 V 带已标准化，按截面尺寸从小到大可分为 Y，Z，A，B，C，D，E 七种型号。普通 V 带的截面尺寸（GB/T 13575.1—2022）见表 4 – 3 – 2。

表 4 - 3 - 2　普通 V 带的截面尺寸（GB/T 13575. 1—2022）

型号	Y	Z	A	B	C	D	E	
顶宽 b/mm	6	10	13	17	22	32	38	
节宽 b_p/mm	5. 3	8. 5	11	14	19	27	32	
高度 h/mm	4. 0	6. 0	8. 0	11	14	19	23	
楔角 φ	40°							
每米带长质量 q/(kg·m^{-1})	0. 023	0. 060	0. 105	0. 170	0. 300	0. 630	0. 970	

3. 结构尺寸

V 带轮由轮缘、轮毂、轮辐 3 部分组成。直径较小时可采用实心式结构，如图 4 - 3 - 8（a）所示；中等直径采用腹板式结构，如图 4 - 3 - 8（b）和图 4 - 3 - 8（c）所示；直径大于 350 mm时可采用轮辐式结构，如图 4 - 3 - 8（d）所示。轮毂与轮辐尺寸如图 4 - 3 - 8 所示。

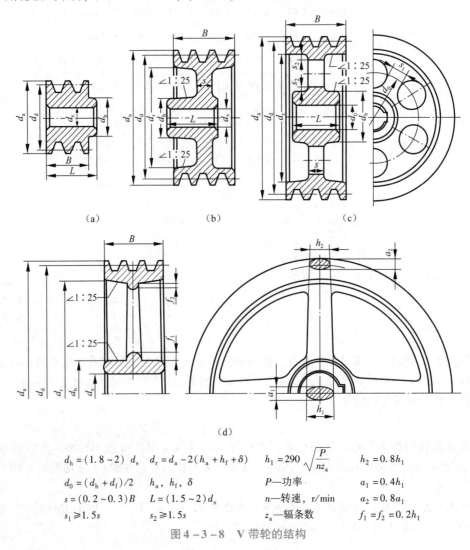

$$d_h = (1.8 \sim 2)\ d_s \quad d_r = d_a - 2(h_a + h_f + \delta) \quad h_1 = 290\sqrt{\dfrac{P}{nz_a}} \quad h_2 = 0.8h_1$$

$$d_0 = (d_h + d_f)/2 \quad h_a,\ h_f,\ \delta \qquad\qquad P\text{—功率} \qquad\qquad a_1 = 0.4h_1$$

$$s = (0.2 \sim 0.3)B \quad L = (1.5 \sim 2)d_s \qquad n\text{—转速，r/min} \quad a_2 = 0.8a_1$$

$$s_1 \geqslant 1.5s \qquad\qquad s_2 \geqslant 1.5s \qquad\qquad z_a\text{—辐条数} \qquad f_1 = f_2 = 0.2h_1$$

图 4 - 3 - 8　V 带轮的结构

按经验公式计算，普通 V 带轮的轮槽尺寸见表 4 – 3 – 3。

表 4 – 3 – 3　普通 V 带轮的轮槽尺寸　　　　　　　　　　单位：mm

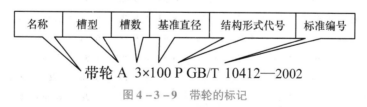

槽型		Y	Z	A	B	C
b_d		5.3	8.5	11	14	19
h_{amin}		1.6	2.0	2.75	3.5	4.8
e		8 ± 0.3	12 ± 0.3	15 ± 0.3	19 ± 0.4	25.5 ± 0.5
f_{min}		6	7	9	11.5	16
h_{fmin}		4.7	7.0	8.7	10.8	14.3
δ_{min}		5	5.5	6	7.5	10
φ	32°	≤60	—	—	—	—
	34°	—	≤80	≤118	≤190	≤315
	36° 对应的 d_d	>60	—	—	—	—
	38°	—	>80	>118	>190	>315

注：δ_{min} 是轮缘最小壁厚值，国家标准中无明确规定，表中数值为推荐值。

4. 带轮的标记

带轮的标记如图 4 – 3 – 9 所示。

名称	槽型	槽数	基准直径	结构形式代号	标准编号

带轮 A　3×100 P GB/T 10412—2002

图 4 – 3 – 9　带轮的标记

步 骤 四　设 计 普 通 V 带 的 传 动

知识链接

一、带传动的失效形式和设计准则

带传动的主要失效形式是打滑和带的疲劳破坏。因此，带传动的计算准则是在保证不打滑的前提下，具有足够的疲劳强度和寿命。

二、单根 V 带的基本额定功率

根据带传动的计算准则，在包角 $\alpha_1 = \alpha_2 = 180°$、特定基准长度、载荷平稳条件下，通过实验可得单根普通 V 带的基本额定功率 P_0 见表 4 - 3 - 4。

表 4 - 3 - 4　单根普通 V 带的基本额定功率 P_0　　　　　　　　单位：kW

带型	小带轮基准直径 d_{d1}/mm	小带轮转速 n_1/(r·min^{-1})											
		200	400	800	950	1 200	1 450	1 600	1 800	2 000	2 400	2 800	3 200
Z	50	0.04	0.06	0.10	0.12	0.14	0.16	0.17	0.19	0.20	0.22	0.26	0.28
	56	0.04	0.06	0.12	0.14	0.17	0.19	0.20	0.23	0.25	0.30	0.33	0.35
	63	0.05	0.08	0.15	0.18	0.22	0.25	0.27	0.30	0.32	0.37	0.41	0.45
	71	0.06	0.09	0.20	0.23	0.27	0.30	0.33	0.36	0.39	0.46	0.50	0.54
	80	0.10	0.14	0.22	0.26	0.30	0.35	0.39	0.42	0.44	0.50	0.56	0.61
	90	0.10	0.14	0.24	0.28	0.33	0.36	0.40	0.44	0.48	0.54	0.60	0.64
A	75	0.15	0.26	0.45	0.51	0.60	0.68	0.73	0.79	0.84	0.92	1.00	1.04
	90	0.22	0.39	0.68	0.77	0.93	1.07	1.15	1.25	1.34	1.50	1.64	1.75
	100	0.26	0.47	0.83	0.95	1.14	1.32	1.42	1.58	1.66	1.87	2.05	2.19
	112	0.31	0.56	1.00	1.15	1.39	1.61	1.74	1.89	2.04	2.30	2.51	2.68
	125	0.37	0.67	1.19	1.37	1.66	1.92	2.07	2.26	2.44	2.74	2.98	3.15
	140	0.43	0.78	1.41	1.62	1.96	2.28	2.45	2.66	2.87	3.22	3.48	3.65
	160	0.51	0.94	1.69	1.95	2.36	2.73	2.54	2.98	3.42	3.80	4.06	4.19
	180	0.59	1.09	1.97	2.27	2.74	3.16	3.40	3.67	3.93	4.32	4.54	4.58
B	125	0.48	0.84	1.44	1.64	1.93	2.19	2.33	2.50	2.64	2.85	2.96	2.94
	140	0.59	1.05	1.82	2.08	2.47	2.82	3.00	3.23	3.42	3.70	3.85	3.83
	160	0.74	1.32	2.32	2.66	3.17	3.62	3.86	4.15	4.40	4.75	4.89	4.80
	180	0.88	1.59	2.81	3.22	3.85	4.39	4.68	5.02	5.30	5.67	5.76	5.52
	200	1.02	1.85	3.30	3.77	4.50	5.13	5.46	5.83	6.13	6.47	6.43	5.95
	224	1.19	2.17	3.86	4.42	5.26	5.97	6.33	6.73	7.02	7.25	6.95	6.05
	250	1.37	2.50	4.46	5.10	6.04	6.82	7.20	7.63	7.87	7.89	7.14	5.60
	280	1.58	2.89	5.13	5.85	6.90	7.76	8.13	8.46	8.60	8.22	6.80	4.26
C	200	1.39	2.41	4.07	4.58	5.29	5.84	6.07	6.28	6.34	6.02	5.01	3.23
	224	1.70	2.99	5.12	5.78	6.71	7.45	7.75	8.00	8.06	7.57	6.08	3.57
	250	2.03	3.62	6.23	7.04	8.21	9.08	9.38	9.63	9.62	8.75	6.56	2.93
	280	2.42	4.32	7.52	8.49	9.81	10.72	11.06	11.22	11.04	9.50	6.13	—
	315	2.84	5.14	8.92	10.05	11.53	12.46	12.72	12.67	12.14	9.43	4.16	—
	355	3.36	6.05	10.46	11.73	13.31	14.12	14.19	13.73	12.59	7.98	—	—
	400	3.91	7.06	12.10	13.48	15.04	15.53	15.24	14.08	11.95	4.34	—	—

当实际使用条件与实验条件不相符时，应对 P_0 值进行修正。此时，在实际使用条件下单根普通 V 带的许用额定功率 $[P_0]$ 为

$$[P_0] = (P_0 + \Delta P_0)K_\alpha K_L \qquad (4-3-12)$$

式中，P_0 为实验条件下单根普通 V 带的基本额定功率，kW，查表 4-3-4 可得；ΔP_0 为 $i_{12}\neq1$ 时单根普通 V 带的额定功率增量，kW，查表 4-3-5 可得；K_α 为包角修正系数，查表 4-3-6 可得；K_L 为带长修正系数，查表 4-3-1 可得。

$i_{12}\neq1$ 时单根普通 V 带的额定功率增量 ΔP_0 见表 4-3-5。

表 4-3-5　$i_{12}\neq1$ 时单根普通 V 带的额定功率增量 ΔP_0　　　　单位：kW

带型	小带轮转速 $n_1/(\text{r}\cdot\text{min}^{-1})$	传动比 i_{12}									
		1.00 ~ 1.01	1.02 ~ 1.04	1.05 ~ 1.08	1.09 ~ 1.12	1.13 ~ 1.18	1.19 ~ 1.24	1.25 ~ 1.34	1.35 ~ 1.51	1.52 ~ 1.99	≥2.00
Z	400	0.00	0.00	0.00	0.00	0.00	0.00	0.00	0.00	0.01	0.1
	730	0.00	0.00	0.00	0.00	0.00	0.00	0.01	0.01	0.01	0.02
	800	0.00	0.00	0.00	0.00	0.01	0.01	0.01	0.01	0.02	0.02
	980	0.00	0.00	0.00	0.01	0.01	0.01	0.01	0.02	0.02	0.02
	1 200	0.00	0.00	0.01	0.01	0.01	0.01	0.02	0.02	0.02	0.03
	1 460	0.00	0.00	0.01	0.01	0.01	0.02	0.02	0.02	0.02	0.03
	2 800	0.00	0.01	0.02	0.02	0.03	0.03	0.03	0.04	0.04	0.04
A	400	0.00	0.01	0.01	0.02	0.02	0.03	0.03	0.04	0.04	0.05
	730	0.00	0.01	0.02	0.03	0.04	0.05	0.06	0.07	0.08	0.09
	800	0.00	0.01	0.02	0.03	0.04	0.05	0.06	0.08	0.09	0.10
	980	0.00	0.01	0.03	0.04	0.05	0.06	0.07	0.08	0.10	0.11
	1 200	0.00	0.02	0.03	0.05	0.07	0.08	0.10	0.11	0.13	0.15
	1 460	0.00	0.02	0.04	0.06	0.08	0.09	0.11	0.13	0.15	0.17
	2 800	0.00	0.04	0.08	0.11	0.15	0.19	0.23	0.26	0.30	0.34
B	400	0.00	0.01	0.03	0.04	0.06	0.07	0.08	0.10	0.11	0.13
	730	0.00	0.02	0.05	0.07	0.10	0.12	0.15	0.17	0.20	0.22
	800	0.00	0.03	0.06	0.08	0.11	0.14	0.17	0.20	0.23	0.25
	980	0.00	0.03	0.07	0.10	0.13	0.17	0.20	0.23	0.26	0.30
	1 200	0.00	0.04	0.08	0.13	0.17	0.21	0.25	0.30	0.34	0.38
	1 460	0.00	0.05	0.10	0.15	0.20	0.25	0.31	0.36	0.40	0.46
	2 800	0.00	0.10	0.20	0.29	0.39	0.49	0.59	0.69	0.79	0.89
C	400	0.00	0.04	0.08	0.12	0.16	0.20	0.23	0.27	0.31	0.35
	730	0.00	0.07	0.14	0.21	0.27	0.34	0.41	0.48	0.55	0.62
	800	0.00	0.08	0.16	0.23	0.31	0.39	0.47	0.55	0.63	0.71
	980	0.00	0.09	0.19	0.27	0.37	0.47	0.56	0.65	0.74	0.83
	1 200	0.00	0.12	0.24	0.35	0.47	0.59	0.70	0.82	0.94	1.06
	1 460	0.00	0.14	0.28	0.42	0.58	0.71	0.85	0.99	0.14	1.27
	2 800	0.00	0.27	0.55	0.82	1.10	1.37	1.64	1.92	2.19	2.47

包角修正系数 K_α 见表 4-3-6。

表 4-3-6　包角修正系数 K_α

包角 $\alpha_1/(°)$	180	170	160	150	140	130	120	110	100	90
K_α	1.00	0.98	0.95	0.92	0.89	0.86	0.82	0.78	0.74	0.69

三、普通 V 带传动的设计计算

1. 已知条件及设计内容

设计普通 V 带传动的已知条件一般为原动机的性能、传动用途、传递的功率 P、两轮的转速 n_1 和 n_2（或传动比 i_{12}）、工作条件及外廓尺寸要求等。

设计内容包括确定普通 V 带的型号、基准长度 L_d 和根数 z；确定带轮的材料、基准直径 d_{d1}，d_{d2} 及结构尺寸；确定传动的中心距 a、计算初拉力 F_0 及作用在轴上的压力 F_Q；选择张紧装置。

2. 设计步骤和方法

（1）确定计算功率。

$$P_c = K_A P \qquad (4-3-13)$$

式中，P_c 为计算功率，kW；K_A 为工作情况系数，查表 4-3-7 可得；P 为传递的额定功率，kW。

表 4-3-7　工作情况系数 K_A

载荷性质	工作机	原动机					
		电动机（交流启动、三角启动、直流并励）、四缸以上内燃机			电动机（联机交流启动、直流复励或串励）、四缸及以下的内燃机		
		每天工作小时数/h					
		<10	10~16	>16	<10	10~16	>16
载荷变动很小	液压搅拌机、离心式水泵和压缩机、通风机和鼓风机（$P \leqslant 7.5$ kW）、轻负荷输送机	1.0	1.1	1.2	1.1	1.2	1.3
载荷变动较小	带式输送机（不均匀负荷）、通风机（$P > 7.5$ kW）、旋转式水泵和压缩机（非离心式）、发电机、旋转筛和木工机械	1.1	1.2	1.3	1.2	1.3	1.4
载荷变动较大	制砖机、斗式提升机、往复式水泵和压缩机、起重机、磨粉机、冲剪机床、橡胶机械、振动筛、纺织机械、重载输送机	1.2	1.3	1.4	1.4	1.5	1.6
载荷变动很大	破碎机（旋转式、颚式等）、磨碎机（球磨、棒磨、管磨）	1.3	1.4	1.5	1.5	1.6	1.8

（2）选择 V 带的型号。根据计算功率 P_c 和小带轮转速 n_1，按图 4-3-10 选择普通 V 带的型号。当选择的坐标点在两种型号分界线附近时，应按两种型号分别进行计算，然后择优选用。

（3）确定带轮的基准直径 d_{d1}，d_{d2}。一般取 $d_{d1} \geqslant d_{dmin}$，若 d_{d1} 过小，则传动带的弯曲应力太大，将导致传动带的寿命降低；反之，带传动的外廓尺寸将增大。

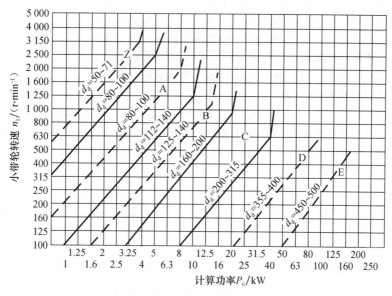

图 4 – 3 – 10　普通 V 带选型图

大带轮的基准直径 d_{d2} 由式（4 – 3 – 14）计算，即

$$d_{d2} = i_{12}d_{d1}(1 - \varepsilon) \qquad (4 – 3 – 14)$$

带轮的基准直径 d_{d1}，d_{d2} 应符合带轮基准直径尺寸系列。

普通 V 带轮的最小基准直径 $d_{d\min}$ 见表 4 – 3 – 8。

表 4 – 3 – 8　普通 V 带轮的最小基准直径 $d_{d\min}$

带型	Y	Z	A	B	C	D	E
最小基准直径 $d_{d\min}$/mm	20	50	75	125	200	355	500

注：普通 V 带轮的基准直径系列　20　22.4　25　28　31.5　35.5　40　45　50　56　63　67　71
　　75　80　85　90　95　100　106　112　118　125　132　140　150　160　170　180　200　212
　　224　236　250　265　280　300　315　355　375　400　425　450　475　500　530　560　600
　　630　670　710　750　800　900　1 000　…

（4）验算带速 v。

$$v = \frac{\pi d_{d1} n_1}{60 \times 1\,000} \qquad (4 – 3 – 15)$$

式中，d_{d1} 为小带轮的基准直径，mm；n_1 为小带轮的转速，r/min。

带速应控制在 5 ~ 25 m/s 范围。

（5）确定中心距 a 和带的基准长度 L_d。

①初定中心距 a_0。对于没有限定中心距的情况，可按式（4 – 3 – 16）初选中心距，即

$$0.7(d_{d1} + d_{d2}) \leqslant a_0 \leqslant 2(d_{d1} + d_{d2}) \qquad (4 – 3 – 16)$$

若已限定中心距的范围，则 a_0 应在所限定的范围内取值。

②确定传动带的基准长度 L_d。按式（4 – 3 – 17）初步计算传动带的基准长度 L_{d0}，即

$$L_{d0} = 2a_0 + \pi(d_{d1} + d_{d2})/2 + (d_{d2} - d_{d1})^2/4a_0 \qquad (4 – 3 – 17)$$

由 L_{d0} 和 V 带的型号查表 4 – 3 – 1，选取接近的基准长度 L_d。

③确定实际中心距 a。

$$a \approx a_0 + (L_d - L_{d0})/2 \qquad (4-3-18)$$

考虑安装、张紧和调整等，中心距需要有一定的调整范围，一般为

$$a_{max} = a + 0.03L_d, \quad a_{min} = a - 0.015L_d$$

（6）验算小带轮包角 α_1。

$$\alpha_1 = 180° - 57.3° \times (d_{d2} - d_{d1})/a \qquad (4-3-19)$$

一般要求 $\alpha_1 \geqslant 120°$，若不能满足，则可增大中心距或设置张紧轮。

（7）确定带的根数 z。

$$z = \frac{P_c}{[P_0]} = \frac{P_c}{(P_0 + \Delta P_0)K_\alpha K_L} \qquad (4-3-20)$$

式中，P_c 为计算功率，kW；$[P_0]$ 为单根普通 V 带在实际使用条件下的许用额定功率，kW。

V 带的根数 z 应圆整为整数。为使各根 V 带受力均匀，V 带的根数 z 不能太多，一般 $z = 2 \sim 5$ 为宜，不应多于 8 根，否则应加大带轮基准直径，或选择较大型号的 V 带，重新设计。

（8）确定单根 V 带的初拉力 F_0。保持适当的初拉力是带传动正常工作的必要条件。初拉力过小，则传动时摩擦力过小，易打滑；初拉力过大，则将降低 V 带的寿命，并增大轴和轴承的压力。单根 V 带的初拉力可按式（4-3-21）计算，即

$$F_0 = 500 \times \frac{(2.5 - K_\alpha)P_c}{K_\alpha zv} + qv^2 \qquad (4-3-21)$$

式中，q 为每米带长的质量，kg/m，查表 4-3-2 可得。

（9）计算作用在带轮轴上的压力 F_Q。为了设计轴和轴承，必须求出 V 带作用在轴上的压力 F_Q。F_Q 可按式（4-3-22）计算，即

$$F_Q \approx 2zF_0 \sin\frac{\alpha_1}{2} \qquad (4-3-22)$$

四、V 带传动的设计计算实例

图 0-2-2 所示为带式输送机传动简图，已知电动机型号为 Y100L2-4，额定功率 $P_m = 3$ kW，满载转速 $n_m = 1\,420$ r/min，电动机的效率 $\eta = 0.93$；其 V 带传动的传动比 $i_{12} = 2.5$；每日工作 16 h，工作载荷平稳，单向运转。试设计该传动系统中的普通 V 带传动。

解：（1）确定计算功率 P_c。电动机轴的输出功率，即主动带轮的输入功率为

$$P_0 = \eta P_m = 0.93 \times 3 \text{ kW} = 2.79 \text{ kW}$$

查表 4-3-7 得 $K_A = 1.1$，由式（4-3-13）得

$$P_c = K_A P_0 = 1.1 \times 2.79 \text{ kW} = 3.069 \text{ kW}$$

（2）选择普通 V 带的型号。根据 $P_c = 3.069$ kW，$n_m = 1\,420$ r/min，由图 4-3-8 查得该坐标点位于 A 型带区域，按 A 型带进行计算。

（3）确定大小带轮基准直径 d_{d1}，d_{d2}。

由表 4-3-8 取 $d_{d1} = 80$ mm，由式（4-3-14）得

$$d_{d2} = i_{12}d_{d1}(1 - \varepsilon) = 2.5 \times 80 \text{ mm} \times (1 - 0.02) = 196 \text{ mm}$$

由表 4-3-8 取 $d_{d2} = 200$ mm。

（4）验算带速。由式（4-3-15）得

$$v = \frac{\pi d_{d1} n_1}{60 \times 1\,000} = \frac{\pi \times 80 \text{ mm} \times 1\,420 \text{ r/min}}{60 \times 1\,000} = 5.95 \text{ m/s}$$

带速在 5~30 m/s 合适。

（5）确定 V 带基准长度 L_d 和中心距 a。考虑到电动机与减速器的安装位置，V 带传动的中心距应保证电动机不与减速器外壁接触，且拆卸方便。因此，V 带传动的中心距应不小于齿轮传动的中心距、从动齿轮轴线到减速箱左凸缘外壁距离、减速箱左凸缘外壁与电动机之间的间隙、电动机的外半径等尺寸之和。

①初步确定中心距 $a_0 = 540$ mm，符合 $0.7 (d_{d1} + d_{d2}) \leqslant a_0 \leqslant 2 (d_{d1} + d_{d2})$。

②确定 V 带的基准长度 L_d。由式（4 - 3 - 17）得

$$L_{d0} = 2a_0 + \pi (d_{d1} + d_{d2}) / 2 + (d_{d2} - d_{d1})^2 / 4a_0$$
$$= 2 \times 540 \text{ mm} + \pi (80 \text{ mm} + 200 \text{ mm}) / 2 + (200 \text{ mm} - 80 \text{ mm})^2 / (4 \times 540 \text{ mm})$$
$$= 1\ 526.3 \text{ mm}$$

即
$$L_{d0} = 1\ 526.3 \text{ mm}$$

查表 4 - 3 - 1，A 型带取 $L_d = 1\ 600$ mm

③计算实际中心距。由式（4 - 3 - 18）得

$$a \approx a_0 + (L_d - L_{d0}) / 2 = 540 \text{ mm} + (1\ 600 \text{ mm} - 1\ 526.3 \text{ mm}) / 2 = 577 \text{ mm}$$

（6）验算小带轮的包角 α_1。由式（4 - 3 - 19）得

$$\alpha_1 = 180° - 57.3° (d_{d2} - d_{d1}) / a$$
$$= 180° - 57.3° \times (200 \text{ mm} - 80 \text{ mm}) / 577 \text{ mm} = 168° > 120°$$

结果合适。

（7）计算 V 带的根数。由式（4 - 3 - 20）得

$$z = \frac{P_c}{[P_0]} = \frac{P_c}{(P_0 + \Delta P_0) K_\alpha K_L}$$

查表 4 - 3 - 4 得 $P_0 = 0.86$ kW；查表 4 - 3 - 5 得 $\Delta P_0 = 0.167$ kW；查表 4 - 3 - 6 得 $K_\alpha = 0.974$；查表 4 - 3 - 1 得 $K_L = 0.99$。则

$$z = \frac{3.069 \text{ kW}}{(0.86 \text{ kW} + 0.167 \text{ kW}) \times 0.974 \times 0.99} = 3.1$$

取 $z = 3$。

（8）计算初拉力 $\boldsymbol{F}_0$。查表 4 - 3 - 2 得 $q = 0.1$ kg/m，由式（4 - 3 - 21）得初拉力为

$$F_0 = 500 \times \frac{(2.5 - K_\alpha) P_c}{K_\alpha z v} + q v^2 = 500 \times \frac{(2.5 - 0.974) \times 3.069 \text{ kW}}{0.974 \times 3 \times 5.95 \text{ m/s}} + 0.1 \times (5.95 \text{ m/s})^2 = 138.2 \text{ N}$$

（9）计算作用在轴上的压力 $\boldsymbol{F}_Q$。由式（4 - 3 - 22）得

$$F_Q = 2z F_0 \sin(\alpha_1 / 2) = 2 \times 3 \times 138.2 \text{ N} \times \sin(168° / 2) = 824.7 \text{ N}$$

（10）带轮结构设计。根据带轮的基准直径 $d_{d1} = 80$ mm，$d_{d2} = 200$ mm，小带轮拟采用实心式结构，大带轮拟采用腹板式结构，两带轮材料均用 HT200，其结构和尺寸计算方法如图 4 - 3 - 8 所示、见表 4 - 3 - 3。

知识拓展　V 带传动的张紧、安装和维护

一、V 带传动的张紧

由于带使用一段时间后，会产生塑性变形而导致松弛，使带的张紧力减小、传动能力降低，因此要重新张紧，以保持传动能力。常用的张紧方法有以下两种。

1. 调整中心距

当中心距可调时，加大中心距，使带张紧。调节中心距的张紧装置有以下两类。

（1）定期张紧装置。定期张紧装置可采用定期改变中心距的方法来调节带的张紧力，使带重新张紧。常见的有滑道式和摆架式两种结构。如图4-3-11（a）所示，在水平或倾斜度不大的传动中，可用滑道式结构，将装有带轮的电动机安装在制有滑道的基板上，要调节带的张紧力时，松开基板上各螺栓的螺母，旋动调节螺钉，将电动机向右推移到所需的位置，然后拧紧螺母即可。

如图4-3-11（b）所示，在垂直或接近垂直的传动中，可用摆架式结构，将装有带轮的电动机安装在可调整的摆架上，通过调整螺栓使电动机摆动，从而将带张紧。

（2）自动张紧装置。如图4-3-11（c）所示，将装有带轮的电动机安装在浮动的摆架上，利用电动机的自重，使带轮绕固定轴摆动，以自动保持张紧力。

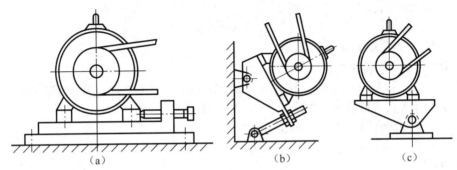

（a）　　　　　　　　（b）　　　　　　　　（c）

图4-3-11　调整中心距张紧装置

2. 采用张紧轮

当中心距不能调节时，可采用张紧轮将带张紧，如图4-3-12所示。张紧轮一般放在松边的内侧，使带只受单向弯曲力，同时张紧轮还应尽量靠近大轮，以免过分影响带在小轮上的包角。张紧轮的轮槽尺寸与带轮的相同，且直径小于小带轮的直径。

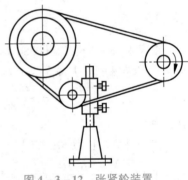

图4-3-12　张紧轮装置

二、带传动的安装和维护

1. 带传动的安装

（1）在安装V带时，先将中心距缩小，将带套在带轮上后，再慢慢地增大中心距，满足规定的初拉力要求。严禁用其他工具强行撬入或撬出，以免对带造成不必要的损坏。

（2）在安装V带时，两带轮轴线应相互平行，其V形槽对称平面应重合。

（3）同组使用的V带应型号相同，长度相等，以免各带受力不均。

2. 带传动的维护

（1）要采用安全防护罩，以保障操作人员的安全；同时防止油、酸、碱对V带造成腐蚀。

（2）定期检查V带有无松弛和断裂现象，如有一根松弛和断裂，则应全部更换新带。

（3）禁止给带轮添加润滑剂，应及时清除带轮槽及带上的油污。

（4）带传动工作温度不应过高，一般不超过60 ℃。

（5）若带传动装置久置后再用，应将传动带放松。

任务评价表见表4-3-9。

表 4 - 3 - 9　任务评价表

评价类型	权重	具体指标	分值	得分		
				自评	组评	师评
职业能力	65%	明确带传动的工作原理及类型	15			
		能分析普通 V 带传动的受力及应力分布特点	25			
		能根据已知条件设计普通 V 带传动	25			
职业素养	20%	坚持出勤，遵守纪律	5			
		协作互助，解决难点	5			
		培养学生做事的责任心	5			
		通过带传动设计，提升职业能力	5			
劳动素养	15%	按时完成任务	5			
		养成良好的劳动习惯	5			
		培养吃苦耐劳的品质	5			
综合评价	总分					
	教师点评					

任务小结

本任务主要讲述了带传动的工作原理、V 带轮的结构和带的标准、普通 V 带传动的设计及带传动的安装、维护和使用。通过对本任务的学习，应能够对如何合理选择带作出正确的判定。

任务拓展训练

1. 什么情况下最适合选用带传动？

2. 打滑是带传动的一种失效形式，打滑一定有害吗？

3. 在 C6140 车床的传动系统中，为何将带传动放置在高速级？

4. 带速为什么不宜太高也不宜太低？

5. 采用张紧轮时，若将张紧轮放置在带的内侧，应靠近哪一个带轮？为什么？

6. 带传动中带为何要张紧？如何张紧？

7. 某普通 V 带传动，已知带型为 A，两轮基准直径分别为 $d_{d1} = 150$ mm 和 $d_{d2} = 400$ mm，初定中心距 $a_0 = 1\ 000$ mm，小带轮转速为 $n_1 = 1\ 460$ r/min。试求：（1）小带轮包角 α_1；（2）选定带的基准长度 L_d；（3）不考虑带传动的弹性滑动时，大带轮的转速 n_2；（4）当滑动率 $\varepsilon = 0.015$ 时，大带轮的实际转速 n_2；（5）确定实际中心距 a。

8. 设计一台使用普通 V 带传动的磨面机。已知电动机额定功率为 $P_m = 5.5$ kW，转速 $n_1 = 1\ 420$ r/min，$n_2 = 560$ r/min，允许 n_2 误差 ±5%，两班制工作，希望中心距不超过 700 mm。

项目五　通用机械零部件选用、设计

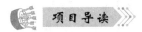 **项目导读**

　　机械零件是组成机器的最小单元，可分为通用零件和专用零件两类。部件是为完成某一职能，将若干个零件组合在一起的一套协同工作的零件组合体，如机器中的联轴器、轴承等。本项目以通用机械零部件（包括螺纹连接、键、轴、轴承、联轴器及离合器）为研究对象，从承载能力出发，充分考虑结构、工艺性和维护等因素，研究一般工作条件下这些通用机械零部件的设计问题，包括其工作原理、类型选择、外形和尺寸的确定、材料选择、精度等级选择、表面质量及技术条件的确定，以及基本设计方法。

　　通过对本项目的学习，应使学生掌握一般通用零部件的工作原理、结构特点，以及选用、维护和设计的基本方法，初步具有与通用零件设计相关的计算能力及应用标准、手册等有关技术资料的能力，并结合项目四的学习，初步具有设计通用零件和简单机械传动装置的能力，以及相应分析和解决问题的能力。

任务一　选择连接件

参考学时：6学时

内容简介

　　连接是将两个或两个以上的零件组合成一体的结构，按是否可拆分，分为可拆连接、不可拆连接和过盈配合连接3大类。

　　（1）可拆连接：允许多次装拆，不会破坏或损伤连接中的任何一个零件，如键连接、螺纹连接和销连接等。

　　（2）不可拆连接：若不破坏或损伤连接中的零件就不能将连接拆开，如焊接、铆接、黏结等。

　　（3）过盈配合连接：介于可拆连接和不可拆连接之间的一种连接。

　　连接还可以分为动连接和静连接。在机器工作时，被连接件之间可以有相对运动的连接称为动连接，如各种运动副。反之，称为静连接，如普通平键连接。

　　本任务以螺纹连接和普通平键连接为主，介绍连接的工作原理、类型、特点、应用，从分析连接的失效形式与设计准则入手，介绍连接用零件及连接设计的思路方法，指出在使用、维护时应注意的问题，并讲述了连接的概念和作用，以及螺纹连接、键连接、花键连接、销连接的方式、作用和种类。

（1）掌握螺纹的类型及型号。

（2）掌握螺纹连接的方式。

（3）掌握平键连接的方式。

（4）掌握花键连接与销连接的方式。

能力目标 🏃

能够了解连接的概念和作用，以及螺纹连接、键连接、花键连接、销连接的方式、作用和种类，并能在以后的工作中正确地选用连接。

素质目标 🏃

培养学生安全、规范的意识，锻炼学生自我认知的能力。

任务导入 👥

图 5 - 1 - 1 所示为二级圆柱齿轮减速器示意图，试分析其中齿轮是如何实现轴向定位，减速器箱体箱盖是如何连接的。

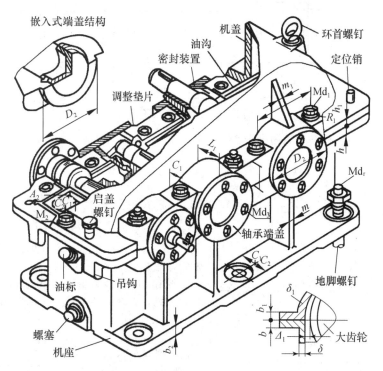

图 5 - 1 - 1　二级圆柱齿轮减速器示意图

步骤一 认识螺纹连接

知识链接

一、螺纹的类型、主要参数及螺纹的标记

1. 螺纹的形成

如图 5 – 1 – 2 所示，将直角三角形 abc 绕在直径为 d_2 的圆柱表面上，使三角形底边 ab 与圆柱体的底边重合，则三角形的斜边 amc 在圆柱体表面形成一条螺旋线。三角形 abc 的斜边与底边的夹角 ψ，称为螺纹升角。如果取一平面图形，使其平面始终通过圆柱体的轴线并沿着螺旋线运动，则这个平面在空间形成一个螺旋形体，称为螺纹。

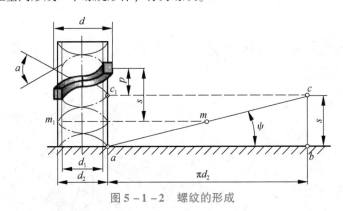

图 5 – 1 – 2　螺纹的形成

常用螺纹的类型、特点和应用见表 5 – 1 – 1。

表 5 – 1 – 1　常用螺纹的类型、特点及应用

类型	牙型图	特点和应用
普通螺纹	60°	多用于连接、测量和调整。 牙型为三角形，牙型角 $\alpha = 60°$，当量摩擦角大，易自锁，牙根厚，强度高。 同一公称直径分粗牙和细牙，一般情况选择用粗牙，细牙螺纹自锁性能好，可用于薄壁零件和微调装置
梯形螺纹	30°	用于传动或传力螺旋。 牙型角 $\alpha = 30°$，牙根强度高，对中性好，用剖分螺母可调整间隙，传动效率低于矩形螺纹

类型	牙型图	特点和应用
锯齿形螺纹	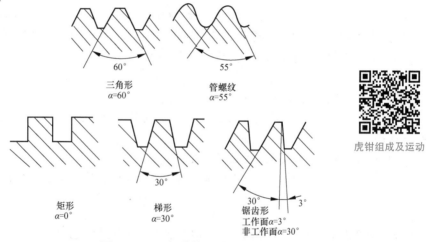	用于单向受力的传力螺旋。 牙型角 $\alpha = 30°$（承载面的斜角为 $3°$，非承载面斜角为 $30°$），兼有矩形螺纹效率高和梯形螺纹牙根强度高、对中性好的优点
矩形螺纹		用于传动和传力螺旋。 牙型为正方形，牙型角 $\alpha = 0°$，传动效率高、牙根强度低、加工困难、对中性差、螺纹磨损后间隙难以补偿或修复

2. 螺纹的类型

（1）按螺纹轴向剖面的形状，常用的螺纹牙型可分为：三角形、矩形、梯形和锯齿形等，如图 5-1-3 所示。

三角形
$\alpha=60°$

管螺纹
$\alpha=55°$

矩形
$\alpha=0°$

梯形
$\alpha=30°$

锯齿形
工作面$\alpha=3°$
非工作面$\alpha=30°$

虎钳组成及运动

图 5-1-3　螺纹的牙型

（2）按螺纹的用途，可分为连接螺纹和传动螺纹。

（3）按螺纹所处的表面，可分为外螺纹和内螺纹。在圆柱体表面上形成的螺纹称为外螺纹；在圆柱孔内壁上形成的螺纹称为内螺纹。

（4）按螺旋线的绕行方向可分为左旋螺纹[见图 5-1-4(a)]和右旋螺纹[见图 5-1-4(b)]。

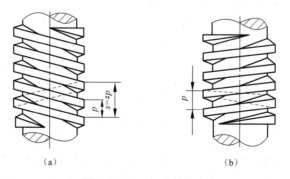

（a）　　　　　　　　（b）

图 5-1-4　螺纹的旋向

(a) 左旋螺纹；(b) 右旋螺纹

（5）按线数分，螺纹分为单线螺纹和多线螺纹。一般线数 $n \leqslant 4$。

3. 螺纹的主要参数

现以圆柱外螺纹为例介绍螺纹的主要参数，如图 5 – 1 – 5 所示。

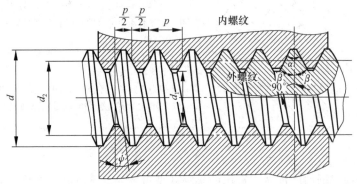

图 5 – 1 – 5　螺纹的主要参数

（1）大径 $d(D)$：螺纹的公称直径，外螺纹牙顶，内螺纹牙根处圆柱直径。

（2）小径 $d_1(D_1)$：螺纹的最小直径，外螺纹牙根，内螺纹牙顶处圆柱直径。

（3）中径 $d_2(D_2)$：轴向剖面内牙厚等于牙间宽处的圆柱直径。

（4）螺距 p：相邻两螺纹牙对应点间的轴向距离。

（5）牙形角 α：轴向剖面内螺纹牙两侧面的夹角。

（6）导程 s：沿同一条螺旋线，相邻两螺纹牙对应点间的轴向距离。单线螺纹 $s = p$，多线螺纹 $s = np$。

（7）螺旋线数 n：形成螺纹的螺旋线数目。

（8）螺旋升角 ψ：中径圆柱面上螺旋线的切线与垂直于螺纹轴线平面间的夹角。

$$\tan\psi = \frac{zp}{\pi d_2}$$

（9）牙侧角 β：螺纹牙型角的侧边与螺纹轴线垂直平面的夹角。

4. 螺纹的代号与标记

（1）普通螺纹的代号与标记。

①普通螺纹的代号。粗牙普通螺纹用字母 M 及公称直径表示；细牙普通螺纹用字母 M 及公称直径×螺距表示。当螺纹为左旋时，在螺纹代号后加字母 LH。示例如下。

M24 表示公称直径为 24 mm 的粗牙普通螺纹。

M24×1.5 表示公称直径为 24 mm、螺距为 1.5 mm 的细牙普通螺纹。

M24×1.5 LH 表示公称直径为 24 mm、螺距为 1.5 mm、方向为左旋的细牙普通螺纹。

②普通螺纹的标记。普通螺纹的完整标记由螺纹代号、螺纹公差带代号和螺纹旋合长度代号组成。

螺纹公差带代号包括中径公差带代号和顶径公差带代号。公差带代号由表示其大小的公差等级数字和表示其位置的字母所组成，如 6H，6g 等。其中，6 为公差等级数字；H 或 g 为基本偏差代号。

螺纹公差带代号标注在螺纹代号之后，中间用"—"分开。如果螺纹的中径公差带与顶径公差带代号不同，则须分别注出，前者表示中径公差带，后者表示顶径公差带。如果中径公差带与顶径公差带相同，则只标注一个代号即可。示例如下。

M10—5g6g：M10 表示公称直径为 10 mm 的粗牙普通螺纹；5g 表示中径公差带代号；6g 表示顶径公差带代号。

M10×1—6H：M10×1 表示公称直径为 10 mm、螺距为 1 mm 的细牙普通螺纹；6H 表示中径和顶径公差带代号（相同）。

内、外螺纹装配在一起，其公差带代号用斜线"/"分开，左边表示内螺纹公差带代号，右边表示外螺纹公差带代号，示例如下。

M20×2—6H/6g：M20×2 表示公称直径为 20 mm、螺距为 2 mm 的细牙普通螺纹；6H 表示内螺纹中径和顶径公差带代号；6g 表示外螺纹中径和顶径公差带代号。

M20×2LH—6H/5g6g：M20×2 表示公称直径为 20 mm、螺距为 2 mm、方向为左旋的细牙普通螺纹；6H 表示内螺纹中径和顶径公差带代号；5g 表示外螺纹中径公差带代号；6g 表示外螺纹顶径公差带代号。

螺纹旋合长度是指两个相互配合的螺纹沿螺纹轴线方向相互旋合部分的长度。螺纹的旋合长度分为 3 组，分别称为短旋合长度、中旋合长度和长旋合长度，相应的代号为 S，N，L。

在一般情况下，不标注螺纹旋合长度，使用时按中等旋合长度确定。必要时，在螺纹公差带之后加注旋合长度代号 S 或 L，中间用"—"分开。特殊需要时，可注明旋合长度的数值，中间用"—"分开。

例如：M10—5g6g—S，M10—7H—L。

（2）梯形螺纹的代号与标记。

①梯形螺纹的代号。符合国家标准《梯形螺纹 第 1 部分：牙型》（GB/T 5796.1—2022）的梯形螺纹用 Tr 表示。单线螺纹的尺寸规格用"公称直径×螺距"表示；多线螺纹用"公称直径×导程（P螺距）"表示。当螺纹为左旋时，在尺寸规格之后加注 LH，示例如下。

单线螺纹 Tr40×7：Tr 表示螺纹种类代号；40 表示公称直径为 40 mm；7 表示螺距为 7 mm。

多线左旋螺纹 Tr40×14（P7）LH：Tr 表示螺纹种类代号；40 表示公称直径为 40 mm；14 表示导程为 14 mm；（P7）表示螺距为 7 mm；LH 表示左旋螺纹。

②梯形螺纹的标记。梯形螺纹的标记由梯形螺纹代号、公差带代号及旋合长度代号组成。梯形螺纹的公差带代号只标注中径公差带（由表示公差等级的数字及公差带位置的字母组成）。

旋合长度分为 N，L 两组。当旋合长度为 N 组时，不标注组别代号 N；当旋合长度为 L 组时，应将组别代号 L 写在公差带代号后面，并用"—"隔开。特殊需要时，可用具体旋合长度数值代替组别代号 L。

梯形螺旋副的公差带要分别标注出内、外螺纹的公差带代号。前面的是内螺纹公差带代号，后面的是外螺纹公差带代号，中间用"/"分开。示例如下。

内螺纹：Tr40×7—7H。

外螺纹：Tr40×7—7e。

左旋外螺纹：Tr40×7LH—7e。

螺旋副：Tr40×7—7H/7e。

旋合长度为 L 组的多线外螺旋：Tr40×14(P7)—8e—L。

旋合长度为特殊需要的外螺旋：Tr40×7—7e—140。

二、分析螺纹连接的类型、结构尺寸及应用

1. 螺纹连接的类型

螺纹连接的基本类型主要有螺栓连接、双头螺柱连接、螺钉连接和紧定螺钉连接 4 种。螺纹

连接的主要类型见表 5 – 1 – 2。

表 5 – 1 – 2 螺纹连接的主要类型

类型	构造	特点及应用	尺寸关系
普通螺栓连接		用于被连接件为通孔的情况，装拆方便，损坏后容易更换，不受被连接件材料的限制，成本低	螺纹余留长度 l_1 静载荷 $l_1 = (0.3 \sim 0.5)d$ 冲击载荷或弯曲载荷 $l_1 \geq d$ 变载荷 $l_1 \geq 0.75d$ 铰制孔用螺栓 l_1 应稍大于螺纹尾部的长度 螺纹伸出长度 $l_2 = (0.2 \sim 0.3)d$ 螺栓轴线到被连接件边缘的距离 $e = d + (3 \sim 6)$ mm 通孔直径 $d_0 \approx 1.1d$
铰制孔用螺栓连接			
双头螺柱连接		用于被连接件为盲孔的情况，被连接件需要经常拆卸	盲孔拧入深度 l_3 视材料而定 钢或青铜 $l_3 = d$ 铸铁 $l_3 = (1.25 \sim 1.5)d$ 铝合金 $l_3 = (1.5 \sim 2.5)d$ 螺纹孔的深度 $l_4 = l_3 + (2 \sim 2.5)d$ 钻孔深度 $l_5 = l_4 + (0.5 \sim 1)d$ l_1，l_2，e 同螺栓连接
螺钉连接		用于被连接件为盲孔的情况，被连接件很少拆卸	

类型	构造	特点及应用	尺寸关系
紧定螺钉连接		用于固定两零件间的相互位置，一般不传递力和转矩	

（1）螺栓连接。螺栓连接的结构特点是被连接件的孔为通孔，孔中不切制螺纹。按螺栓受力情况可分为普通螺栓连接和铰制孔螺栓连接。普通螺栓连接：螺栓与孔中有间隙，被连接件通过螺栓与螺母的旋合而连接在一起，工作载荷使螺栓受拉伸。铰制孔螺栓连接：被连接件的预制孔孔壁光滑、尺寸精度高，孔与螺栓多采用基孔制过渡配合，工作载荷使螺栓受剪切和挤压。

螺栓连接的优点是构造简单、装拆方便、成本低，使用时不受被连接件的材料限制，应用广泛。

（2）双头螺柱连接。双头螺柱连接的结构特点是被连接件之一为盲孔，孔中切制螺纹。双头螺柱的两端也均有螺纹，螺柱的一端旋入有螺纹的盲孔中，另一端穿过另一被连接件的预制孔并用螺母旋合，从而实现连接。双头螺柱连接适用于需要经常拆装的连接，而且被连接件之一较厚，拆卸时只需旋下螺母，这样就保护了盲孔中的螺纹不至于过早失效。

（3）螺钉连接。螺钉连接不使用螺母，螺钉直接旋入被连接件之一的螺纹孔中，从而实现连接，用于不需要经常拆卸的连接，结构比较简单。

（4）紧定螺钉连接。将紧定螺钉旋入被连接件之一的螺纹孔中，其末端顶入另一被连接件表面的凹坑中，用于固定两零件之间的相对位置，实现轴与轴上零件的连接。此类连接一般不传递力和转矩。

除了上述基本螺纹连接形式外，还有一些特殊结构的螺纹连接，如专门用于将机座或机架固定在地基上的地脚螺栓连接、装在机器或大型零部件的顶盖或外壳上便于起吊用的吊环螺栓连接、用于工装设备中的 T 形槽螺栓连接等。特殊结构的螺纹连接见表 5 - 1 - 3。

表 5 - 1 - 3　特殊结构的螺纹连接

地脚螺栓连接	吊环螺栓连接	T 形槽螺栓连接

2. 螺纹的结构尺寸及应用

螺纹连接多采用三角形螺纹，其主要有普通螺纹和管螺纹。普通螺纹有粗牙和细牙之分。同一大径 d 有多种螺距 p，螺距最大的为粗牙螺纹，其余为细牙螺纹。粗牙螺纹广泛用于各种连接中；细牙螺纹适用于薄壁零件的紧密连接，或不常拆卸的场合。管螺纹分为非密封管螺纹和密封管螺纹，密封管螺纹又分为圆柱管螺纹和圆锥管螺纹。圆柱管螺纹广泛应用于水、煤气等管道连接；圆锥管螺纹连接密封性好、不用填料，适用于密封要求高的管道连接。国家标准《普通螺纹 基本尺寸》（GB/T 196—2003）中规定了普通螺纹的基本尺寸，标记示例见表 5 – 1 – 4。

表 5 – 1 – 4　普通螺纹基本尺寸标记示例

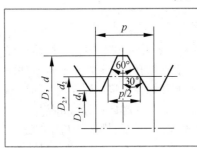

公称直径等于 24 mm、螺距等于 3 mm 的普通粗牙螺纹标记为 M24

公称直径等于 24 mm、螺距等于 1.5 mm 的普通细牙螺纹标记为 M24 × 1.5

三、螺纹连接件

螺纹连接件的种类很多，大多已标准化，常见的有螺栓、双头螺柱、螺钉、螺母和垫圈，可根据有关标准选用。

常用标准螺纹连接件见表 5 – 1 – 5，该表列出了常用标准螺纹连接件的图例、结构特点及应用。

表 5 – 1 – 5　常用标准螺纹连接件

名称	图例	结构特点及应用
六角头螺栓		种类多，应用范围广，螺纹精度分为 A，B，C 三级，C 级使用较多，螺栓杆部分可制出一段螺纹或全部螺纹
双头螺柱		两端均有螺纹，两端螺纹可相同也可不同，有 A 型、B 型两种结构。一端旋入厚度大、不便穿透的被连接件，另一端用螺母旋紧

名称	图例	结构特点及应用
螺钉		头部形式有圆头、扁圆头、内六角头、圆柱头、沉头，起子槽有一字槽、十字槽、内六角孔形状。十字槽强度高、操作方便、便于自动装配。内六角孔连接强度高，可代替六角头螺栓
自攻螺钉		头部形式有圆头、平头、半沉头和沉头，起子槽有一字槽、十字槽等形式。末端形式有锥端、平端两种。用于连接金属薄板、塑料等。使用时在预制孔或无孔处自攻出螺纹
紧定螺钉		常用的末端形式有锥端、平端、圆柱端。被紧定件硬度低、不常拆卸时用锥端，被紧定件硬度高或经常拆卸时用平端。圆柱端末端可压入被紧定件凹坑用于紧定空心轴上的零件
六角螺母		有标准型、薄型两种螺母，与螺栓的制造精度对应，分为A，B，C三级，分别与同级别的螺栓配用
圆螺母		圆螺母与止退垫圈配用，装配时垫圈外舌嵌入螺母槽内，内舌嵌入轴槽内，可防螺母松脱，常用于滚动轴承轴向固定

名称	图例	结构特点及应用
垫圈		垫圈是螺纹连接中常用的附件,用于螺母和被连接件之间,保护支承面。平垫圈按加工精度不同分为 A、C 两种。用于同一螺纹直径的垫圈又分特大、大、普通、小4 种规格,特大的主要用于铁木结构。斜垫圈用于倾斜的支承面

四、螺纹连接的预紧与防松

1. 螺纹连接的预紧

在装配时,一般螺纹连接都必须拧紧,称为预紧,这时螺纹受到预紧力的作用。预紧的目的是防止工作时连接出现缝隙和滑移,保证连接的紧密性和可靠性。如果预紧力过小,则连接不可靠;如果预紧力过大,则容易将螺栓拉断。

对于一般连接,可凭借经验来控制预紧力的大小,对于重要的连接必须严格控制预紧力的大小。小批量生产可使用测力矩扳手来控制预紧力的大小;大批量生产时,常用风扳机来控制预紧力的大小,当力矩达到额定数值时,风扳机中的离合器会自动脱开。

2. 螺纹连接的防松

螺纹连接是利用螺纹的自锁性来达到连接要求的,一般情况下不会松动。但是,在冲击、振动、变载、温度变化较大时,螺纹会产生自动松脱,因此,在设计螺纹连接时必须考虑防松。螺纹连接防松的根本问题是阻止螺旋副相对转动。螺纹连接的防松方法见表 5 - 1 - 6。

表 5 - 1 - 6　螺纹连接的防松方法

摩擦防松			
	利用装配完成弹簧垫圈压平后的弹力使螺纹间压紧,同时垫圈断开处的刃口也起防松作用。结构简单,应用广泛	利用两螺母的对顶作用使螺栓始终受到附加的拉力和附加的摩擦力。结构简单,用于低速重载场合	利用螺母末端的尼龙圈,箍紧螺栓,横向压紧螺纹,达到防松的目的

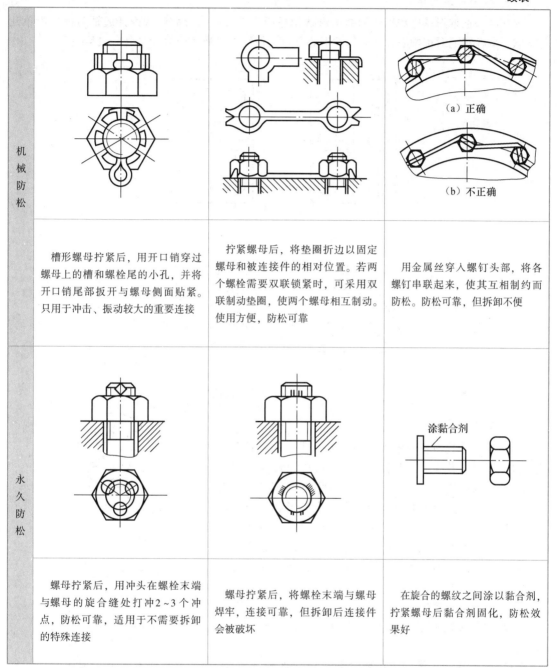

机械防松	槽形螺母拧紧后，用开口销穿过螺母上的槽和螺栓尾的小孔，并将开口销尾部扳开与螺母侧面贴紧。只用于冲击、振动较大的重要连接	拧紧螺母后，将垫圈折边以固定螺母和被连接件的相对位置。若两个螺栓需要双联锁紧时，可采用双联制动垫圈，使两个螺母相互制动。使用方便，防松可靠	用金属丝穿入螺钉头部，将各螺钉串联起来，使其互相制约而防松。防松可靠，但拆卸不便
永久防松	螺母拧紧后，用冲头在螺栓末端与螺母的旋合缝处打冲2～3个冲点，防松可靠，适用于不需要拆卸的特殊连接	螺母拧紧后，将螺栓末端与螺母焊牢，连接可靠，但拆卸后连接件会被破坏	在旋合的螺纹之间涂以黏合剂，拧紧螺母后黏合剂固化，防松效果好

五、螺栓组连接的结构设计

螺栓常常成组使用在机器设备中，因此，必须根据其用途和被连接件的结构设计螺栓组。螺栓组连接结构设计的主要目的在于合理地确定连接结合面的几何形状和螺栓的布置形式，基本原则是力求使各螺栓或连接结合面间受力均匀，便于加工和装配。为此，在进行螺栓组连接设计时，应综合考虑以下几个方面。

1. 连接结合面的设计

连接结合面的形状应和机器的结构形状相适应，一般将结合面形状设计成轴对称的简单几何形状，螺栓组的对称中心和结合面的形心重合，使结合面受力均匀，如图 5-1-6 所示。

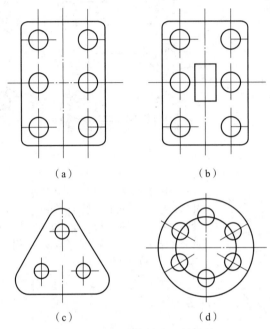

（a） （b）

（c） （d）

图 5-1-6 连接结合面的设计

2. 螺栓的数目及布置

（1）螺栓布置时应使各螺栓的受力合理。对于配合螺栓连接，不要在平行于工作载荷方向上成排地布置 8 个以上的螺栓，以免载荷分布过度不均。当螺栓组连接承受扭矩 T 时，应保证螺栓组的对称中心和结合面形心重合；当螺栓连接承受弯矩 M 时，应保证螺栓组的对称轴与结合面中性轴重合，如图 5-1-7 所示。同时要求各个螺栓尽可能离形心和中性轴远一些，这样可以充分和均衡地发挥各个螺栓的承受能力。

（2）螺栓的布置应有合理的间距和边距，以保证连接的紧密性和装配时所需的扳手操作空间，如图 5-1-8 所示。

（3）分布在同一圆周上的螺栓数尽量取偶数（如 4，6，8，12 等），以方便分度和划线。同一螺栓组中螺栓的材料、直径和长度应尽量相同。

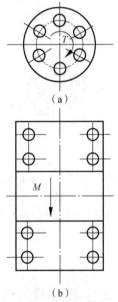

（a）

（b）

图 5-1-7 结合面受弯矩或
扭矩时螺栓的布置

六、螺栓连接的失效形式

普通螺栓的主要失效形式是螺栓杆或螺纹部分的塑性变形和断裂；铰制孔用螺栓的失效形式是螺栓杆被剪断、螺栓杆或孔壁被压溃；经常拆卸时会因磨损产生滑扣。

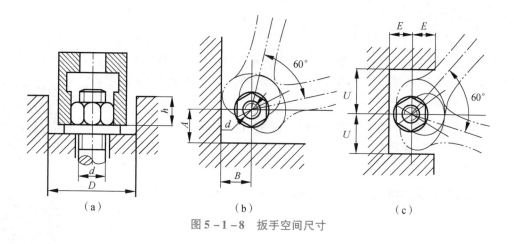

图 5-1-8　扳手空间尺寸

七、提高螺栓连接强度的措施

1. 改善螺纹牙间的载荷分布

由于螺栓和螺母的刚度不同、变形不同，因此，各牙受力不均匀。从螺母支承面算起，第 1 圈承载最大，以后逐圈递减，到第 8 圈以后，螺纹几乎不受载荷。为改善各牙受力分布不均匀，可采用悬置螺母 [见图 5-1-9 （a）]、内斜螺母 [见图 5-1-9 （b）]、环槽螺母 [见图 5-1-9 （c）] 等，使螺纹牙间的载荷分配趋于均匀，以提高螺栓的强度。

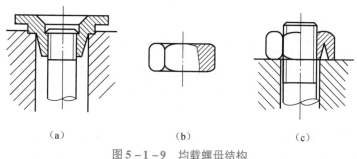

图 5-1-9　均载螺母结构

2. 减小应力集中

适当增大螺纹牙根过渡处圆角半径、在螺纹结束部位采用退刀槽等方法，都能使截面变化均匀，减小应力集中，提高螺栓的疲劳强度。

3. 避免附加应力

由于各种原因，可能使螺栓承受附加弯曲应力，这对螺栓疲劳强度影响很大，这种情况应设法避免。例如，在铸件等未加工表面安装螺栓时，常加工凸台或沉孔座等结构（见图 5-1-10），使支承表面平整且与螺栓轴线垂直。

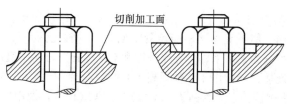

图 5-1-10　凸台和沉孔座

八、螺纹零件的其他用途

螺纹零件不仅可用于连接,还可用于传动。螺旋传动由螺杆和螺母组成,主要是将旋转运动变为直线移动,同时传递运动和动力。根据用途不同,螺旋传动可分为以下几种。

1. 传力螺旋

传力螺旋以传递动力为主,要求用较小的转矩产生较大的轴向力,如螺旋千斤顶、压力机等中的螺旋传动。

螺旋千斤顶

2. 传导螺旋

传导螺旋以传递运动为主,要求具有较高的传动精度,如车床进给机构中的螺旋传动。

3. 调整螺旋

调整螺旋用于调整并固定零件或部件之间的相对位置。例如,虎钳钳口调整螺旋,可调整虎钳钳口距离,用来夹紧和松开工件。

螺旋传动

步骤二　认识键连接

知识链接

一、键连接的类型和应用

键是一种标准零件,通常用来实现轴与轮毂之间的周向固定以传递转矩,有的还能实现轴上零件的轴向固定或轴向移动的导向。键连接的主要类型有平键连接、半圆键连接、楔键连接和切向键连接。平键连接和半圆键连接为松键连接,楔键连接和切向键连接为紧键连接。

1. 松键连接

在松键连接中,键的两侧面是工作面,工作时,靠键与键槽侧面的挤压来传递转矩。键的上表面和轮毂的键槽底面间留有间隙,如图 5-1-11 (a) 所示。松键连接对中性好,装拆方便。

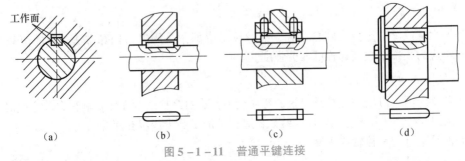

图 5-1-11　普通平键连接

(1) 平键连接。如图 5-1-10 (a) 所示,平键连接具有结构简单、对中性好,装拆方便等特点,因而得到广泛应用。但平键连接不能承受轴向力,对轴上的零件不能起到轴向固定的作用。按用途不同,平键可分为普通平键、导向平键和滑键 3 种。普通平键用于静连接,导向平键用于移动距离较小的动连接,滑键用于移动距离较大的动连接。

①普通平键。普通平键按构造分为圆头 (A 型)、平头 (B 型) 及单圆头 (C 型) 3 种,分别如图 5-1-11 (b)、图 5-1-11 (c)、图 5-1-11 (d) 所示。普通平键和键槽尺寸见表 5-1-7。

表 5 - 1 - 7 普通平键和键槽尺寸 单位：mm

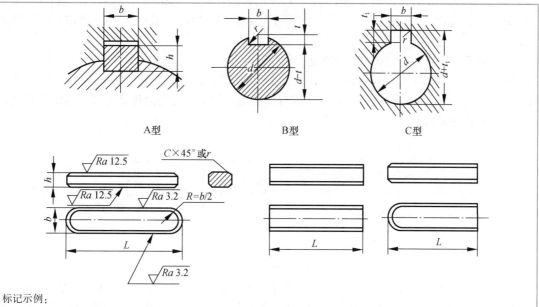

A型 　　　　　　　　 B型 　　　　　　　　 C型

标记示例：

圆头普通平键（A型）	$b=16$, $h=10$, $L=100$	标记为键 $16×100$	GB/T 1096—2003
平头普通平键（B型）	$b=16$, $h=10$, $L=100$	标记为键 B $16×100$	GB/T 1096—2003
单圆头普通平键（C型）	$b=16$, $h=10$, $L=100$	标记为键 C $16×100$	GB/T 1096—2003

轴	键	键槽										
		宽度 b					深度				半径 r	
公称直径 d	公称尺寸 $b×h$	公称尺寸 b	极限偏差				轴 t		毂 t_1			
			松键连接		一般键连接		紧键连接					
			轴 H9	毂 D10	轴 N9	毂 JS9	轴和毂 P9	公称尺寸	极限偏差	公称尺寸	极限偏差	最小	最大
>10~12	4×4	4	+0.030 0	+0.078 +0.030	0 -0.030	±0.015	-0.012 -0.042	2.5	+0.1 0	1.8	+0.1 0	0.08	0.16
>12~17	5×5	5						3.0		2.3			
>17~22	6×6	6						3.5		2.8		0.16	0.25
>22~30	8×7	8	+0.036 0	+0.098 +0.040	0 -0.036	±0.018	-0.015 -0.051	4.0		3.3			
>30~38	10×8	10						5.0		3.3			
>38~44	12×8	12	+0.043 0	+0.120 +0.050	0 -0.043	±0.021 5	-0.018 -0.061	5.0		3.3			
>44~50	14×9	14						5.5	+0.2 0	3.8	+0.2 0	0.25	0.40
>50~58	16×10	16						6.0		4.3			
>58~65	18×11	18						7.0		4.4			
>65~75	20×12	20	+0.052 0	+0.149 +0.065	0 -0.052	±0.026	-0.022 -0.074	7.5		4.9		0.40	0.60
>75~85	22×14	22						9.0		5.4			
键的长度系列	6，8，12，14，16，18，20，22，25，28，32，36，40，45，50，56，63，70，80，90，100，110，125，140，160，180，200，220，250，280，320，360，400，450，500												

注：1. 在工作图中，轴槽深用 t 或 $(d-t)$ 标注，轮毂槽深用 $(d+t_1)$ 标注。

　　2. $(d-t)$ 和 $(d+t_1)$ 两组组合尺寸的极限偏差按相应的 t 和 t_1 极限偏差选取，但 $(d-t)$ 极限偏差值应取负号。

圆头平键轴上的键槽用端铣刀加工。如图 5-1-11 (b) 所示，键在槽中固定良好，但轴上键槽端部的应力集中较大。平头平键轴上的键槽用盘铣刀加工。如图 5-1-11 (c) 所示，应力集中较小，但键在轴上的轴向固定不好。单圆头平键常用于轴的端部连接，轴上键槽常用端铣刀铣通。

②导向平键。在工作过程中，当被连接的轮毂类零件须在轴上做较小距离的轴向移动时，应采用导向平键，如图 5-1-12 (a) 所示。导向平键较长，应用螺钉固定在轴上的键槽中，为了便于拆卸，键上制有起键螺孔，以便拧入螺钉使键退出键槽。轴上的传动零件可沿键作轴向滑移，如变速箱中的滑移齿轮。

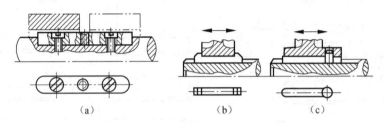

图 5-1-12　导向平键连接和滑键连接

③滑键。当轴上零件滑移距离较大时，因所需导向键的尺寸过大，制造困难，故采用滑键，如图 5-1-12 (b)、图 5-1-12 (c) 所示。滑键固定在轮毂上，轮毂带动滑键在轴上的键槽中做轴向滑移。这样只需在轴上铣出较长的键槽，而键可以做得较短。

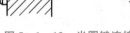

(2) 半圆键连接。图 5-1-13 所示为半圆键连接。半圆键能在轴的键槽内摆动，以适应轮毂键槽底面的斜度，特别适合锥形轴端的连接。它的缺点是键槽对轴的削弱较大，因此只适用于轻载连接。

图 5-1-13　半圆键连接

2. 紧键连接

(1) 楔键连接。楔键连接用于静连接，如图 5-1-14 所示。楔键上、下面是工作表面，上表面有 1：100 的斜度，轮毂键槽底面也有 1：100 的斜度。装配后，键的上、下表面与轮毂和轴上键槽的底面压紧，工作时靠工作表面的摩擦力传递转矩，并能承受单向轴向力和起轴向固定作用。楔键分为普通楔键 [见图 5-1-14 (a)] 和钩头楔键 [见图 5-1-14 (b)] 两种。由于工作表面产生很大的预紧力，使轴和轮毂的配合产生偏心和偏斜，因此，楔键连接主要用于轮毂类零件定心精度要求不高和低转速的场合。

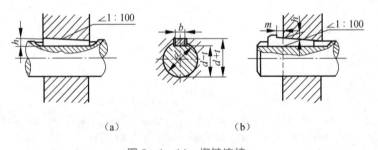

图 5-1-14　楔键连接

(2) 切向键连接。切向键是由一对斜度为 1：100 的楔键组成的，如图 5-1-15 (a) 所示。装配时，两个键分别自轮毂两端楔入，装配后两个相互平行的窄面是工作面，工作时依靠工作面的挤压传递转矩。一对切向键只能传递单向转矩，当传递双向转矩时，应装两对相互呈 120° ~ 130°的切向键，如图 5 − 1 − 15 （b）所示。切向键能传递很大的转矩，常用于重型机械。

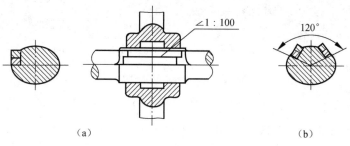

图 5 − 1 − 15 切向键连接

二、平键连接的选择和强度计算

1. 键的类型选择

选择键的类型主要应考虑以下因素：传递转矩大小、对中性要求、轮毂是否需要做轴向移动及滑移距离大小、键在轴上的位置（如中部或端部）等。

2. 键的尺寸选择

平键的主要尺寸为键宽 b、键高 h 和键长 L。在设计时，根据轴的直径 d 从表 5 − 1 − 7 所列标准中选择平键的宽度 b 和高度 h；键的长度 L 应略小于轮毂的长度（一般比轮毂长度短 5 ~ 10 mm），并符合标准中规定的长度系列。

3. 平键的强度校核

图 5 − 1 − 16 所示为普通平键的受力分析，键受到剪切和挤压作用。实践证明，平键的主要失效形式是键、轴和轮毂中强度较弱的工作表面被压溃（对静连接）或磨损（对动连接）。因此，一般只需校核挤压强度（对静连接）或压强（对动连接）即可。

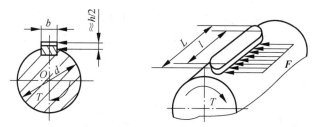

图 5 − 1 − 16 普通平键的受力分析

假设载荷沿键长均匀分布，则静连接的挤压强度准则为

$$\sigma_{jy} = \frac{4T}{dhl} \leq [\sigma_{jy}] \tag{5 − 1 − 1}$$

动连接的压强条件为

$$p = \frac{4T}{dhl} \leq [p] \tag{5 − 1 − 2}$$

式中，T 为传递的转矩，N·mm；d 为轴的直径，mm；b 为键的宽度，mm；h 为键的高度，mm；l 为键的有效工作长度，mm，A 型键 $l = L − b$，B 型键 $l = L$，C 型键 $l = L − b/2$；$[\sigma_{jy}]$，$[p]$ 分别为连接中最薄弱材料的许用挤压应力和许用压强，MPa。

键连接的许用挤压应力和许用压强见表 5 − 1 − 8。

表 5-1-8　键连接的许用挤压应力和许用压强　　　　　　　　单位：MPa

许用应力	连接工作方式	键或轮毂、轴的材料	载荷性质		
			静载荷	轻微冲击	冲击
$[\sigma_{jy}]$	静连接	钢	120~150	100~120	60~90
		铸铁	70~80	50~60	30~45
$[p]$	动连接	钢	50	40	30

注：若与键有相对滑动的被连接件表面经过淬火，则动连接的许用压强 $[p]$ 可提高 2~3 倍。

若经校核连接强度不够，则可采取以下措施。

（1）适当增加轮毂和键的长度，但键长不宜大于 $2.5d$。

（2）两个键相隔 180° 布置，考虑到载荷分布的不均匀性，只能按 1.5 个键进行强度计算。

步骤三　认识花键连接与销连接

 知识链接

一、花键连接

花键连接由具有周向均匀分布的多个键齿的花键轴和具有同样数目键槽的轮毂组成，如图 5-1-17（a）所示。花键依靠键齿侧面的挤压传递转矩，因为是多齿传递载荷，所以承载能力强。由于齿槽浅，故对轴的削弱小，应力集中小，且具有定心好和导向性能好等优点，但需要专用设备加工，生产成本高。

花键连接适用于定心精度要求高、载荷大或经常滑移的场合。

花键按齿形分为矩形花键［见图 5-1-17（b）］和渐开线花键［见图 5-1-17（c）］。矩形花键齿形简单，易于制造，应用广泛。渐开线花键齿根厚、强度高、加工工艺性好，适用于载荷较大及尺寸较大的连接。

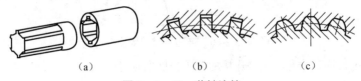

（a）　　　　　　　　　（b）　　　　　　　　　（c）

图 5-1-17　花键连接

二、销连接

销的主要用途是固定零件间的相互位置，并可传递不大的转矩，也可作为安全装置中的过载剪断元件。

销按形状不同，可分为圆柱销［见图 5-1-18（a）］和圆锥销［见图 5-1-18（b）、图 5-1-18（c）］。圆柱销利用过盈配合固定，多次拆卸会降低定位精度和可靠性。圆锥销常用的锥度为 1:50，装配方便，定位精度高，多次拆卸不会影响定位精度。

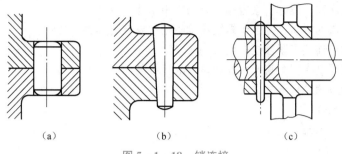

（a）　　　　　　（b）　　　　　　（c）

图 5 – 1 – 18　销连接

任务评价表见表 5 – 1 – 9。

表 5 – 1 – 9　任务评价表

评价类型	权重	具体指标	分值	得分		
				自评	组评	师评
职业能力	75%	会选择螺纹连接的类型、主要参数	15			
		能设计并校核单个螺纹连接	20			
		清楚键的类型和各自的特点	10			
		能设计选用合理类型的键	20			
		能对单个平键进行校核	10			
职业素养	20%	坚持出勤，遵守纪律	5			
		协作互助，解决难点	5			
		培养学生正确使用国家标准的职业习惯	5			
		通过螺纹连接设计，学会科学规范的设计方法	5			
劳动素养	5%	培养学生的吃苦精神	5			
综合评价	总分					
	教师点评					

本任务主要通过学习螺纹连接、键连接、销连接等知识，使学生能够在实际应用中合理选择标准件的连接形式，并能够进行强度校核。

任务拓展训练

1. 螺纹主要有哪几种类型？根据什么选用螺纹类型？

2. 螺纹的主要参数有哪些？螺距和导程有什么区别？如何判断螺纹的线数和旋向？

3. 螺栓、双头螺柱、螺钉、紧定螺钉分别应用于什么场合？

4. 螺纹连接防松的本质是什么？螺纹连接防松主要有哪几种方法？

5. 受拉螺栓的松连接和紧连接有何区别？

6. 普通螺纹直径是指哪个直径？普通螺纹的代号如何表示？

7. 试解释下列各螺纹标记的含义：

（1）M24 × 2—6H；

（2）M30 × 1.5—6g5g；

（3）M12—6H—S；

（4）Tr40 × 14（P7）—7e—L。

8. 平键和楔键的工作原理有何不同？

9. 设计套筒联轴器与轴连接用的平键。已知轴径 $d = 36$ mm，联轴器为铸铁材料，承受静载荷，套筒外径 $D = 100$ mm。要求画出连接的结构图，并计算连接传递的转矩。

任务二 设计轴的结构

 参考学时：4学时

内容简介

轴、轴承联轴器及离合器是机器中常用的零部件，尤其轴和轴承是任何机器都要使用的重要零部件，因此，本任务主要研究轴的类型、功用、结构设计和强度计算。

知识目标

（1）掌握轴的类型、功用。

（2）掌握轴的结构设计及强度校核。

（3）熟悉轴承的尺寸选择及组合设计。

能力目标

能够根据设计条件，合理设计轴的结构。

素质目标

（1）通过轴的结构设计，培养学生的规范贯标意识。

（2）在小组合作中，培养学生团队协作的意识。

 任务导入

图 5-2-1 所示为圆柱齿轮减速器的部件图。试分析其中轴的作用是什么，轴的结构如何，轴承如何选择。

图 5-2-1 圆柱齿轮减速器的部件图

任务实施

步骤一 分析轴的类型、功用和材料

知识链接

一、轴的功用及类型

轴的结构设计 1

1. 轴的功用

轴是组成机器的重要零件之一，轴的主要功用是支承回转零件（如齿轮、带轮等）、使回转零件具有确定的工作位置，并传递运动和动力。它的结构尺寸是由被支承的零件和支承它的轴承的结构与尺寸决定的。

2. 轴的类型和应用

（1）按轴承受的载荷不同分类。

①转轴。既承受弯矩又承受转矩的轴称为转轴，在各类机械中最为常见。图 5-2-2 所示为减速器转轴。

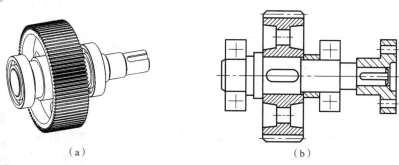

（a） （b）

图 5-2-2 减速器转轴

（a）结构示意图；（b）装配图

②芯轴。仅承受弯矩不承受转矩的轴称为芯轴，芯轴又分为固定芯轴和转动芯轴。图 5 - 2 - 3 所示为自行车芯轴。

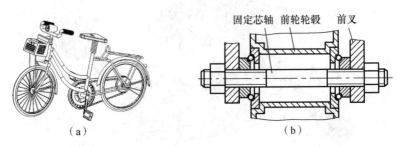

图 5 - 2 - 3　自行车芯轴

(a) 自行车；(b) 自行车轴

③传动轴。主要承受转矩不承受弯矩的轴称为传动轴。如图 5 - 2 - 4 所示，汽车中连接变速箱与后桥之间的轴为传动轴。

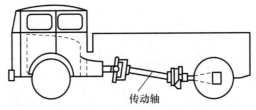

图 5 - 2 - 4　传动轴

(2) 按轴的轴线形状不同分类。

①直轴。轴线为一条直线的轴称为直轴，如图 5 - 2 - 2 所示。直轴按外形不同又可分为光轴（见图 5 - 2 - 4）和阶梯轴（见图 5 - 2 - 2）。由于阶梯轴上的零件便于拆装与固定，又能节省材料和减小质量，因此在机械中应用最为广泛。

②曲轴。轴线不为直线的轴称为曲轴（见图 5 - 2 - 5），是机械中的专用零件。

③挠性轴。可以把回转运动灵活地传到任何位置的钢丝软轴称为挠性轴，如图 5 - 2 - 6 所示。它是由多组钢丝分层卷绕而成的，其主要特点是具有良好的挠性，常用于医疗器械、汽车里程表和电动手持小型机具（如铰孔机等）等的传动机构中。

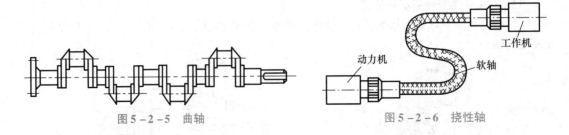

图 5 - 2 - 5　曲轴　　　　　图 5 - 2 - 6　挠性轴

二、轴的常用材料及热处理

轴的失效多为疲劳破坏、刚度不足，因此轴对材料的要求是具有足够的疲劳强度、对应力集中的敏感性小、具有足够的耐磨性、易于加工和热处理、价格合理。

轴的结构设计2

轴的材料主要为碳素钢和合金钢。碳素钢价格低廉、对应力集中的敏感性小，因此应用较为广泛。

常用的碳素钢有 30 钢、40 钢、45 钢等，其中 45 钢最为常用。为改善其力学性能，应进行调质或正火处理。对于承受载荷较大、要求强度高、尺寸紧凑、质量较小及耐磨性较好的重要轴，可采用合金钢并进行相应的热处理。常用的合金钢有 40Cr 等。

轴的常用材料及其主要力学性能见表 5-2-1。

表 5-2-1　轴的常用材料及其主要力学性能

材料牌号	热处理方法	毛坯直径 d/mm	硬度 HBS	强度极限 σ_b/MPa	屈服极限 σ_s/MPa	弯曲疲劳极限 σ_{-1}/MPa	应用说明
35	正火		143~187	520	270	250	用于一般轴
45	正火	≤100	170~217	600	300	275	用于较重要的轴，应用最为广泛
	调质	≤200	217~255	650	360	300	
40Cr	调质	≤100	241~286	750	550	350	用于载荷较大，且无很大冲击的轴
20Cr	渗碳淬火回火	≤60	表面硬度 56~62 HBS	650	400	280	用于要求强度、韧性及耐磨性较好的轴

步骤二　轴的结构设计

知识链接

一、分析轴的结构和设计要求

图 5-2-7 所示为圆柱齿轮减速器的低速轴，其结构主要由轴颈、轴头和轴身 3 部分组成。

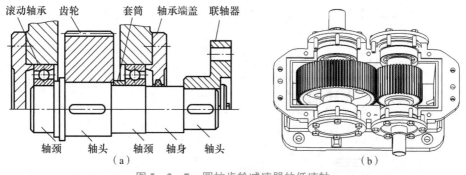

滚动轴承　齿轮　套筒　轴承端盖　联轴器

轴颈　轴头　轴颈　轴身　轴头

（a）

（b）

图 5-2-7　圆柱齿轮减速器的低速轴

（a）装配图；（b）结构示意图

1. 轴的结构

如图 5 - 2 - 7（a）所示，轴由以下几部分组成。

（1）轴颈：与轴承配合的部分。

（2）轴头：与轮毂配合的部分。轮毂是指齿轮、联轴器等回转类零部件。

（3）轴身：连接轴颈和轴头的部分。

（4）轴肩和轴环：阶梯轴上截面尺寸变化的部位。

轴的结构设计 3

轴颈和轴头的直径应取标准值，直径的大小由与之相配合部件的内孔决定。轴上螺纹、花键部分必须符合相应的标准。

2. 轴的结构设计要求

轴的结构应具有足够的承载能力，即轴必须具有足够的强度和刚度，以保证轴能正常工作；应具有合理的形状，使轴上的零件能定位正确、固定可靠且易于装拆；应使轴加工方便，成本较低。

轴的结构设计就是要确定轴的外形和全部尺寸，主要考虑以下几个方面。

（1）轴和轴上的零件要有准确的工作位置（定位要求）。

（2）各零件要可靠地相互连接（固定要求）。

（3）轴应便于加工，轴上零件要易于装拆（工艺要求）。

（4）尽量减小应力集中（疲劳强度要求）。

（5）轴各部分直径和长度的尺寸要合理（尺寸要求）。

二、分析轴上零件的定位

1. 轴上零件的轴向定位及固定

轴向定位及固定是使零件在轴上有确定的轴向位置。轴上零件的轴向定位及固定是以轴肩、套筒、圆螺母、轴端挡圈和轴承端盖等来保证的。与轮毂配装的轴段长度，一般应略小于轮毂宽 2 ~ 3 mm。常用的轴向定位及固定方法见表 5 - 2 - 2。

表 5 - 2 - 2　常用的轴向定位及固定方法

名称	结构图	特点
轴肩与轴环		轴肩能承受较大的轴向力，是常用的一种方法。为了保证轴上零件的端面能紧靠定位面，轴肩的内圆角半径 r 应小于零件上的外圆角半径 R 或倒角 C。一般取 $h = R(C) + (0.5 \sim 2)$ mm，$b \approx 1.4h$
圆螺母		这种方法常用于轴的中部及端部，一般用细牙螺纹，以免过多削弱轴的强度

名称	结构图	特点
弹性挡圈		只能承受较小的轴向力，其结构简单，但切槽的尺寸需要一定的精度
紧定螺钉		当轴向力很小，转速很低时可采用
轴端压板		当轴上零件在轴端时可采用

2. 轴上零件的周向定位及固定

为了满足机器传递运动和扭矩的要求，轴上零件除了需要轴向定位外，还必须有可靠的周向定位。常用的周向定位及固定方法有键、花键、销和过盈配合等。

三、分析轴的结构工艺性

轴的结构、形状和尺寸应尽量满足加工、装配和维修的要求，为此常采用以下措施。

（1）当某一轴段需要车制螺纹或磨削加工时，应留有螺纹退刀槽和砂轮越程槽，如图 5 – 2 – 8 所示。

（2）同一轴上的各个键槽应开在同一母线位置上，如图 5 – 2 – 9 所示。

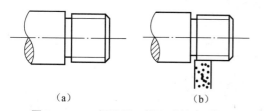

（a）　　　　　　　（b）

图 5 – 2 – 8　螺纹退刀槽和砂轮越程槽

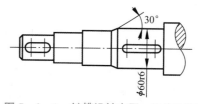

图 5 – 2 – 9　键槽沿轴在同一母线位置

（3）为了便于轴上零件的装配和去除毛刺，轴端及轴肩一般均应制出 45°的倒角。

（4）为便于加工，应使轴上直径相近处的圆角、倒角、键槽和越程槽等尺寸一致。

（5）为便于轴上零件的装拆和固定，常将轴设计成阶梯形。图 5 – 2 – 10 所示为阶梯轴上零件的拆装图，该图表明，可依次把齿轮、套筒、左端滚动轴承、轴承端盖、带轮和轴端挡圈从轴的左端装入。由于轴的各段直径不同，当零件往轴上装配时，既不擦伤配合表面，又装配方便。右端滚动轴承从轴的右端装入，为使左、右端滚动轴承易于拆卸，套筒厚度和轴肩高度均应小于滚动轴承内圈的厚度。

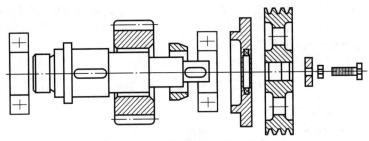

图 5 – 2 – 10　阶梯轴上零件的拆装图

四、设计轴直径和长度的注意事项

（1）与滚动轴承配合的轴颈直径，必须符合滚动轴承内径的标准系列。

（2）轴上车制螺纹部分的直径，必须符合外螺纹大径的标准系列。

（3）安装联轴器的轴头直径应与联轴器的孔径范围相适应。

（4）与零件（如齿轮、带轮等）配合的轴头直径，应采用按优先数系制定的标准尺寸。轴的标准直径见表 5 – 2 – 3。

表 5 – 2 – 3　轴的标准直径　　　　　　　　　　　　　　单位：mm

10	11	12	14	16	18	20	22	25	28	30	32	36
40	45	50	56	60	63	71	75	80	85	90	95	100

注：摘自国家标准《标准尺寸》（GB/T 2822—2005）。

五、轴的结构设计步骤

轴的结构设计步骤如图 5 – 2 – 11。

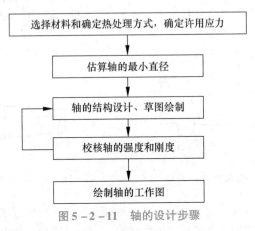

图 5 – 2 – 11　轴的设计步骤

步骤三　计算并校核轴的强度

在进行轴的强度和刚度计算时，为了便于分析和计算，应通过必要的简化，找出轴的合理简化力学模型，即轴的计算简图。通常将轴简化为一置于铰链支座上的梁。

强度是保证轴正常工作的一个最基本条件，轴的强度计算应根据轴的受载情况，采用相应的计算方法。常用的计算方法包括传动轴扭转强度的计算和转轴弯扭合成强度的计算。

1. 传动轴扭转强度的计算

（1）对于圆截面的传动轴，其抗扭强度准则为

$$\tau_{\max} = \frac{T}{W_P} = \frac{9.55 \times 10^6 P}{0.2 d^3 n} \leqslant [\tau] \qquad (5-2-1)$$

式中，T 为轴所承受的扭矩，$N \cdot mm$；W_P 为轴的抗扭截面系数，mm^3；P 为轴所传递的功率，kW；n 为轴的转速，r/min；τ，$[\tau]$ 分别为轴的剪应力、许用剪应力，MPa；d 为轴的直径，mm。

（2）对于转轴，也可按上式初步估算轴的直径，但必须把轴的许用扭转切应力 $[\tau]$ 降低，以补偿弯矩对轴的影响。

由式（5-2-1）可得到实心圆轴的设计公式为

$$d \geqslant \sqrt[3]{\frac{9.55 \times 10^6 P}{0.2 [\tau] n}} = C \sqrt[3]{\frac{P}{n}} \qquad (5-2-2)$$

轴的几种常用材料的 $[\tau]$ 值及 C 值见表 5-2-4。

表 5-2-4　轴的几种常用材料的 $[\tau]$ 值及 C 值

轴的材料牌号	Q235A，20	35	45	40Cr，35SiMn
$[\tau]$ /MPa	12~20	20~30	30~40	40~52
C	160~135	135~118	118~107	107~98

注：当弯矩相对于扭矩较小或只受扭矩时，$[\tau]$ 取较大值，C 取较小值，否则相反。

由式（5-2-2）求出的直径，需圆整成标准直径，并作为轴的最小直径。例如，轴上有一个键槽，可将算得的最小直径增大 3%~5%，如有两个键槽可增大 7%~10%。

2. 转轴弯扭合成强度的计算

完成轴的结构设计后，作用在轴上的外载荷（扭矩和弯矩）的大小、方向、作用点、载荷种类及支点约束反力等就已确定，可按弯扭合成的理论进行轴危险截面的强度校核。

在进行强度计算时，通常把轴简化为置于铰链支座上的梁，作用于轴上零件的力作为集中力，其作用点取为零件轮毂宽度的中点。支点约束反力的作用点一般可近似地取在轴承宽度的中点上。具体计算步骤如下。

（1）绘制出轴的空间力系图。将轴上作用力分解为水平面分力和垂直面分力，并求出水平面和垂直面上的支点约束反力。

（2）分别作出水平面上的弯矩（M_H）图和垂直面上的弯矩（M_V）图。

（3）计算出合成弯矩 $M = \sqrt{M_H^2 + M_V^2}$，绘制出合成弯矩图。

（4）作出扭矩（T）图。

（5）计算当量弯矩 $M_e = \sqrt{M^2 + (\alpha T)^2}$，并绘制出当量弯矩图。

在当量弯矩计算式中，α 是根据扭矩性质的不同而引入的修正系数，当扭矩为脉动循环时，$\alpha = [\sigma_{-1b}]/[\sigma_{0b}] \approx 0.6$；当扭矩平稳不变时，$\alpha = [\sigma_{-1b}]/[\sigma_{+1b}] \approx 0.3$；当扭矩为对称循环时，$\alpha = 1$。其中 $[\sigma_{-1b}]$，$[\sigma_{0b}]$，$[\sigma_{+1b}]$ 分别为对称循环、脉动循环及静应力状态下的许用弯曲应力。轴的许用弯曲应力见表 5-2-5。

表 5-2-5　轴的许用弯曲应力　　　　　　　　　　　　　　单位：MPa

材料	σ_b	$[\sigma_{+1b}]$	$[\sigma_{0b}]$	$[\sigma_{-1b}]$
碳素钢	400	130	70	40
	500	170	75	45
	600	200	95	55
	700	230	110	65
合金钢	800	270	130	75
	900	300	140	80
	1 000	330	150	90
铸钢	400	100	50	30
	500	120	70	40

对于正反转频繁的轴，可将扭矩 T 看成对称循环变化。当不能确切知道载荷的性质时，一般轴的扭矩可按脉动循环处理。

（6）校核危险截面的强度。根据当量弯矩图找出危险截面，进行强度校核，即

$$\sigma_e = \frac{M_e}{W} = \frac{\sqrt{M^2 + (\alpha T)^2}}{0.1d^3} \leqslant [\sigma_{-1b}] \qquad (5-2-3)$$

式中，W 为轴的抗弯截面模量，mm^3；σ_e 为当量弯曲应力，MPa；M，T，M_e 的单位均为 N·mm；d 的单位为 mm。

🔄 做一做 1

图 0-2-2 所示为带式输送机传动简图，试设计其减速器的从动轴。已知减速器主动轴输入功率为 $P_1 = 2.68\ kW$，主动轴转速 $n_1 = 568\ r/min$，圆柱齿轮传动效率为 0.97，一对滚动轴承效率为 0.99，传动比 $i = 4.2$，从动齿轮分度圆直径 $d_2 = 282.5\ mm$，轮毂宽度 55 mm，单向运转，工作载荷平稳，采用深沟球轴承支承。

解：（1）求减速器从动轴的转速与功率。

转速 n_2 为　　　　　　　$n_2 = n_1/i = 568\ r/min/4.2 = 135.24\ r/min$

功率 P_2 为　　　　　　　$P_2 = \eta P_1 = 0.97 \times 0.99 \times 2.68\ kW = 2.57\ kW$

（2）选择轴的材料和热处理方法。

轴的材料采用 45 钢正火处理。由表 5-2-1 查得 $\sigma_b = 600\ MPa$。

（3）估算轴的最小直径。

因轴的外伸端和联轴器连接，基本不承受弯矩，故 C 可取较小值。由表 5-2-4 取 $C = 110$，将 C 值代入式（5-2-2）得

$$d_{\min} = C \sqrt[3]{\frac{P_2}{n_2}} = 110 \sqrt[3]{\frac{2.57 \ kw}{135.24 \ r/min}} = 29.35 \ mm$$

考虑到键槽对轴的削弱,应将轴径增大5%,即取$d_{\min} = 29.35 \times 1.05 = 30.82 \ mm$。所选轴的直径应与联轴器的孔径相适应,故需同时选取联轴器。由于从动轴转速较低,为便于安装,因此采用弹性套柱销联轴器,由手册查得孔径为35 mm,即$d_{\min} = 35 \ mm$。

(4) 轴的结构设计及草图绘制。

①轴系各零件的位置和固定方式。齿轮安装在轴的中部,两侧分别用轴环和套筒做轴向固定,用平键(键14×45 GB/T 1096—2003)连接做周向固定。轴承安装在齿轮两边,左边轴承用轴肩做轴向固定,轴承孔与轴颈采用过渡配合;右边轴承用套筒做轴向固定,轴承孔与轴之间也是采用过渡配合;两边轴承的外圈用轴承端盖做轴向固定。弹性柱销联轴器安装在轴的外伸端,用平键(键10×70 GB/T 1096—2003)连接做周向固定,用轴肩做轴向固定。

以上各零件布置如图5-2-7所示。

②确定轴的各段直径和长度。将轴分为6段,分别用Ⅰ、Ⅱ、Ⅲ、Ⅳ、Ⅴ、Ⅵ表示。

外伸端段Ⅰ:取$d_1 = 35 \ mm$,根据联轴器的轮毂长度(82 mm)来确定长度,取长度为78 mm。

轴身段Ⅱ:取$d_2 = 42 \ mm$(考虑与段Ⅰ轴肩高度的定位要求),其长度应根据轴承端盖及轴承端盖与联轴器之间的距离来确定,取长度为65 mm。

轴颈段Ⅲ:取$d_3 = 45 \ mm$,取长度为40 mm(考虑轴承宽度$B = 16 \ mm$,且齿轮端面与箱体内壁有适当的距离)。

轴头段Ⅳ:取$d_4 = 48 \ mm$,因齿轮轮毂宽度为55 mm,故取轴头长度为53 mm。

轴环段Ⅴ:取$d_5 = 55 \ mm$(考虑轴肩高度的定位要求),取长度为10 mm(约是1.4倍的轴肩高度)。

轴颈段Ⅵ:取$d_6 = 45 \ mm$,取长度为30 mm(考虑轴承宽度$B = 16 \ mm$,且齿轮端面与箱体内壁有适当距离)。

以上所取各段直径和长度均标在图5-2-12上。

注意:轴承选择见本项目任务三做一做2,型号为6009。

(5) 按弯扭组合作用验算轴的强度。

①绘出轴的空间受力图,求轴上的作用力。

轴的跨度$L = \dfrac{16 \ mm}{2} + 22 \ mm + 55 \ mm + 22 \ mm + \dfrac{16 \ mm}{2} = 115 \ mm$

悬臂长度$L_1 = \dfrac{16 \ mm}{2} + 65 \ mm + \dfrac{78 \ mm}{2} = 112 \ mm$

从动轮转矩$M_{T2} = 9.55 \times 10^6 \dfrac{P_2}{n_2} = 9.55 \times 10^6 \times \dfrac{2.57 \ kW}{135.24 \ r/min} = 181 \ 481 \ N \cdot mm$

圆周力$F_t = \dfrac{2M_{T2}}{d_2} = \dfrac{2 \times 181 \ 481 \ N \cdot mm}{282.5 \ mm} = 1 \ 284.8 \ N$

径向力$F_r = F_t \tan 20° = 1 \ 284.8 \ N \times 0.364 = 467.7 \ N$

②垂直平面内的弯矩图。

支承约束反力$R_{AV} = R_{BV} = \dfrac{F_r}{2} = \dfrac{467.7 \ N}{2} = 233.9 \ N$

点D弯矩$M_{DV} = R_{AV} \dfrac{L}{2} = 233.9 \ N \times \dfrac{115 \ mm}{2} = 13 \ 449.3 \ N \cdot mm$

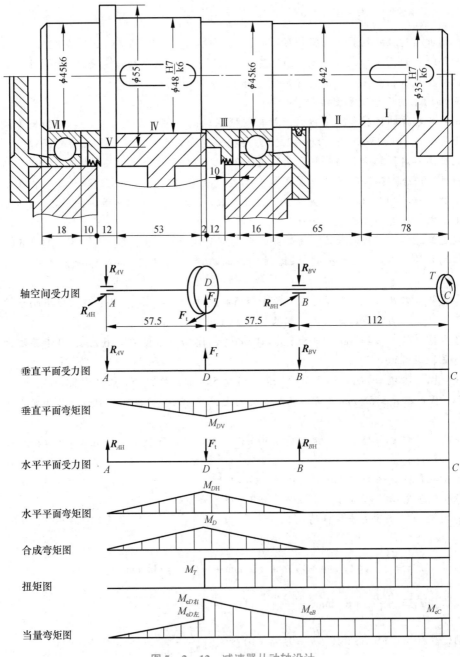

图 5 - 2 - 12 减速器从动轴设计

③水平平面内的弯矩图。

支承约束反力 $R_{AH} = R_{BH} = \dfrac{F_t}{2} = \dfrac{1\ 284.8\ \text{N}}{2} = 642.4\ \text{N}$

点 D 弯矩 $M_{DH} = R_{AH}\dfrac{L}{2} = 642.4\ \text{N} \times \dfrac{115\ \text{mm}}{2} = 36\ 938\ \text{N} \cdot \text{mm}$

④合成弯矩图。

最大弯矩在点 D 所在的截面上，其值为

$$M_D = \sqrt{M_{DV}^2 + M_{DH}^2} = \sqrt{(13\ 449.3\ \text{N} \cdot \text{mm})^2 + (36\ 938\ \text{N} \cdot \text{mm})^2} = 39\ 310\ \text{N} \cdot \text{mm}$$

⑤作扭矩图。

扭矩等于从动轮的转矩,即 $M_T = M_{T2} = 181\ 481\ \text{N} \cdot \text{mm}$。

⑥作当量弯矩图。

因为减速器单向运转,故扭转剪应力按脉动循环变化,取 $\alpha = 0.6$,最大当量弯矩在点 D 处,其值为

$$M_{eD左} = M_D = 39\ 310\ \text{N} \cdot \text{mm}$$

$$M_{eD右} = \sqrt{M_D^2 + (\alpha M_T)^2} = \sqrt{(39\ 310\ \text{N} \cdot \text{mm})^2 + (0.6 \times 181\ 481\ \text{N} \cdot \text{mm})^2} = 115\ 767\ \text{N} \cdot \text{mm}$$

$$M_{eB} = M_{eC} = \alpha M_T = 0.6 \times 181\ 481\ \text{N} \cdot \text{mm} = 108\ 889\ \text{N} \cdot \text{mm}$$

⑦确定危险截面处的轴径。

根据轴所选材料为 45 钢正火,$\sigma_b = 600\ \text{MPa}$,查表 5 – 2 – 5 得许用对称循环弯曲应力 $[\sigma_{-1b}] = 55\ \text{MPa}$,将以上数值代入式(5 – 2 – 3)得

$$d \geqslant \sqrt[3]{\frac{M_e}{0.1[\sigma_{-1b}]}} = \sqrt[3]{\frac{115\ 767\ \text{N} \cdot \text{mm}}{0.1 \times 55\ \text{MPa}}} = 27.6\ \text{mm}$$

考虑键槽对轴的削弱,将轴径增大 5%,即 27.6 mm × 1.05 = 29 mm。设计草图的轴头直径为 48 mm。由上面计算可见强度较为富余,但如果将轴径改小,则外伸端也必须相应减小,这样将影响外伸端强度,因此,仍选择原草图设计的直径。

(6)绘制轴的零件图,如图 5 – 2 – 13 所示。

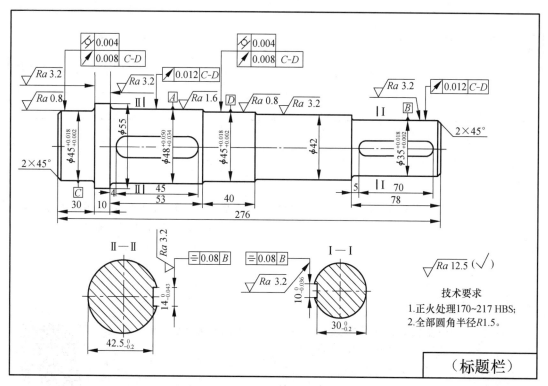

图 5 – 2 – 13 轴的零件图

任务评价表见表 5 – 2 – 6。

表 5 – 2 – 6　任务评价表

评价类型	权重	具体指标	分值	得分		
				自评	组评	师评
职业能力	75%	会根据工作要求选择轴的结构	10			
		能根据轴上所装零件结构要求设计轴	20			
		能够对轴进行强度校核	20			
		能合理判定轴的类型	15			
		明确轴的功用	10			
职业素养	15%	坚持出勤，遵守纪律	5			
		培养学生规范设计的职业习惯	5			
		通过轴的结构设计，培养学生节约的习惯	5			
劳动素养	10%	按时完成任务	5			
		培养学生职业习惯、吃苦精神	5			
综合评价	总分					
	教师点评					

任务小结

　　本任务主要讲述了轴的基本类型、轴的结构设计及设计中应该注意的问题和强度校核。通过对本任务的学习，应使学生在今后的工作中能对轴的结构进行设计并对其合理性作出判定。

任务拓展训练

　　1. 按功用与所受载荷的不同将轴分为哪三种？常见的轴大多属于哪一种？
　　2. 自行车的前轴、中轴和后轴分别是何种类型的轴？
　　3. 轴的结构和尺寸与哪些因素有关？
　　4. 如图 5 – 2 – 14 所示，在减速器输出轴的结构图中，指出标注的错误，并绘制出正确的结构图。

轴的改错

5. 图 5 - 2 - 15 所示为一台电动机通过一级直齿圆柱齿轮减速器带动带传动的传动简图。已知电动机功率为 30 kW，转速 $n = 970$ r/min，减速器效率为 0.92，传动比 $i = 4$，单向运转，从动齿轮分度圆直径 $d_2 = 410$ mm，轮毂长度 105 mm，采用深沟球轴承。试设计从动齿轮轴。

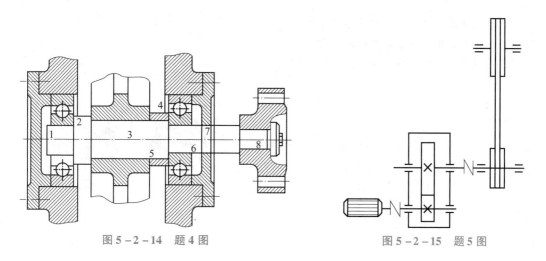

图 5 - 2 - 14　题 4 图　　　　　　　　图 5 - 2 - 15　题 5 图

选择滚动轴承

参考学时：4学时

内容简介 NEWS

　　轴承是机器中的关键部件，应用非常广泛，如支承旋转体、减少摩擦、保证旋转精度等。本任务主要研究滚动轴承的类型选择、尺寸选择、组合设计及轴承的强度校核。

知识目标

　　（1）了解滚动轴承的结构与类型。
　　（2）掌握滚动轴承的代号。
　　（3）掌握滚动轴承的组合设计。
　　（4）了解轴承的润滑及密封。

能力目标

　　（1）能根据实际工况，合理选择轴承的类型。
　　（2）能读懂滚动轴承型号的含义，并根据工作要求合理选择轴承型号。

（3）初步具备合理设计滚动轴承组合结构的能力。

（4）能正确查阅工具书或机械设计手册。

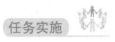

（1）通过轴承寿命的计算，培养学生安全意识。

（2）在小组合作中，培养学生团队协作的意识。

（3）通过轴承的选择，培养学生严谨的工作态度。

任务导入

图5-3-1所示为自行车，小明在骑行过程中出现故障，经检查，发现是自行车后轮轴上的一个轴承损坏，小明应该更换一个什么样的轴承？

图5-3-1　自行车

任务实施

步骤一　认识滚动轴承的结构、主要类型

 知识链接

　　轴承的作用是支承轴及轴上的零件，使其回转并保持一定的旋转精度。合理地选择和使用轴承对提高机器的使用性能、延长寿命都起着重要作用。根据摩擦性质的不同，轴承可以分为滑动摩擦轴承（简称滑动轴承）和滚动摩擦轴承（简称滚动轴承）两大类。

　　滑动轴承的主要优点是易实现液体润滑、平稳、承载能力强，能获得很高的旋转精度并能在较恶劣的条件下工作，多用在低速、重载、大功率的情况下。滑动轴承的类型和结构见机械设计手册。

　　滚动轴承具有摩擦阻力小、启动灵敏、效率高、旋转精度高、润滑简便和装拆方便等优点，广泛应用于各种机器和机构中。滚动轴承已经标准化，由专门工厂进行大批量生产，使用时只需按具体工作条件合理选择即可。本任务重点介绍滚动轴承的选择和组合设计。

一、认识滚动轴承的结构

　　滚动轴承的基本结构如图5-3-2（a）所示。滚动轴承一般由外圈1、内圈2、滚动体3和保持架4等组成。滚动体位于内外圈的滚道之间，是在滚动轴承中形成滚动摩擦的主要元件，也是滚动轴承中不可缺少的零件。内圈2用来和轴颈装配，外圈1装在机座或零件的轴承孔内，保持架4的主要作用是均匀地隔开各个滚动体。多数情况下，外圈不转动，内圈与轴一起转动。常用滚动体如图5-3-2（b）所示。

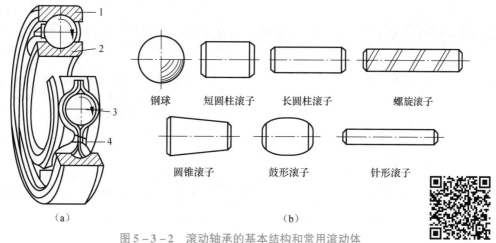

图 5-3-2 滚动轴承的基本结构和常用滚动体

1—外圈；2—内圈；3—滚动体；4—保持架

滚动轴承的组成

除了以上 4 种基本零件外，还有一些轴承配有其他特殊的零件，如外圈上加密封盖等。

二、滚动轴承的主要类型

1. 按滚动体的形状不同分类

（1）球轴承。滚动体的形状为球的轴承称为球轴承。球轴承中球与滚道之间为点接触，因此其承载能力、耐冲击能力较低，但球的制造工艺简单，极速转速较高，价格便宜。

（2）滚子轴承。除了球轴承以外，其他滚动轴承均为滚子轴承。滚子轴承中滚子与滚道之间为线接触，因此其承载能力、耐冲击能力均较高，但滚子制造工艺较球复杂，价格也较高。

2. 按承受载荷的方向不同分类

（1）向心轴承。向心轴承主要承受径向载荷。

①径向接触轴承（$\alpha = 0°$）主要承受径向载荷，也可承受较小的轴向载荷，如深沟球轴承、调心轴承等。

②向心角接触轴承（$0° < \alpha < 45°$）能同时承受径向载荷和轴向载荷的联合作用，如角接触球轴承、圆锥滚子轴承等，其接触角越大，承受轴向载荷的能力越强。圆锥滚子轴承能同时承受较大的径向和单向轴向载荷，内外圈沿轴向可以分离，装拆方便、间隙可调。

也有的向心轴承不能承受轴向载荷，只能承受径向载荷，如圆柱滚子轴承、滚针轴承等。

（2）推力轴承。推力轴承只能或主要承受轴向载荷。

①轴向推力轴承（$\alpha = 90°$）只能承受轴向载荷，如单、双向推力球轴承，推力滚子轴承等。

②推力角接触轴承（$45° < \alpha < 90°$）主要承受轴向载荷，如推力调心球面滚子轴承等。

常用滚动轴承的类型、代号及特性见表 5-3-1。

表 5-3-1　常用滚动轴承的类型、代号及特性

轴承类型	简图	类型代号	标准号	特性
调心球轴承		1	GB/T 281—2013	主要承受径向载荷，也可同时承受少量的双向轴向载荷。外圈滚道为球面，具有自动调心性能，适用于弯曲刚度小的轴

轴承类型		简图	类型代号	标准号	特性
调心滚子轴承			2	GB/T 288—2013	用于承受径向载荷，其承载能力比调心球轴承大，也能承受少量的双向轴向载荷。具有调心性能，适用于弯曲刚度小的轴
圆锥滚子轴承			3	GB/T 297—2015	能承受较大的径向载荷和轴向载荷。内外圈可分离，故轴承游隙可在安装时调整，通常成对使用，对称安装
双列深沟球轴承			4	—	主要承受径向载荷，也能承受一定的双向轴向载荷。它比深沟球轴承具有更大的承载能力
推力球轴承	单向		5（5100）	GB/T 301—2015	只能承受单向轴向载荷，适用于轴向力大而转速较低的场合
	双向		5（5200）	GB/T 301—2015	可承受双向轴向载荷，常用于轴向载荷大、转速不高的场合
深沟球轴承			6	GB/T 276—2013	主要承受径向载荷，也可同时承受少量双向轴向载荷。摩擦阻力小、极限转速高、结构简单、价格便宜、应用最广泛
角接触球轴承			7	GB/T 292—2023	能同时承受径向载荷与轴向载荷，接触角 α 有 15°，25°，40°三种。适用于转速较高、同时承受径向和轴向载荷的场合
推力圆柱滚子轴承			8	GB/T 4663—2017	只能承受单向轴向载荷，承载能力比推力球轴承大得多，不允许轴线偏移。适用于轴向载荷大且不需调心的场合

轴承类型	简图		类型代号	标准号	特性
圆柱滚子轴承	外圈无挡边圆柱滚子轴承		N	GB/T 283—2021	只能承受径向载荷，不能承受轴向载荷。承受载荷能力比同尺寸的球轴承大，尤其是承受冲击载荷能力大

步骤二　认识滚动轴承代号

 知识链接

一、分析滚动轴承代号组成

滚动轴承的类型和尺寸很多，为便于生产、设计和选用，国家标准《滚动轴承 代号方法》（GB/T 272—2017）规定，一般用途的滚动轴承代号由基本代号、前置代号和后置代号构成。基本代号表示轴承的类型、结构和尺寸，是轴承的基础。前、后置代号是轴承在结构形状、尺寸、公差、技术要求等有改变时，在基本代号前、后添加的补充代号。其排列顺序为

前置代号　基本代号　后置代号

1. 基本代号

基本代号由轴承类型代号、尺寸系列代号及内径代号三部分构成。

（1）类型代号用数字或大写字母表示，见表 5 – 3 – 1。

（2）尺寸系列代号由轴承的宽（高）度系列代号和直径系列代号组合而成，见表 5 – 3 – 2。

表 5 – 3 – 2　尺寸系列代号

直径系列代号	向心轴承								推力轴承			
	宽度系列代号								高度系列代号			
	8	0	1	2	3	4	5	6	7	9	1	2
	尺寸系列代号											
7	—	—	17	—	37	—	—	—	—	—	—	—
8	—	08	18	28	38	48	58	68	—	—	—	—
9	—	09	19	29	39	49	59	69	—	—	—	—
0	—	00	10	20	30	40	50	60	70	90	10	—
1	—	01	11	21	31	41	51	61	71	91	11	—
2	82	02	12	22	32	42	52	62	72	92	12	22
3	83	03	13	23	33	—	—	—	73	93	13	23
4	—	04	—	24	—	—	—	—	74	94	14	24
5	—	—	—	—	—	—	—	—	—	95	—	—

直径系列代号表示内径相同的同类轴承有几种不同的外径和宽度，如图5-3-3所示。

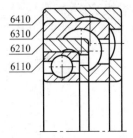

图5-3-3　直径系列代号

（3）内径代号表示轴承的内径尺寸，见表5-3-3。

表5-3-3　轴承内径代号

轴承公称内径/mm		内径代号	示　例
0.6~10（非整数）		用公称内径毫米数直接表示，在其与尺寸系列代号之间用"/"分开	深沟球轴承　618/2.5　$d=2.5$ mm
1~9（整数）		用公称内径毫米数直接表示，对深沟球轴承及角接触球轴承7，8，9直径系列，内径与尺寸系列代号之间用"/"分开	深沟球轴承　618/5　$d=5$ mm
10~17	10 12 15 17	00 01 02 03	深沟球轴承 6200　$d=10$ mm
20~480 （22，28，32除外）		用公称内径除以5的商表示，商为个位数时，需在商左边加0	调心滚子轴承　23208　$d=40$ mm
≥500以及22，28，32		用公称内径毫米数直接表示，但在内径与尺寸系列代号之间用"/"分开	调心滚子轴承　230/500　$d=500$ mm 深沟球轴承　62/22　$d=22$ mm

2. 前置代号和后置代号

当轴承的结构形状、公差、技术要求等有改变时，在轴承基本代号前后添加补充代号。前置代号和后置代号见表5-3-4。

表5-3-4　前置代号和后置代号

前置代号			基本代号	后置代号								
代号	含义	示例		1	2	3	4	5	6	7	8	9
F L R WS GS KOW- KIW- K	带凸缘外圈的向心球轴承（仅适合于 $d≤10$ mm） 可分离轴承的可分离内圈或外圈 不带可分离内圈或外圈的轴承 推力圆柱滚子轴承轴圈 推力圆柱滚子轴承座圈 无轴圈的推力轴承组件 无座圈的推力轴承组件 滚子和保持架组件	F 618/4 LNU 207 RNU 207 WS 81107 GS 81107 KOW-51108 KIW-51108 K 81107		内部结构	密封、防尘与外部形状变化	保持架及其材料	轴承零件材料	公差等级	游隙	配置	振动及噪声	其他

（1）前置代号表示成套轴承分部件，用字母表示，见表5-3-4。例如，用字母L表示可分离轴承的可分离内圈或外圈；用字母K表示滚子和保持架组件等。

（2）后置代号共分9组，见表5-3-4，用字母（或加数字）表示，按不同情况可紧接在基本代号之后或者用"－""/"符号隔开。其中，第1组是内部结构，表示轴承内部结构改变的情况。例如，当角接触球轴承的接触角为15°、25°、40°时，分别用字母C，AC，B标注。

后置代号中的第5组为公差等级，共有0级、6级、6X级、5级、4级和2级六个级别，分别用/PN、/P6、/P6X、/P5、/4和/P2表示。其中，0级为最低（普通级），在代号中可省略不标，2级为最高，6X级仅用于圆锥滚子轴承。

后置代号中的第6组为游隙代号。滚动轴承的游隙是指内外圈与滚动体之间存在的沿径向或轴向的移动量。常用轴承的径向游隙有1组、2组、0组、3组、4组和5组六个组别，径向游隙自1组~5组依次增大。其中，0组为基本游隙，省略不标。

当公差等级代号与游隙代号需要同时表示时，可进行简化，取公差等级代号加上游隙代号组合表示，如/P63表示轴承公差等级为P6级，径向游隙为3组。

做一做1

试说明滚动轴承3208/P53代号的含义。

解：其完整代号为30208，3表示圆锥滚子轴承；02表示尺寸系列代号；08表示轴承的内径为40 mm，且公差等级为5级，游隙为3组。

二、选择滚动轴承的类型

滚动轴承是标准件，在机械设计中，主要是合理选择轴承的类型和尺寸。选择轴承类型时参考表5-3-1中所列各类轴承的特性。具体选择时，可参照以下原则。

（1）转速较高，载荷不大，而旋转精度要求较高时，宜用球轴承，如6类型或7类型轴承。

（2）转速较低、载荷不大或有冲击负荷时，宜选用滚子轴承，如N类型或2类型轴承。

（3）当径向载荷和轴向载荷都较大时，若转速高，则宜用角接触球轴承，如7类型轴承；若转速不高，则宜选用圆锥滚子轴承，如3类型轴承。

（4）当径向载荷比轴向载荷大得多，且转速较高时，宜用向心球轴承，如6类型或7类型轴承。

（5）当轴向载荷比径向载荷大得多，且转速较低时，常选用两种不同类型的轴承组合，分别承受轴向载荷与径向载荷，如用5类型与N类型或者6类型的轴承组合。

（6）支点跨距大，轴的变形大或多支点轴，宜采用调心轴承，如1类型、2类型。

（7）经济性原则。球轴承比滚子轴承便宜，精度低的轴承比精度高的轴承便宜。在能够满足工作基本要求的情况下，应尽可能选用价格低廉的轴承。

步骤三　计算滚动轴承的寿命

一、分析滚动轴承的失效形式

1. 疲劳点蚀

在交变接触应力的作用下，滚动体和座圈滚道会发生表面接触疲劳点蚀，这是滚动轴承的主要失效形式。疲劳点蚀使轴承在运转中产生振动和噪声，回转精度降低且工作温度升高，使轴承丧失正常的工作能力。

2. 塑性变形

在静载荷或冲击载荷作用下，滚动体和座圈滚道可能产生塑性变形，出现凹坑，这是轴承因静强度不够而造成的损坏。

3. 磨损

轴承在多尘或密封不可靠、润滑不良的条件下工作时，滚动体或座圈滚道易产生磨粒磨损，导致内外圈和滚动体间的间隙增大，从而使旋转精度降低而报废。

此外，由于配合不当、拆装不合理等非正常原因，轴承的内外圈也可能会发生破裂。因此，应合理地选择、计算滚动轴承的尺寸，采用正确的润滑方式和密封形式，以保证滚动轴承的安装和调整正确。

二、滚动轴承的寿命计算

在一般条件下工作的轴承，绝大多数是因疲劳点蚀而失效。滚动轴承的型号选择主要取决于疲劳强度的要求。

1. 基本额定寿命和基本额定动载荷

（1）寿命。轴承中任意一元件首次出现疲劳点蚀前轴承所经历的总转数或轴承在恒定转速下的总工作小时数称为轴承的寿命。

（2）基本额定寿命。一批同型号的轴承即使在同样的工作条件下运转，由于制造精度、材料均质程度等因素的影响，各轴承的寿命也不尽相同。基本额定寿命是指一批同型号的轴承在相同条件下运转时，90%的轴承未发生疲劳点蚀前运转的总转数，或在恒定转速下运转的总工作小时数，分别用 L_{10} 和 L_{10h} 表示。在按基本额定寿命选用轴承时，可能有10%以下的轴承提前失效，也极可能有90%以上的轴承超过预期寿命。

（3）基本额定动载荷。轴承抵抗疲劳点蚀破坏的承载能力可由基本额定动载荷表征。基本额定寿命为 10^6 r，即 $L_{10}=1$（单位为 10^6 r）时，轴承能承受的最大载荷称为基本额定动载荷，用字母 C 表示。如果轴承的基本额定动载荷大，则说明其抗疲劳点蚀的能力强。基本额定动载荷对于向心轴承是指径向载荷，用 C_r 表示；对于推力轴承是指轴向载荷，用 C_a 表示。各种类型、各种型号轴承的基本额定动载荷值可在轴承标准中查到。

2. 计算当量动载荷

当轴承受到径向载荷 F_r 和轴向载荷 F_a 的复合作用时，为了计算轴承寿命，使实际工作载荷能与基本额定动载荷作比较，需将实际工作载荷转化为等效的当量动载荷 P。P 的含义是轴承在当量动载荷 P 作用下的寿命与实际工作载荷条件下的寿命相同，即有

$$P = f_P(XF_r + YF_a) \qquad (5-3-1)$$

式中，f_P 为载荷系数（见表 5-3-5），X，Y 分别为径向载荷系数和轴向载荷系数（见表 5-3-6）。

表 5-3-5　载荷系数 f_P

载荷性质	举例	f_P
无冲击或轻微冲击	电机、汽轮机、通风机、水泵	1.0 ~ 1.2
中等冲击	机床、车辆、内燃机、冶金机械、起重机械、减速器	1.2 ~ 1.8
强大冲击	轧钢机、破碎机、钻探机、剪床	1.8 ~ 3.0

表 5-3-6　经向载荷系数 X 和轴向载荷系数 Y

轴承类型 名称	轴承类型 类型代号	F_a/C_{or}	e	单列轴承 $F_a/F_r \leqslant e$ X	单列轴承 $F_a/F_r \leqslant e$ Y	单列轴承 $F_a/F_r > e$ X	单列轴承 $F_a/F_r > e$ Y	双列轴承（或成对安装单列轴承） $F_a/F_r \leqslant e$ X	双列轴承（或成对安装单列轴承） $F_a/F_r \leqslant e$ Y	双列轴承（或成对安装单列轴承） $F_a/F_r > e$ X	双列轴承（或成对安装单列轴承） $F_a/F_r > e$ Y
圆锥滚子轴承	3	—	$1.5\tan\alpha$	1	0	0.4	$0.4\cot\alpha$	1	$0.45\cot\alpha$	0.67	$0.67\cot\alpha$
深沟球轴承	6	0.014	0.19	1	0	0.56	2.30	1	0	0.56	2.30
深沟球轴承	6	0.028	0.22				1.99				1.99
深沟球轴承	6	0.056	0.26				1.71				1.71
深沟球轴承	6	0.084	0.28				1.55				1.55
深沟球轴承	6	0.11	0.30				1.45				1.45
深沟球轴承	6	0.17	0.34				1.31				1.31
深沟球轴承	6	0.28	0.38				1.15				1.15
深沟球轴承	6	0.42	0.42				1.04				1.04
深沟球轴承	6	0.56	0.44				1.00				1.00
角接触球轴承	7 $\alpha=15°$	0.015	0.38	1	0	0.44	1.47	1	1.65	0.72	2.39
角接触球轴承	7 $\alpha=15°$	0.029	0.40				1.40		1.57		2.28
角接触球轴承	7 $\alpha=15°$	0.058	0.43				1.30		1.46		2.11
角接触球轴承	7 $\alpha=15°$	0.087	0.46				1.23		1.38		2.00
角接触球轴承	7 $\alpha=15°$	0.12	0.47				1.19		1.34		1.93
角接触球轴承	7 $\alpha=15°$	0.17	0.50				1.12		1.26		1.82
角接触球轴承	7 $\alpha=15°$	0.29	0.55				1.02		1.14		1.66
角接触球轴承	7 $\alpha=15°$	0.44	0.56				1.00		1.12		1.63
角接触球轴承	7 $\alpha=15°$	0.58	0.56				1.00		1.12		1.63
角接触球轴承	7 $\alpha=25°$	—	0.68	1	0	0.41	0.87	1	0.92	0.67	1.41

注：C_{or} 为径向基本额定静载荷，由产品目录查出；α 具体数值由产品目录或有关手册查出。

3. 滚动轴承的寿命计算公式

大量试验证明，滚动轴承的寿命与轴承的基本额定动载荷、轴承所受的载荷（当量动载荷）等有关，其方程为

$$P^{\varepsilon}L_{10} = 常数 \qquad (5-3-2)$$

式中，P 为当量动载荷，N；L_{10} 为基本额定寿命，10^6 r；ε 为寿命指数，对于球轴承 $\varepsilon = 3$，对于滚子轴承 $\varepsilon = 10/3$。

由式 (5-3-2) 及基本额定动载荷的定义可得

$$P^{\varepsilon}L_{10} = C^{\varepsilon} \times 1$$

因此，滚动轴承的寿命计算基本公式为

$$L_{10} = \left(\frac{C}{P}\right)^{\varepsilon} \qquad (5-3-3)$$

若用给定转速下的工作小时数 L_{10h} 来表示，则为

$$L_{10h} = \frac{10^6}{60n}\left(\frac{C}{P}\right)^{\varepsilon} \qquad (5-3-4)$$

式中，n 为轴承的工作转速，r/min。

式 (5-3-4) 是在温度低于 100 ℃ 的条件下得出的。当温度高于 100 ℃ 时，会使基本额定动载荷 C 值降低，故要引入温度系数 f_T（见表 5-3-7），得

$$L_{10h} = \frac{10^6}{60n}\left(\frac{f_T C}{P}\right)^{\varepsilon} \geqslant [L_h] \qquad (5-3-5)$$

式中，$[L_h]$ 为轴承预期寿命，h。

表 5-3-7　温度系数 f_T

轴承的工作温度/℃	100	125	150	175	200	225	250	300
f_T	1	0.95	0.90	0.85	0.80	0.75	0.70	0.60

轴承预期寿命 $[L_h]$ 的参考值见表 5-3-8。

表 5-3-8　轴承预期寿命 $[L_h]$ 的参考值

机器种类		预期寿命/h
不经常使用的仪器或设备		500
航空发动机		500 ~ 2 000
间断使用的机器	中断使用不致引起严重后果的手动机械、农业机械等	4 000 ~ 8 000
	中断使用会引起严重后果的机械设备，如升降机、输送机、吊车等	8 000 ~ 12 000
每日工作 8 h 的机器	利用率不高的齿轮传动装置、电机等	12 000 ~ 20 000
	利用率较高的通风设备、机床等	20 000 ~ 30 000
连续工作 24 h 的机器	一般可靠性的空气压缩机、电机、水泵等	50 000 ~ 60 000
	高可靠性的电站设备、给排水装置等	>100 000

若以基本额定动载荷 C 表示，可得

$$C \geqslant \left(\frac{60n[L_h]}{10^6}\right)^{\frac{1}{\varepsilon}} \frac{P}{f_T} \qquad (5-3-6)$$

4. 角接触球轴承的载荷计算

（1）角接触球轴承的内部轴向力。由于结构的原因，角接触球轴承和圆锥滚子轴承在承受径向载荷时会产生内部轴向力 F_s。由于接触角 α 的存在，使得载荷作用线偏离轴承宽度的中点，而与轴线交于点 O，如图 5 − 3 − 4 所示。角接触球轴承的内部轴向力 F_s 近似值见表 5 − 3 − 9，内部轴向力的方向由外圈的宽边指向窄边。

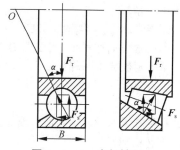

图 5 − 3 − 4 内部轴向力

表 5 − 3 − 9 角接触球轴承的内部轴向力 F_s 近似值

圆锥滚子轴承	角接触球轴承		
	（7000C）$\alpha = 15°$	（7000AC）$\alpha = 25°$	（7000B）$\alpha = 40°$
$F_s = F_r/2Y$	$F_s = eF_r$	$F_s = 0.68F_r$	$F_s = 1.14F_r$

（2）角接触球轴承的实际轴向载荷计算。在实际使用中，为了使角接触球轴承的内部轴向力得到平衡，这种轴承通常要成对使用。其安装方式有两种，如图 5 − 3 − 5 所示，两外圈窄边相对为正装，两外圈宽边相对为反装，图中 F_A 为轴向外载荷。

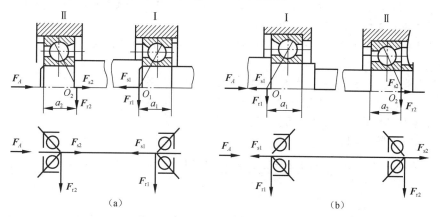

图 5 − 3 − 5 轴向载荷分析

（a）正装；（b）反装

现以图 5 − 3 − 5 为例，分析并计算两轴承分别承受的实际轴向载荷 F_{a1} 和 F_{a2}。

在 F_A 的作用下，轴的两支点处产生 F_{r1} 和 F_{r2} 两个径向支点约束反力及相应产生的内部轴向分力 F_{s1} 和 F_{s2}。

根据力的平衡原理，当轴处于平衡状态时应满足 $F_{s2} + F_A = F_{s1}$。

如不平衡，将出现以下两种情况。

①当 $F_{s2} + F_A > F_{s1}$ 时，如图 5 − 3 − 5（a）所示，则轴有右移的趋势，此时轴承 I 由于被端盖顶住而压紧（简称紧端），根据力的平衡关系，在轴承 I 的外圈上，必受到平衡力 $F_{s1} + F'_{s1}$ 的作用。而轴承 II 则被放松（称松端），因此有

$$F_{s2} + F_A = F_{s1} + F'_{s1}$$

故

$$F'_{s1} = F_{s2} + F_A - F_{s1}$$

由此得两轴承所受的实际轴向载荷分别为

轴承 II（松端）

$$F_{a2} = F_{s2}$$

轴承 I（紧端）$\qquad F_{a1} = F_{s1} + F'_{s1} = F_{s1} + F_{s2} + F_A - F_{s1} = F_{s2} + F_A$

②当 $F_{s2} + F_A < F_{s1}$ 时，如图 5-3-5（b）所示，则轴有左移的趋势，此时轴承 II 由于被端盖顶住而压紧（简称紧端），根据力平衡关系，轴承 II 的外圈上，必受到平衡力 $F_{s2} + F'_{s2}$ 的作用。而轴承 I 则被放松（称松端），因此有

$$F_{s1} - F_A = F_{s2} + F'_{s2}$$

故 $\qquad F'_{s2} = F_{s1} - F_A - F_{s2}$

由此得两轴承所受的实际轴向载荷分别为

轴承 I（松端）$\qquad F_{a1} = F_{s1}$

轴承 II（紧端）$\qquad F_{a_2} = F_{s2} + F'_{s2} = F_{s1} - F_A$

由以上分析，可得出角接触球轴承的实际轴向载荷计算方法要点如下。

①根据轴承的安装方式，确定内部轴向力的大小及方向。

②判断全部轴向载荷合力的方向，确定被压紧的轴承（紧端）及被放松的轴承（松端）。

③轴承（紧端）所受的实际轴向载荷是除了自身内部轴向力之外，其他所有轴向力的代数和；轴承（松端）所受的实际轴向载荷等于自身内部轴向力。

 做一做2

试选择任务二做一做1减速器从动轴的滚动轴承。从动轴轴颈直径 $d = 45$ mm，转速 $n = 135.24$ r/min，径向载荷 $F_r = 683.7$ N（$F_r = \sqrt{(642.4 \text{ N})^2 + (233.9 \text{ N})^2}$），工作温度不高于 100 ℃，要求轴承预期寿命 $[L_h] = 24\,000$ h。

解： 由于载荷小而平稳，且只承受径向载荷，因此选用深沟球轴承。

（1）求当量动载荷。

只有径向载荷，则 $P = f_P F_r$，查表 5-3-5 得 $f_P = 1.2$，则

$$P = 1.2 \times 683.7 \text{ N} = 820.44 \text{ N}$$

（2）计算所需的基本额定动载荷。

查表 5-3-7 得 $f_T = 1$，则

$$C \geqslant \left(\frac{60n[L_h]}{10^6}\right)^{\frac{1}{\varepsilon}} \frac{P}{f_T} = \left(\frac{60 \times 135.24 \text{ r/min} \times 24\,000 \text{ h}}{10^6}\right)^{\frac{1}{3}} \times \frac{820.44 \text{ N}}{1} = 4\,755.57 \text{ N}$$

（3）选择轴承型号。

查轴承手册，根据 $d = 45$ mm 选得 6009 轴承，其 $C_r = 21\,000$ N > $4\,755.57$ N，合适。

步骤四　分析滚动轴承的组合设计

 知识链接

为保证滚动轴承的正常工作，除了要合理选择轴承的类型和尺寸外，还必须正确、合理地进行轴承的组合设计，即正确解决轴承的轴向位置固定、轴承与其他零件的配合、轴承的调整与装拆等问题。

一、分析滚动轴承的支承结构类型

1. 两端固定式

如图 5-3-6 所示，两端用深沟球轴承支承，对向心轴承预留间隙 $a = 0.2 \sim 0.3$ mm；向心角接触轴承如图 5-3-7 所示，其预留间隙依赖轴承内部游隙进行调节。

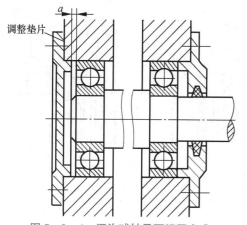

图 5 - 3 - 6　深沟球轴承两端固定式

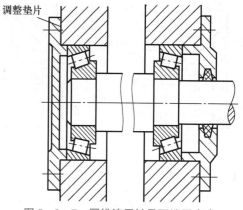

图 5 - 3 - 7　圆锥滚子轴承两端固定式

2. 一端固定、一端游动

当轴的支点跨距较大或工作温度较高时，多采用一端固定、一端游动式的支承，如图 5 - 3 - 8 所示。

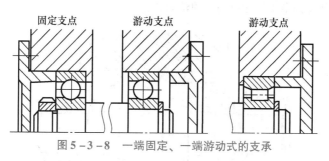

图 5 - 3 - 8　一端固定、一端游动式的支承

二、分析滚动轴承的轴向固定

1. 内圈固定

图 5 - 3 - 9 所示为滚动轴承的内圈轴向固定方法，包括轴肩与轴用弹性挡圈固定 ［见图 5 - 3 - 9 （a）］、轴端压板固定 ［见图 5 - 3 - 9 （b）］、圆螺母与止动垫圈固定 ［见图 5 - 3 - 9 （c）］。

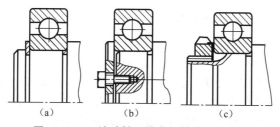

（a）　　　　　（b）　　　　　（c）

图 5 - 3 - 9　滚动轴承的内圈轴向固定方法

2. 外圈固定

图 5 - 3 - 10 所示为滚动轴承的外圈轴向固定方法，包括端盖固定 ［见图 5 - 3 - 10 （a）］、弹性挡圈固定 ［见图 5 - 3 - 10 （b）］、端盖和座孔挡肩固定 ［见图 5 - 3 - 10 （c）］、套筒挡肩和端盖固定 ［见图 5 - 3 - 10 （d）］。

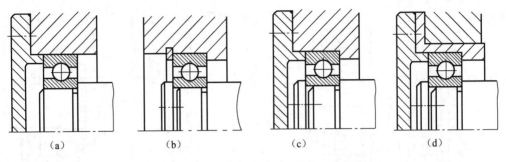

图 5 – 3 – 10　滚动轴承的外圈轴向固定方法

三、分析轴承轴向位置的调整方法

为使轴上的零件获得准确的位置，可根据轴向调整的要求，将轴承位置设计成可调的。

圆锥齿轮或蜗杆在装配时，通常需要进行轴向位置的调整。为了便于调整，可将确定其轴向位置的轴承装在一个套杯中，套杯则装在外壳孔中，如图 5 – 3 – 11 所示。通过增减套杯端面与外壳之间的垫片厚度可调整锥齿轮或蜗杆的轴向位置。

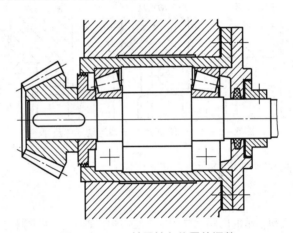

图 5 – 3 – 11　轴承轴向位置的调整

四、分析滚动轴承的配合与装卸

1. 滚动轴承的配合

滚动轴承是标准件，因此轴承内圈与轴的配合采用基孔制，常选用 n6，m6，k6 等。轴承外圈与箱体座孔的配合采用基轴制，一般选用 G7，H7，J7，K7 等。一般当转速高、载荷大、振动大时，配合应选紧些。经常拆卸的轴承，应采用较松的配合。

2. 滚动轴承的安装与拆卸

在进行轴承的组合设计时，要考虑轴承的装卸，应留出装卸空间。

轴承的安装采用冷压法（通过手锤和套筒安装，如图 5 – 3 – 12 所示）和热套法（将轴承加热，然后套装在轴上）。轴承拆卸时需要拆卸器，如图 5 – 3 – 13 所示。

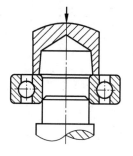

图 5 - 3 - 12　安装轴承

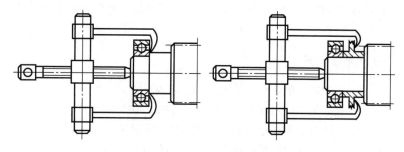

图 5 - 3 - i3　用拆卸器拆卸轴承

任务评价

任务评价表见表 5 - 3 - 10。

表 5 - 3 - 10　任务评价表

评价类型	权重	具体指标	分值	得分		
				自评	组评	师评
职业能力	70%	了解轴承代号的含义	15			
		会根据工作要求合理选择轴承	15			
		能够对轴承进行强度校核	15			
		了解轴承组合设计及拆卸过程	10			
		明确滚动轴承的作用	5			
		能够分清楚实际中各类型的轴承	10			
职业素养	20%	坚持出勤，遵守纪律	5			
		协作互助，解决难点	5			
		培养学生的规范意识	5			
		具有对轴承的优缺点分析、总结轴承特点的能力	5			
劳动素养	10%	按时完成任务	5			
		培养学生动手能力和规范操作的意识	5			
综合评价	总分					
	教师点评					

任务小结

本任务主要讲述了滚动轴承的类型、特点，滚动轴承代号的含义，滚动轴承的强度校核、组

合设计及装卸。通过对本任务的学习，应掌握正确选择滚动轴承并进行强度校核的方法。

 任务拓展训练

1. 滚动轴承的主要类型有哪些？各有什么特点？
2. 说明轴承代号6201，6410，7207C，30209/P5及62/22的含义。
3. 在选择滚动轴承类型时，应考虑哪些因素？
4. 滚动轴承的内外圈如何实现轴向和周向定位？
5. 什么是滚动轴承的基本额定寿命？
6. 滚动轴承的失效形式有哪些？

 任务四 选择联轴器和离合器

参考学时：2学时

 内容简介

联轴器和离合器是机器中的常用零部件，主要用来连接两根轴，使两轴一同回转并传递转矩。本任务主要研究联轴器和离合器的类型、特点及选择方法。

 知识目标

（1）掌握联轴器的类型及特点。
（2）了解离合器的结构组成。
（3）了解联轴器、离合器的选择方法。

 能力目标

能够合理选择联轴器的型号。

素质目标

（1）通过联轴器型号选择，培养学生贯彻标准，规范行为的意识。
（2）在小组合作中，培养学生团队协作的意识。

任务导入

图5－4－1所示为汽车传动系统，试分析发动机如何实现与变速箱之间的速度变化，以及传动轴是如何与变速器和差速器连接的。

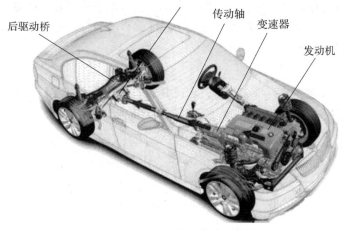

图 5 - 4 - 1　汽车传动系统

步骤一　选择联轴器

知识链接

联轴器和离合器是机械传动中常用的部件,它们都是用来连接两轴使其同时回转,以传递运动和转矩。两者的不同点是,用联轴器连接的两根轴,只有在使机器停止后用拆卸的方法才能把两轴分离;而用离合器时,可在机器运转过程中随时使两轴分离或接合。

由于各种联轴器多已标准化或规格化,因此设计时主要是根据机器的工作特点及要求,并结合联轴器的性能选定合适的类型。

一、分析联轴器的类型及特点

由于制造和安装的误差,很难使联轴器所连接的两轴精确对中;而又由于载荷的作用和温度的变化会在运转时使轴产生变形,再加上其他原因造成的机座变形和下沉,将使被连接的两轴常产生图 5 - 4 - 2 所示的 4 种偏移情况。

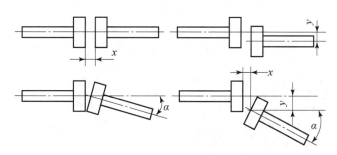

图 5 - 4 - 2　两轴的偏移情况

(a) 轴向偏移;(b) 径向偏移;(c) 综合偏移;(d) 角偏移

联轴器可分为刚性联轴器和挠性联轴器两大类，前者用于两轴对中严格，且在工作时不发生轴线偏移的场合；后者则用于两轴轴线有一定限度偏移的场合。挠性联轴器又可分为无弹性元件挠性联轴器和弹性联轴器。

1. 刚性联轴器

（1）套筒联轴器。如图 5 - 4 - 3 所示，套筒联轴器构造简单、径向尺寸小，多用于两轴对中严格、低速轻载的场合。当用圆锥销作连接件时，这种联轴器还可用作安全联轴器。

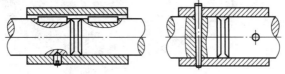

图 5 - 4 - 3　套筒联轴器

（2）凸缘联轴器。如图 5 - 4 - 4 所示，凸缘联轴器由两个带凸缘的半联轴器和一组螺栓组成。这种联轴器结构简单、能传递较大转矩，但不能补偿轴线的偏移，适用于转速不大、载荷平稳、转矩较大、能准确对中的两轴连接。凸缘联轴器有两种对中方式：一种是通过分别具有凸槽和凹槽的两个半联轴器的相互嵌合来对中，半联轴器之间采用普通螺栓连接；另一种是通过铰制孔用螺栓与孔的紧配合对中。

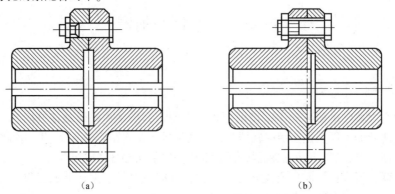

（a）　　　　　　　　　　　　　　（b）

图 5 - 4 - 4　凸缘联轴器

（a）普通凸缘联轴器；（b）对中榫的联轴器

2. 无弹性元件挠性联轴器

（1）十字滑块联轴器。十字滑块联轴器由两个在端面上开有凹槽的半联轴器和一个两面带有凸牙的中间盘组成，凸牙可在凹槽中滑动，故可补偿安装及运转时两轴间的相对位移。

十字滑块联轴器结构简单、径向尺寸小，能补偿轴的径向偏移，但不耐冲击、容易磨损，适用于低速（$v < 300 \text{ r/min}$）、两轴线的径向偏移量 $y < 0.04d$（d 为轴的直径）的场合。十字滑块联轴器能补偿角偏移量，如图 5 - 4 - 5 所示。半联轴器的材料一般为铸铁，滑块的材料为 45 钢。

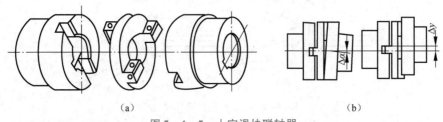

（a）　　　　　　　　　　　　　（b）

图 5 - 4 - 5　十字滑块联轴器

（a）十字滑块联轴器；（b）径向偏移

（2）齿式联轴器。如图5-4-6所示，齿式联轴器利用内外齿啮合以实现两轴相对偏移的补偿。内外齿径向有间隙，可补偿两轴径向偏移量；外齿顶部制成球面，球心在轴线上，可补偿两轴之间的角偏移量。两内齿凸缘利用螺栓连接。齿式联轴器能传递很大的转矩，具有补偿综合位移的能力，安装精度要求不高，但结构复杂、质量较大，在重型机械中应用广泛。

（3）万向联轴器。如图5-4-7所示，万向联轴器由两个叉形的万向接头和一个十字销组成，可用于两轴线交角较大的场合。当主动轴做匀速转动时，从动轴做周期性变角速度转动，并在传动过程中引起附加动载荷，因此，常将两个万向联轴器成对使用。

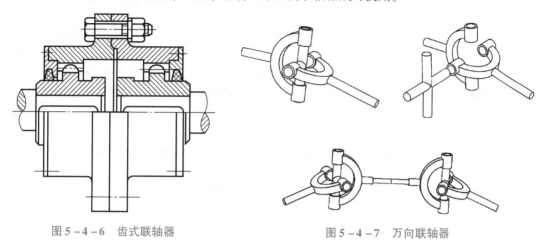

图5-4-6　齿式联轴器　　　　　　　　　　图5-4-7　万向联轴器

3. 弹性联轴器

（1）弹性套柱销联轴器。如图5-4-8所示，弹性套柱销联轴器的构造与凸缘联轴器相似，只是用套有弹性套的柱销代替了连接螺栓，利用弹性套的弹性变形来补偿两轴的相对位移。这种联轴器结构简单，但弹性套易磨损，用于冲击载荷小，启动频繁的中小功率传动装置中。弹性套柱销联轴器的国家标准为《弹性套柱销联轴器》（GB/T 4323—2017）。

齿式联轴器组成
及工作原理

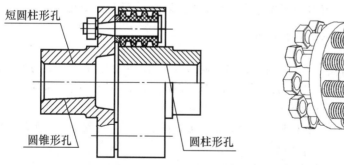

短圆柱形孔

圆锥形孔　　　　　　　圆柱形孔

图5-4-8　弹性套柱销联轴器

（2）弹性柱销联轴器。如图5-4-9所示，弹性柱销联轴器与弹性套柱销联轴器很相似，它是用弹性柱销（通常用尼龙制成）将两半联轴器连接起来。这种联轴器相较于弹性套柱销联轴器，传递转矩的能力更大、结构更简单、耐用性更好，可用于轴向窜动较大、正反转或启动频繁的场合。弹性柱销联轴器的国家标准为《弹性柱销联轴器》（GB/T 5014—2017）。

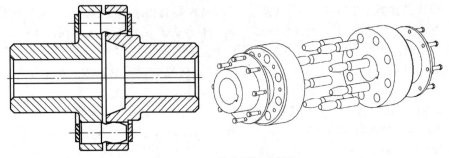

图 5 - 4 - 9　弹性柱销联轴器

二、选择联轴器

常用联轴器多已标准化，在选用时，首先应根据工作条件选择合适的类型，然后再按转矩、轴径及转速来选择联轴器的型号、尺寸，必要时应对个别薄弱零件进行强度验算。联轴器的计算转矩可按式（5-4-1）计算，即

$$T_c = KT \tag{5-4-1}$$

式中，T 为名义转矩，N·mm；T_c 为计算转矩，N·mm；K 为工作情况系数，可由手册查取。

步骤二　选择离合器

离合器要求接合平稳、分离迅速彻底、操纵省力、调节和维修方便、结构简单、尺寸小、质量小、转动惯量小、接合元件耐磨和易于散热等。离合器的操纵方式除机械操纵方式外，也有电磁、液压、气动等操纵方式，离合器已成为自动化机械中的重要组成部分。

离合器按其工作原理可分为牙嵌式离合器和摩擦式离合器。它们分别利用牙的啮合和接合表面之间的摩擦力来传递转矩。

对于已标准化的离合器，其选择步骤和计算方法与联轴器相同。下面介绍几种常见的离合器。

一、分析牙嵌式离合器的结构组成

如图 5-4-10（a）所示，牙嵌式离合器由两个端面带牙的半离合器组成。从动半离合器用导向键（或花键）与轴连接，另一半离合器用平键与轴连接，对中环用来使两轴对中。为减小齿间冲击、延长齿的寿命，牙嵌式离合器应在两轴静止或转速差很小时接合或分离。牙嵌式离合器的牙型如图 5-4-10（b）所示，梯形牙接合容易，可补偿磨损后的牙间隙，应用范围较广。

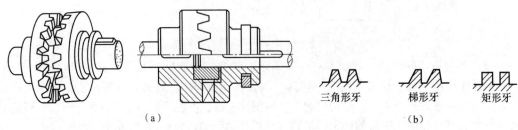

（a）　　　　　　　　　　　　　　　　　三角形牙　　梯形牙　　矩形牙　　（b）

图 5 - 4 - 10　牙嵌式离合器

二、分析摩擦式离合器的结构组成

摩擦式离合器利用主、从动半离合器摩擦片接触面间的摩擦力传递转矩。为提高传递转矩的能力，通常采用多片摩擦片。摩擦式离合器能在不停车或两轴有较大转速差时进行平稳接合，且可在过载时自行打滑，起到安全保护作用。

1. 单片圆盘摩擦式离合器

图 5-4-11 所示为单片圆盘摩擦式离合器，主动盘 1 用平键与主动轴相连接，从动盘 2 与从动轴通过导向平键连接，工作时操纵滑环 3 可使从动轴上的摩擦盘做轴向移动，实现两轴的接合和分离。这种摩擦式离合器传递的转矩较小。

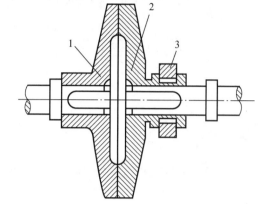

2. 多片圆盘摩擦式离合器

图 5-4-12 所示为多片圆盘摩擦式离合器，外摩擦片 2 通过外圆周上的花键与外套 1 相连，内摩擦片 3 利用内圆周上的花键与内套 6 相连，移动滑环 5 可使杠杆 4 压紧或放松摩擦片，从而实现离合器的接合与分离。

图 5-4-11　单片圆盘摩擦式离合器
1—主动盘；2—从动盘；3—滑环

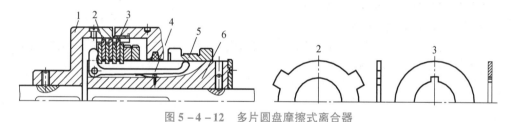

图 5-4-12　多片圆盘摩擦式离合器
1—外套；2—外摩擦片；3—内摩擦片；4—杠杆；5—滑环；6—内套

摩擦片离合器
工作原理

任务评价表见表 5-4-1。

表 5-4-1　任务评价表

评价类型	权重	具体指标	分值	得分		
				自评	组评	师评
职业能力	75%	了解联轴器、离合器的功能	15			
		能够分清不同联轴器的应用场合	20			
		能够计算联轴器的名义转矩	20			
		能够合理地选择联轴器、离合器的类型	20			
职业素养	15%	坚持出勤，遵守纪律	5			
		协作互助，解决难点	5			
		培养学生正确使用国家标准的职业习惯	5			

评价类型	权重	具体指标	分值	得分		
				自评	组评	师评
劳动素养	10%	按时完成任务	5			
		培养学生的吃苦精神	5			
综合评价	总分					
	教师点评					

任务小结

本任务主要讲述了联轴器和离合器的类型及各自的特点。通过对本任务的学习，应能够在今后的工作中正确选择联轴器的型号。

任务拓展训练

1. 联轴器和离合器的功用有何相似点和不同点？

2. 选用联轴器应考虑哪些因素？

3. 某电动机与油泵之间用弹性套柱销联轴器连接，功率 $P = 7.5$ kW，转速 $n = 970$ r/min，两轴直径均为 42 mm，试选择联轴器型号。

参 考 文 献

[1] 陈霖，谭雪松. 机械设计基础 [M]. 3 版. 北京：人民邮电出版社，2016.

[2] 胡家秀. 简明机械零件设计实用手册 [M]. 2 版. 北京：机械工业出版社，2012.

[3] 苗淑杰，刘喜平. 机械设计基础 [M]. 2 版. 北京：北京大学出版社，2020.

[4] 华国新. 机械设计基础 [M]. 成都：电子科技大学出版社，2018.

[5] 郭红星，宋敏，庞军. 机械设计基础 [M]. 西安：西安电子科技大学出版社，2006.

[6] 刘慧，宋守彩，解美婷. 机械设计基础 [M]. 北京：北京理工大学出版社，2021.

[7] 张艳玲，李新德. 机械设计基础 [M]. 2 版. 北京：中国商业出版社，2007.

[8] 赵祥. 机械基础 [M]. 北京：高等教育出版社，2001.

[9] 张超，郭红星. 机械设计基础 [M]. 北京：国防工业出版社，2009.

[10] 李新德. 工程力学 [M]. 北京：中国商业出版社，2006.

[11] 闵小琪，陶松桥. 机械设计基础 [M]. 3 版. 北京：机械工业出版社，2020.

[12] 刘思俊. 工程力学 [M]. 4 版. 北京：机械工业出版社，2019.

[13] 贺敬宏，宋敏. 机械设计基础 [M]. 西安：西北大学出版社，2005.

[14] 任青剑，贺敬宏. 机械零件课程设计 [M]. 西安：陕西科学技术出版社，2003.

[15] 蔡广新. 机械设计基础实训教程 [M]. 北京：机械工业出版社，2002.

[16] 王大康，马咏梅. 机械设计基础 [M]. 2 版. 北京：中国铁道出版社有限公司，2022.

[17] 陈岚. 机械设计基础 [M]. 成都：西南交通大学出版社，2022.

[18] 宋晓明. 机械设计基础 [M]. 北京：化学工业出版社，2022.

[19] 李芸. 机械基础 [M]. 2 版. 北京：化学工业出版社，2022.

[20] 闻邦椿. 机械设计手册 [M]. 5 版. 北京：机械工业出版社，2014.

[21] 于兴芝，朱敬超. 机械设计基础 [M]. 武汉：武汉理工大学出版社，2008.